湛庐 CHEERS

与最聪明的人共同进化

HERE COMES EVERYBODY

U0345947

CHEERS
湛庐

[美] 理查德·戴维尼
Richard D'Aveni 著

刘红江 译

超级制造

The Pan-Industrial Revolution

浙江教育出版社·杭州

你了解超级制造将如何影响全球商业吗？

- 在即将到来的制造业革命中，亚马逊和 Facebook 之类的软件巨头能够发挥巨大作用，成为大放异彩的带路者吗？

  A. 能

  B. 否

- 以生产方式变革为主线的新兴制造技术和制造模式将把人类社会推进超级制造时代。以下哪项不属于超级制造时代将引发的变革？

  A. 转向效率大幅提高

  B. 转向数字商业生态系统

  C. 转向竞争更加平缓

  D. 转向在没有明确行业边界的经济体中争夺影响力范围

- 以下哪些产品可以通过 3D 打印制造出来？（多选）

  A. 关节植入物

  B. 定制助听器

  C. 电动公交车

  D. 政府办公楼

扫描左侧二维码查看本书更多测试题

致我的祖父母，安东尼奥和罗莎·戴维尼：
感谢你们来到美国的勇敢行为。
还要感谢我的父母，安东尼和马里恩·戴维尼：
感谢你们为让我成为一个更好的人所做的一切。

你们四位教给我家庭的意义。
我在余生会一直爱你们所有人。
愿你们安息。

第二部分 **当商业巨头统治全世界:
经济格局的重构与竞争性质的演化**

超级制造，一场颠覆商业世界的划时代巨变

THE
PAN-INDUSTRIAL
REVOLUTION

———————————

How New Manufacturing Titans Will
Transform the World

———————————

美国新罕布什尔州汉诺威镇达特茅斯学院的塔克商学院不仅是世界上最古老的研究生商学院，也是最负盛名的商学院之一。作为塔克商学院的教授，我并不习惯扮演"业余侦探"的角色。在研究新兴商业趋势的时候，我基本可以给所有《财富》500强的首席执行官打电话，并受到热情接待。虽然这些高管通常要求我为他们公司业务的某些细节保密，但他们总是急切而自豪地与我分享最新的技术突破和前沿战略。

然而，当我要把那些自己觉察到的世界上最重要的、新近出现的、具有战略性的商业发展记录下来再加以分析的时候，那些最知情的商业领袖却对我缄口不言，顾左右而言他，偶尔还会给出假消息。当然，这种难得一见的保密行为不会阻止我继续研究的脚步，反而加深了我的信念，即新趋势将真正改变游戏规则，带来一次百年一遇的商业巨变。

剧变将至的隐秘线索

一切始于我对3D打印这项新制造技术产生了兴趣。

显然，每个人都听说过3D打印，它是从极客世界突入大众视野的最"酷炫"的技术之一。不过，许多人仍然把它与可爱的塑料小饰品联系在一起，顶多也只是将 3D 打印视为设计和生产小型原型产品的方法，而这些产品最多只是作为模型，被用于在后续"真正的"大规模生产制造过程中进行适应和调整。他们没有意识到：**3D 打印只是更广泛的革命性方法的一部分，这些方法被统称为增材制造（Additive Manufacturing，AM）。增材制造正被应用于各种材料、产品类型和用途。此外，大批极具影响力的制造企业正逐渐以增材制造作为主要生产方法，而且一些以增材制造为主要基础的大型新兴行业已经开始崭露头角。**

作为新技术对市场、经济和商业的战略影响的长期关注者，过去几年里我一直在密切注意增材制造技术的发展。2015 年，梅格·惠特曼（Meg Whitman）邀请我参观惠普在美丽的西班牙巴塞罗那的一间大型车间，当时，她在推动增材制造发展的惠普担任首席执行官。因此，你可以想象我有多么兴奋！

我永远不会忘记与斯科特·席勒（Scott Schiller）在惠普的"车库"度过的那一天。席勒是惠普多射流熔融（Multi-jet Fusion，MJF）打印机领域研发工作的负责人。席勒带我来到一扇大门前，门上有采用 2D 打印技术生成的木板和金属铰链的图案，这扇大门被设计成车库门的样子，而车库门代表着创业或创新的开始。这扇门后不是一间普通的车库，而是一个巨大的空间，400 多名拥有高级学位的工程师在这里研究 2D 和 3D 打印机的突破性技术。除此之外，这些工程师还在推动技术升级，以完善 3D 打印技术的一致性、耐用性、效率和承受力。这一切都是为了消除增材制造技术和旧生产方法之间目前仅存的品质差距。

我参观了一组由 4 个测试室构成的套间，其中 MJF 打印机正在接受测试。一个装饰着热带动植物彩色图像的房间通过人工调节模拟出热带雨林的高温高湿环境；另一个房间的环境如同沙漠一样炎热干燥、尘土飞扬，它在装饰上也采取了相应的风格；第 3 个房间寒冷刺骨，墙上整齐地挂着北极冰山的照片。这些房间里的打印机被反复测试，以确保在任何环境下都能打印出质量始终如一的产品。在第 4 个房间里，一个经过编程的巨大机械臂抓起一台打印机并猛烈摇晃它，模拟这台打印机在办公室之间移动时或在海外运输过程中可能遇到的粗暴操作。之后，工程师会对打印机的零部件进行测量，看它们是否会出现哪怕一微米的错位或弯曲。它们打印出的产品的质量也要接受检测。

参观过程中，我还看到了一些正在开发的 3D 打印技术，我见到的试验型打印机经过一定的设计可以打印一头软一头硬的塑料部件，这类产品很适合被制成眼镜架之类的物品。我还看到一些打印机正在测试新方法，加入添加剂，从而生产出颜色、强度、硬度和孔隙率等性能获得改善的塑料。在制造极端条件下使用的工具或零件时，这些性能都是非常关键的。我甚至在车间里看到了一些暂时不能对外透露的创新工艺。

很明显，惠普决心在推动 3D 打印成为未来制造业主要要素的过程中发挥主导作用。而且，尽管已经有数十家公司在与惠普竞争增材制造技术界的头把交椅，其中许多公司甚至拥有一些惊人的新技术，但是业内专家并不看好它们。

实际上，斯科特·席勒和分拆后的惠普公司 ① 的其他成员可能是世界上唯一一批成功使传统的 2D 打印技术数字化的人。有了这样的经验和成就，惠普的工程师和高管们相信他们将以同样的方式彻底改变制造业，并认为这种信心是合理的，并不令人感到惊讶。

---

① 2015 年 11 月 2 日，惠普正式完成分拆，其中 PC 业务和打印机业务保留在惠普公司中，而服务器、存储、云计算业务等则被分拆出去，成立了惠普企业公司。——编者注

这一进程确实已经开始。2016 年，惠普推出旗下第一代多射流熔融工业 3D 打印机，它的预定量达数百台，有望在两年内完成交付。惠普用了几个月的时间扩大产能，以跟上激增的需求。2017 年 11 月，公司推出了性能更卓越的第二代机型"MJF 4210"。MJF 4210 带来的性能提升之一是令人难以置信地改进了 3D 打印的速度和效率。例如，如果将 MJF 打印与最常用的 3D 打印方法之一——选择性激光烧结（SLS）相比较，在同一段时间里使用 SLS 技术可打印出 1 000 个齿轮，而 MJF 打印机可以打印出 12 600 个齿轮。

这一类改进将大规模 3D 打印的盈亏平衡点降低到 11 万台。这是 3D 打印技术在制造业中的重要里程碑，在比以往规模更大的制造过程中，3D 打印实现了经济可行性。此后，惠普宣布了更多突破性的进展，包括新的低端打印机系列。该系列打印机将首次具备高质量、全彩色的 3D 打印功能。

对惠普的访问令我大开眼界，并对以上这些乃至更多变革性发展背后的团队有了深入了解。但当我向惠普的联系人提出"所有这些 3D 打印机是谁在购买，用途是什么"这样简单的问题时，他们却显得颇有保留，只能且只愿意向我介绍几个他们的重要客户。

其中一个客户是世界第三大合同制造商捷普。排在它前面的是知名度更高的两大巨头——总部位于中国台湾的富士康以及成立于硅谷、但现在总部位于新加坡的伟创力。捷普的总部位于美国佛罗里达州，在全球 30 个国家拥有 100 多个厂区。捷普的产品包括印刷电路板（Printed Circuit Boards，PCB）、用于 PCB 组件的塑料和金属外壳，以及其他数千种加工零件。捷普服务的公司涵盖了从消费电子到航空航天、从制药到家用电器等各个行业。

对捷普的了解使我得出结论，未来它可能会成为世界上最重要的公司之一。关于这一点，我将在后文详述。捷普的发展动力不仅来自增材制造技术，还来自一整套卓越的创新战略。捷普目前正在打造世界上首批制造平台的其中一座，这个平台可以利用数字技术将世界各地数十家企业联结成一个顺畅互联、强大的制造业组织。它所代表的工业平台将有效地把增材制造效率提高到前所未有的水平。

不过，除了捷普和另外一两家企业之外，惠普在 3D 打印机领域的客户仍被笼罩在一层神秘的面纱之下。我反复听到这一类说辞："我相信你一定明白，出于竞争原因，我们的客户坚持要求为他们的采购保密。"很明显，增材制造正在从一件新鲜事物转变为制造业的一项重要要素。这一现象的表现方式和成因是什么？哪一类公司会主动利用这一突破性技术？这一切对21 世纪的全球经济又意味着什么？

为了回答这些问题，我必须在某种意义上成为一名商业侦探。

从成人纸尿裤到新型数字制造

我开始了我的侦查工作，花了几个月的时间研究在互联网上能找到的所有关于增材制造的文件、文章、采访和评论。我得到了一些最聪明的商学院学生的帮助，另外，几位资深工程师向我解释了这项正在快速变化的技术的曲折发展历程。我们追踪了一些识别并详述 3D 打印和其他增材制造技术的、当前用户值得一读的事件，还找到了大量与新兴技术及其潜在用途有关的让人激动的线索。

我看到一篇文章，其中提到一家公司一直在生产 3D 打印的手机天线。

这是哪家供应商？哪些电子产品厂商在制造这些手机？这是一个真实的故事，还是道听途说的谣言？我在互联网上仔细搜索，但除了该供应商位于中国这一线索，我几乎一无所获。为了找出更多的细节，我雇用了几个讲中文的年轻学生，用中文整理报纸数据库的商业内容。经过数月工作并花费了数千美元之后，我们终于通过聊天室评论和求助广告这种间接的方式证实了传言。一家名为光宝科技的供应商一直在使用增材制造技术为总部位于中国台湾、同时生产安卓和 Windows 系统的智能手机制造商 HTC 供应天线。光宝科技使用美国新墨西哥州的 Optomec 公司制造的专门生产电子产品的系列 3D 打印机，每年生产 1 500 万根天线。

这是一笔巨额交易，但主流商业媒体完全没有进行报道。我们还可以从中得知一个鲜为人知的事实，即增材制造正在迅速发展，且已超越设计原型和小批量定制产品的领域，进入大规模制造的世界。虽然许多经验丰富的工程师坚信那个世界是增材制造的禁区。

我追踪到的一些故事表明，增材制造也正在进入与高科技无关的领域。我曾发现一些所谓"Cosyflex 技术"的线索，这是一种使用 3D 打印机制作服装和无纺布的突破性技术。Cosyflex 技术背后是一家名为 Tamicare 的英国公司，它几乎没有任何知名度。我只在英国曼彻斯特当地的报纸上找到一篇写于 2014 年的文章，其中提到以色列发明家塔玛·吉洛（Tamar Giloh）和埃胡德·吉洛（Ehud Giloh）夫妇是 Tamicare 的幕后掌控人，并称该公司已经获得 1 000 万英磅的投资资金。

我费了很大功夫才找到塔玛·吉洛。她是出了名的嘴严的人，显然很少接受采访。但我说服她向我分享一些她的经历。她给我看了一段视频，视频中她的机器正在生产其产品系列中针对有失禁问题的成年人的多层防水内衣。生产环境是一个由玻璃墙隔起来的小房间，其中配备了 3D 打印机、机械臂和通过传送带移动的金属托板。我和 3 名工程师一起观看了这个过程，我聘请他们帮助我解读这段视频。我们看到混合着不同天然纤维的多类型塑料聚合物被一层层地喷到托板上，形成内衣的主体，然后由机械臂放入吸收垫，并用高温密封内衣，随后这些半成品被折起来，为最后的压花和封装做准备。

有人告诉我，一台 Cosyflex 机器每 3 秒就能生产一件纸尿裤。至于成本，新的生产方法略高于传统制造业，但如果你将辅助费用考虑在内，前者实际上要比后者低一些。例如，简洁灵活的增材制造生产系统有助于将生产设备装置在接近客户的地点，从而大幅降低运输成本。

这是我在扩展分析中发现的增材制造经济性的一个典型模式。然而，许多对传统生产方法有广泛了解的工程师仍然嘲笑增材制造的潜力，宣称它"由于太贵而无法取代旧系统"。我将在下文中更加详细地解释，这些工程师的逻辑有几处漏洞。其中一个最大的漏洞是他们没有考虑到在分销、材料、仓储和营销等过程中产生的成本节约。

显然，Tamicare 也享受到了 Cosyflex 技术带来的成本效率。根据我看到的视频，它的生产系统正在生产多达数千箱内衣。但是，当我要求 Tamicare 的老板透露该公司客户的名字时，她却陷入了沉默。

于是，我不得不再次扮演业余商业侦探。我开始向我认识的每一个人询问哪些大型制造企业可能是正在利用 Cosyflex 技术的神秘公司。根据我得到的消息，我意识到 Cosyflex 技术最可能的主要用户是一家专门生产成人纸尿裤、医院绷带和急救产品的公司。后来，我听说 Tamicare 与一家服装公司签订了一项价值数百万美元的协议，大规模生产运动鞋和运动文胸，还在以色列对以 Cosyflex 技术生产的成人纸尿裤进行了市场测试。但事实证明，这两项商务活动背后还有更多、更复杂的细节。

随着调查的进一步深入，我听到了另一些关于 3D 打印创新的报道。一些世界领先且极受尊敬的大型公司，如德国西门子、日本住友重工和美国联合技术公司都参与了这一领域的角逐。这一梯队的标准制定者之一是久负盛名的通用电气。有一段时间，在时任首席执行官杰夫·伊梅尔特（Jeff Immelt）的领导下，通用电气很少公开它在增材制造方面的工作。但是，在一系列的收购之后，通用电气对这一领域的兴趣变得明确了。2012 年，它收购了位于美国俄亥俄州辛辛那提的 3D 打印领域的先驱之一莫里斯技术（Morris Technologies）。2016 年，它又收购了两家顶级 3D 金属打印机制造商——Concept Laser 和 Arcam AB。收购所用的总金额高达 14 亿美元，这是迄今为止在 3D 打印领域金额最高的两笔交易。最后，在 2017 年年中，通用电气发布了一系列公告，宣布它正计划成为发展和推广增材制造技术的全球引领者。

通用电气还曾宣布，希望自己将来能成为世界十大软件供应商之一。虽然这项计划的宣传力度不大，但从长远来看，它可能具有更为重要的意义。增材制造技术卓越的灵活性和强大功能的关键之一是它将生产过程完全数字化。这意味着，从产品设计、原型制作、测试到生产、仓储和物流等领域，设计世界一流的数字化生产控制软件的能力一跃而成为最有价值的商业技能。

在此之后，通用电气在这一领域的发展经历了一些重大挫折。由于一段时期的盈利不理想，在华尔街施压下，通用电气请约翰·弗兰纳里（John Flannery）接替了伊梅尔特的职务。弗兰纳里是该公司的老员工，一度掌管着通用电气的医疗部门。2017 年底，通用电气正在计划剥离一些表现不佳的业务，一些外部分析师更呼吁拆分该公司。不过，通用电气承诺将在

2017 年底前向数字制造技术投入总额为 21 亿美元的资金，指出其工业软件订单在 2017 年上半年增长了 24%，并且重申有意成为数字化制造业务的"主要参与者"。

在从 2017 年迈向 2018 年的那个冬季，通用电气未来的发展形态尚不明确。不过，看起来，曾经以"给生活增添美好"为口号的通用电气将以某种形式在增材制造的持续发展和成长过程中成为重要的参与者。

以上就是我这项研究的来龙去脉，您将要读到的这本书就脱胎于其中。我的研究始于 3D 打印，但并不止于此。本书取材于我与工程师、科学家、生产经理、研发专家和产品设计师的无数次对话，更吸收了我在精读数百篇文章、会议报告和研究报告之后所做的分析。我了解得越多，越为它着迷，同时也更坚信我所发掘的这一切是这个时代最重要的商业发展之一。

3D 打印，推动超越人类想象的变化

下面，我将简要叙述一下我的研究所揭示的这段历史，就像在观影前播放一部提示影片看点的预告片那样。

通用电气这类大公司正在把数十亿美元投资投入一些功能强大的新型数字制造技术，而 3D 打印只是其中之一。最初，3D 打印只是以 2D 打印的方式打印出材料层，不断重复上述步骤，直到累积出一个 3D 物体。现在正在开发的新 3D 打印方法则要复杂和强大得多，新方法包括整体式印刷、自组装以及其他形式的非分层增材制造等创新型技术。增材制造技术也得到了来自其他领域的新发展的补充，这些新发展更为人们所熟悉，而且同样在以惊人的速度变化，分别出现在机器人、人工智能、大数据分析、云计算以及

物联网等领域。所谓"物联网"是指将家庭和企业中的数百万台设备连接在一个电子网络中，以实现大规模数据共享和数据收集。

最为重要的突破是捷普、通用电气和西门子等公司以及 IBM 等信息技术巨头正在构建的增材制造平台的完善和推广。增材制造平台正准备以大多数专家无法理解的方式彻底改变世界经济。例如，一些专家以"工业 4.0"为主题描述了构想的未来，即利用自动化和机器人技术等工具对传统制造方法进行升级和现代化。增材制造在这一构想中只被视为以传统制造为主体的系统的附属品，比如通过随时待用的几台 3D 打印机为装配线上的工人提供零件。

事实恰恰相反，新兴行业平台将围绕增材制造构建，并以此作为一个全新的价值创造方式的核心。**基于增材制造的平台将帮助企业管理复杂多样的业务，创建巨大的工业网络，巧妙连接并灵活控制数百个业务流程，创造前所未有的效率，带来闻所未闻的商业机会，使这些企业拥有突破历史纪录的灵活性、多样性和生产规模。**

我把这些新企业称为"泛工业企业"。就像我将要证明的那样，有充分的理由相信泛工业企业将在未来十几年内主宰全球经济，推动超越人类想象的变化，而且它的影响将远远超出制造业这一单一领域。增材制造带来的变化将彻底突破工业 4.0 倡导者所设想的经济变革水平。

在未来 10 年到 20 年里，这些新兴技术将引领一场变革，并将人类推进到超级制造时代。这个时代将以一系列合理但戏剧性的经济变化为标志，其中包括：

- **转向效率大幅提高**：从变化缓慢且变革成本高昂的、集中化资本密集型的生产设施，转向由数字工业平台调节的、效率更高的生产单元。这类生产单元的资本密集度更低，也更分散和灵活。

- **转向更加激烈的实时竞争**：从为低成本生产者提供特权的长而复杂的供应链，转向短而简单的供应链。这一转变得益于大幅削减运输成本和交货时间，进一步贴近客户以及对市场需求、产品设计和竞争对手行动等方面的变化做出几乎即时的反应。

- **转向在没有明确行业边界的经济体中争夺影响力范围**：从由高壁垒分隔的确定市场和细分行业，转向由共享制造材料和方法连接的融合行业。

- **转向数字商业生态系统**：从传统的供应链转向庞大、连锁、多样化的企业和集体，即泛工业。泛工业共享有关供求、制造技术、贸易和金融变化以及消费者知识的数字化市场信息，因而形成了强有力的情报网络。

- **转向集体竞争**：从针对特定产品和市场的公司之间的特殊竞争，转向相对少数的大型泛工业企业之间的竞争。每个泛工业企业都处于为其量身定制的生态系统的中心。

在此过程中，我们还有望看到各种管理、战略和社会领域很少有人预料到的发展。例如：

- **创客神话的消亡。** 小型、独立工匠型且产量很少的 3D 打印店将会走向消亡，取而代之的是，通过结合多种数字技术并且用最新的质量控制、生产速度和效率控制大规模商品生产的复杂系统。

- **实现新型的纵向一体化和集团化。** 商业组织将利用数字化的力量实现以往巨型企业无法实现的协同效应。

- **进入一个我称之为"超级融合"的时代。** 它将带来比 20 世纪 90 年代的行业融合潮更广泛的影响。在这个时代，不同业务职能、公司部门、公司、行业和市场之间的分界将迅速弱化甚至消失。

- **华尔街的权力下降。**泛工业企业将积累大量的资本和市场力量，使它们在事实上独立于"金融之王"。

- **进入一个物质丰富、环境成本更低的时代。**新制造技术将极大地减少材料浪费、能源消耗，并提升市场效率。

- **全球力量平衡出现重大变化。**发达国家内部出现失业率失控等严重的经济问题，中国等发展中国家也有可能出现相对实力的下降。

- **形成潜在的、针对自由企业制度的毁灭性挑战。**泛工业化企业前所未有的经济和政治权力将导致政府、公民团体和即将主宰新经济的企业巨头之间的冲突。

自从 1994 年出版畅销书《超级竞争》（*Hypercompetition*）以来，我一直在分析商业趋势。我确信我们即将经历的新变化是人类有史以来最大的变革之一。要预测这些复杂、相互关联的趋势的精确结果是一件有风险的工作。但我认为有一点很明确：**商业模式不会一成不变。**

新的变革要如何实现？商业领袖们如何才能使他们自己及其掌控的公司为未来的剧变做好准备？这些变化又将如何影响社群、国家、全球经济乃至普通公民的生活？我将在本书中一一探讨这些问题。

THE
PAN-INDUSTRIAL
REVOLUTION

超级制造革命：
制造商能够在任何地方制造任何物品

How New Manufacturing Titans Will
Transform the World

本书的第一部分将会介绍一些正在改变现有制造方式的卓越新兴技术，它们大大提升了制造商的灵活性、速度、效率、响应能力和权力。这一部分还会说明这些新兴技术将如何颠覆那些制约今日制造商物理极限的传统假设。

举例来说，3D 打印机和其他增材制造工具的强大功能将使制造商有史以来第一次受益于范围经济。这种经济效益是由制造商能够在任何地方制造任何物品，而不是被迫专注于一种或几种产品的能力所产生的。

与此同时，新制造技术击败了使商业巨头长期受益的基于规模经济的老式工厂，正在迅速建立在某些先锋行业中大量生产同一品质的产品所需的质量、速度和效率标准。

为了使企业能够充分利用因增材制造技术而实现的范围经济和规模经济，人们现在正在开发用数字工具来监测和遥控操作的新系统。新兴工业平台借助大数据、机器学习和人工智能的赋能，使制造过程变得比历史上任何时期都更有效率。

这些变化预示着更大的变革即将到来。在我的预期中，最激进的变革是"泛工业企业"这类大型商业联合体的崛起。从表面上看，它们与今天的综合性集团类似，在世界各地运营着多个领域的商业业务。不同的是，泛工业企业将利用新制造技术，实现任何综合性集团都未能获得的协同效应、多元化、效率、灵活性、盈利能力和创新水平。少数泛工业企业将变得规模庞大、富可敌国，足以晋升为影响世界经济的商业巨头。

几乎所有产品的制造形式都将被颠覆

THE PAN-INDUSTRIAL REVOLUTION

How New Manufacturing Titans Will
Transform the World

　　话说 1983 年，有一位默默无闻的工程师，名叫查克·赫尔（Chuck Hull），在一家生产家具面材硬涂层的小公司做项目工作。他总是爱熬夜鼓捣些神秘的实验。一天晚上，他突然给妻子安妮特·赫尔（Anntionette Hull）打了个电话。"把睡衣换了，"他说，"穿好衣服，到实验室来。我有东西给你看。"

　　"最好是件好事！"他妻子睡眼惺忪地答道。

　　的确是好事。在琢磨各种被称为光聚合物的丙烯酸基材料时，查克发明了一种堪称神奇的方法，只需将液体树脂暴露在紫外线下，就能把它变成坚固耐用的物体。他把这种新技术称为立体光刻（Stereolithography）……经过随后几个月的开发，这项技术发展为我们现在称之为 3D 打印技术的基础。

　　安妮特回忆了那个决定性夜晚之后发生的事情：

　　　　他手里拿着那个部件，说："我成功了。我们熟知的这个世界将为之改变。"我们又笑又叫，彻夜不眠，畅想不止。
　　　　当天晚上，我就知道他所做的事情很伟大，会很有意义。我把它珍藏于心。

　　安妮特至今仍然持有首个 3D 打印品——一个直径大约 5 厘米的平平无

奇的黑色塑料球。她一直把它放在钱包里。如果你问起，她会很乐意给你看。她表示有朝一日，会把它捐给史密森尼美国艺术博物馆。

她丈夫的创意成果"3D 打印"，是一种增材制造技术，指在某类型的生产中不使用切割、研磨、钻孔等所谓的"减材制造技术"成形，而是通过堆积材料来制造产品。相反，减材制造是现在被称为"传统制造"的若干活动之一。减材制造之外的传统制造，有时也被称为"成型制造"，还包括注塑、成型、连接、冲压和装配等技术。

增材制造是一个比较新的术语，但这种方法有着久远的历史。古老的增材制造形式包括失蜡铸造，也被称为"熔模铸"。长久以来，艺术家们一直用这种铸造方式复制既有的雕塑或其他物品。另一项较新的技术是喷墨打印，这种技术将墨滴喷到某类表面上并创制图像。查克·赫尔发明的立体光刻技术为一系列新型增材制造技术打开了大门，其中许多被随意地归到 3D 打印名下。

查克·赫尔的发明已诞生 40 多年，迄今为止仍有许多人把 3D 打印与能在礼品店买到的那种小型塑料办公用品或玩具联系起来。但是，如果你近年来曾接受过膝关节或髋关节置换手术，你的生活可能已经因增材制造技术的成就而有所改变了。

——— THE PAN-INDUSTRIAL
REVOLUTION
翻转世界的超级制造

3D 打印的骨科植入物更"贴身"

史赛克骨科（Stryker Orthopaedics）是美国最具创新性的公

司之一，但知道它的人不多。这家公司由霍默·史赛克（Homer Stryker）在 1941 年创立。史赛克是一位外科医生、多产的发明家，拥有近 5 000 项专利。

如今，这家位于美国密歇根州卡拉马祖的公司年收入近 100 亿美元，在骨科植入物领域取得了一些极其引人注目的突破。史赛克骨科生产关节植入所需的钛合金部件。许多部件在设计上专门考虑了个体的骨骼结构和肌肉组织，不但能帮助患者摆脱关节炎的痛苦，还能使他们得以在许多年里无痛地进行运动。

人们大多没有意识到，许多这一类的定制部件是由史赛克骨科公司使用 3D 打印机制造的。

史赛克骨科的 3D 打印部件的另一个优点是，它可以由外科医生植入，而不需要使用水泥、胶水和其他笨拙且通常无效的方法将替换关节黏附在附近的骨骼上。多年前，研究人员发现，如果植入物的质地和结构恰到好处，即具备由粗糙的边缘和精确的内部孔隙度提供的骨质可以扩展的空间，那么新生骨骼就会自然生长到人工植入物中。这个过程又被称为"生物固定"。

传统生产方法很难生产出有利于生物固定的植入物。但对于一台智能编程的 3D 打印机来说，这很容易实现，因为它每次的钛喷出量可以精确到几个分子。如此一来，3D 打印的关节植入物自然在市场中风靡起来。

2016 年，史赛克骨科宣布计划投资 4 亿美元建造一台新的增材制造打印设备，用一种被称为"选择性激光熔化"的技术来制造性能更佳的植入物。

与此同时，史赛克骨科与医院开展合作，努力实现另一项重大突破——开发经特定编程的小型 3D 打印机，在外科医生和病人需要使用植入物时，直接在现场制作定制的植入物，从而为病人节省时间和金钱。

史赛克骨科这样的故事比比皆是，这充分表明增材制造技术早已摆脱了"只能制造精巧的塑料玩具和简单饰品"的名声。

"静悄悄的革命"势头正强

有一个奇怪的现象：在这个技术发展总被过度炒作的世界里，尽管增材制造技术在制造业中的应用范围不断扩大，但整个过程却没有引起大的反响。

围绕这一新兴制造业转型的炒作和宣传水平相对其他新技术较低，其中原因很多。第一个原因是其他高新技术的创新数量多且知名度高，尤其是智能手机、基于互联网的商务平台、无人驾驶汽车、机器学习和虚拟现实等与IT和通信相关的技术。这些极具吸引力的技术突破，加上鼓吹这些突破的首席执行官们魅力十足，攫取了近年媒体的大部分关注，即使其中一些技术还没有真正地落地应用。

第二个原因是一些迅速拥抱增材制造技术的公司自身有避免曝光的理由。正如我在引言中所说，有些公司不希望引起正在试图超越自己的竞争对手的注意。另一些公司则可能担心引发员工的负面反应，比如："如果 3D 打印机取代了我的工作会怎么样？"或者担心消费者的负面反应，比如："3D 打印部件真的和传统部件一样坚固安全吗？"还有一些企业可能担心政府监管部门会加强审查。基于上述这些原因，许多大公司在推行增材制造技术战略的同时，希望尽可能降低公众的担忧。

对增材制造技术作为经济变革的驱动力缺乏足够认识的第三个原因是，人们对该技术的真正潜力一直持怀疑态度。早期的 3D 打印技术有太多局限性和弱点，许多人因此过早地将其抛弃。不难理解，这种怀疑论在那些花了一生时间使用和改进传统制造工具的工程师中尤其普遍。这些怀疑论者着实花了一段时间来接受新的思维方式，以充分掌握新制造技术可能带来的好处。在此期间，他们将自己的疑虑传播给企业界的许多非技术人员，科学家和工程师当时则正忙于试验新的增材制造技术，以找到克服这种技术早期局限性的方法。

时至今日，许多人仍受旧观念的影响，对增材制造持怀疑态度，这些人仍然相信一些流传已久的增材制造迷思（见表1-1），但增材制造其实比他们想象得更先进。

表1-1 增材制造的迷思与现实

迷思	现实
仅限于塑料饰品	增材制造现在可以应用从不锈钢、金、银、钛到陶瓷、木材、混凝土……乃至食物和干细胞等材料
主要用于制造直径只有几厘米的小物件	现在，增材制造技术正被用于制造尺寸和复杂性不断增加的工业产品，因而成为许多传统制造的可行替代
是地下室和车库工作室里的个体"制造者"偏爱的工具	越来越多的工业巨头正在转化其全部或部分生产系统以利用增材制造技术
在质量稳定性上无法与传统生产方法相提并论	增材制造技术正得到迅速改进，开始以更低的成本和更好的质量生产多种重要产品
仅有的真正优势就在于它能够促进零件的定制设计	定制是增材制造的一大优点，但它还有许多其他优点，包括更少的材料浪费、更轻的产品质量、更简易的组装、更低的资金成本和更小的产品碳足迹等
主要用于生产少量高端专用零件	现在，增材制造具有显著的质量、效率和成本优势，已经被越来越多地应用于标准化产品的大规模生产

由于这些迷思的盛行，包括许多没有直接接触增材制造技术的商业领袖在内的大多数人，对于这项技术改变无数行业的惊人潜力以及这种潜力正在转化成现实的速度仍然只有模糊认识。

就某些产品而言，整个行业都已经转向增材制造技术。我已经解释过髋关节和膝关节植入物行业是如何在这条路上大步迈进的。不妨再以助听器行业为例。这个行业为世界各地数亿名遭受听力损伤的患者提供服务。

传统的助听器生产方法包括制作外耳铸模、用铸模制作耳模、修整最终的外壳等 9 个复杂的步骤。训练有素的工匠从头至尾完成这些工序需要一个多星期的时间。有时成品戴起来舒适且安全，有时则不然。一家 3D 打印公司的高管詹娜·富兰克林（Jenna Franklin）说："传统助听器可能会很好地嵌入耳部，也可能因为装具松动而晃来晃去。"

利用数字技术简化和改进这一复杂制造过程的突破始于 2000 年。那一年，瑞士助听器制造商峰力（Phonak）与比利时一家专营 3D 打印和相关软件的公司 Materialise NV 合作，利用增材制造技术制造了最早的定制助听器。

即使在那时，其中的商业逻辑也是显而易见的，那就是没有两只耳朵完全相同，因此制造精准匹配患者耳朵的助听器极有价值。增材制造技术提供了一个理想的解决方案。由于 3D 打印机可以按照复杂软件程序的指令，以精确的形状制造产品，制造商能够很容易地根据特定用户的需求实现产品完全定制。一旦峰力证明 3D 打印的助听器外壳可以大量生产，这项新技术就会在这一领域占据主导地位。

这项大大简化流程的新技术只需要一位听力矫正专家用装配激光的三维扫描仪来创制一个数字耳模，然后将其交给模型师，后者负责设计出一个可利用 3D 打印、能够安装合适电子元件的定制外壳。所有这一切通常在一天内就能完成。截至 2015 年，全世界已有 1 500 多万个由 3D 打印机生产的定制助听器。用我采访过的一位首席执行官的话来说，也许最了不起的是，美国助听器行业从传统制造技术转变为 3D 打印技术仅用了一年半的时间，一些落伍者干脆被淘汰出局了。这个案例说明，一旦条件成熟，一项创新技术能够迅速席卷整个行业。

THE PAN-INDUSTRIAL REVOLUTION
翻转世界的超级制造

"隐适美"，矫正牙齿于无形的透明矫正器

我们还可以了解一下牙齿正畸的定制牙套生产。齐亚·奇什蒂（Zia Chishti）是一位出生在美国的巴基斯坦裔企业家，他在斯坦福大学商学院上学时发现牙齿不齐损害了自己的形象。由于不愿意戴人们眼中青少年才戴的那种传统金属牙套，他想到了发明透明矫正器来调整牙齿间距。这使他想到一个赚钱的点子：为什么不使用立体光刻的新技术来做定制牙套的模具呢？ 1997 年，奇什蒂成立了艾利科技（Align Technology）来尝试这个想法。

如今，艾利科技的专利软件根据三维扫描仪拍摄的口腔数字模型，为每名牙科患者单独设计透明矫正器，然后由打印机制造商 3D Systems 的立体光刻打印机制造出一套独特的牙模。3D Systems 每天交付的牙模总量多达 80 000 套，以"隐适美"（Invisalign）的品牌名称销售。ClearCorrect 和 Orthoclear 等公司则开发了自己的系统来设计和打印定制的牙模。它们与其他一些公司正在与艾利科技竞争，争夺据估计每年达 600 万例病例的巨大的隐形正畸全球市场份额。由于每名患者总共需要十几套甚至更多的矫正器，将牙齿一点点矫正到正确位置，因此透明矫正器是一桩大买卖。这也是增材制造技术迅速而无声地占据了主导地位的又一个行业。

这些行业的变革在不断地打破增材制造只适用于产品原型、小批量商品或缝隙市场专用零件的迷思。

从汽车到未来办公楼，驱动行业大转型

在另一些行业里，增材制造技术虽然并未占据主导地位，但正在取得越来越大的进展。以汽车行业为例，有些人对 3D 打印的印象还基本停留在喜剧演员、脱口秀主持人杰伊·雷诺（Jay Leno）讲的那些故事上。雷诺利用 3D 打印技术给自己收藏的古董车制造供替换的零件。雷诺喜欢向其他古董车爱好者讲述 3D 打印机如何帮助他精确地复制任何损坏或缺失的零件，例如饰件、车门把手乃至 1907 年 White Steamer 汽车的整台散热器。

听上去确实挺酷。然而，商业媒体对初创汽车企业洛克汽车（Local Motors）日渐增多的报道却呈现出另一种吸引力。2014 年芝加哥国际制造技术展览会上，洛克汽车成了焦点，现场观众目睹了公司旗下世界上最早的 3D 打印汽车——Strati 汽车的生产。准确地说，Strati 汽车大约 75% 的组件由 3D 打印，而橡胶轮胎、制动器、电池和电动机等部件则是用传统方法制造的。Strati 是一款流线型敞篷小跑车，可容纳两人，底盘和车身由碳纤维增强塑料制成，将它完全打印出来大约需要 44 个小时。打印出的 Strati 汽车由 50 个独立部件组成，而传统制造的 Strati 汽车则需要 3 万个部件。Strati 汽车中大约 1/4 的部件，比如前文所述的轮胎等，仍是用传统方法制造的，但工程师希望在未来几年内将其比例减少到 10%。根据性能的不同，预计一台 3D 打印的 Strati 汽车的零售价为 18 000 美元至 30 000 美元。

2015 年 9 月，《大众机械》杂志（*Popular Mechanics*）的一位评论家在试驾过 Strati 之后，称"驾驶体验超棒"。通过分析用于制造 Strati 汽车的

流水线化生产方法，他总结道："我们现在认为汽车结构复杂，因此价格贵是理所当然的。但当你开上 Strati 时，你会很容易想象有朝一日人们会认为汽车的价格不该如此高昂。"

Strati 只是洛克汽车开发的开创性 3D 打印系列汽车之一。2015 年首次亮相的 LM3D Swim 是一款 4 座车，与 Strati 一样靠电力驱动。它由凯文·洛（Kevin Lo）完成设计，曾经在杰伊·雷诺参与评审的比赛中胜出。当时，洛克汽车设计的 Strati 以及其他汽车都被归类为与高尔夫球车差不多的"邻里型电动汽车"（Neighborhood Electric Vehicles），不能在街道和公路上行驶。但是，洛克汽车希望一旦克服了这些监管障碍，就能在自家位于美国田纳西州诺克斯维尔的小型工厂中生产这些汽车。

THE PAN-INDUSTRIAL
REVOLUTION
翻转世界的超级制造

Olli，3D 打印自动驾驶电动公交车

洛克汽车现在的生产重点是 Olli，一款采用自动驾驶技术的电动公交车（见图 1-1）。它最初是为了参加柏林"2030 城市交通挑战赛"而设计的。它有 12 个座位，可以用于学校和社区的团体出行、在常规路线上提供公共交通，或提供智能打车软件发出的定制服务。由于使用了 IBM Watson 的人工智能技术，Olli 具备自动驾驶能力，而这是该认知计算系统首次在该领域的应用。Olli 已经完成了现场演示，洛克汽车正准备在亚利桑那州钱德勒的洛克汽车工厂进行生产。从内华达州拉斯韦加斯到丹麦北部的西希默兰自治市，有很多城市表示有兴趣在城区使用这些车辆。目前限制 Strati 可用性的道路监管限制将

不会影响 Olli 的计划用途，比如 Olli 可作为班车供主题公园的游客使用。2018 年，洛克汽车为希望租赁 Olli 的客户安排了超过 10 亿美元的融资，订单已达到 400 多辆。

图 1-1 洛克汽车实验室中的 Olli 展示模型

注：在图片左侧可以看到用于打印该款汽车外壳的大型 3D 打印机，图片右侧是正在组装且已配备电子组件和其他内部组件的 Olli。

资料来源：© THE VERGE, JUNE 17, 2016. AMELIA KRALES/VOX MEDIA, INC.

　　洛克汽车每一款汽车的设计都是与众不同的。公司还利用其生产设施的灵活性，让客户参与产品的"共同创作"。洛克汽车开发的第一款产品是"拉力战神"（Rally Fighter），一款专为在沙漠或其他偏远地区进行探险活动而设计的越野车。拉力战神由当时新成立的"洛克汽车"社区成员以众包方式设计，经过短短 12 个月的开发，于 2010 年推出。按照汽车行业一般标准来说，这一速度简直是奇迹。Strati 的设计也源自类似的合作过程。洛克汽车在线社区现在已有 70 000 多名参与者，用一位作家的话来说，他们是"设计师、工程师和汽车爱好者"。车辆设计概念被采用之后，这些人将会获得版权使用费。

洛克汽车的首席战略官贾斯廷·菲什金（Justin Fishkin）这样解释该模式：

> 与其在一个地方生产 100 万辆相同的汽车再运往世界各地，为什么不由区域参与者完成设计、生产和升级特定应用程序的各个环节，使车辆与当地的技术、基础设施和能源生态系统兼容呢？……这是范围经济与规模经济的问题。我们可以以更高的利润率生产更小批量、更大差异的产品。通过连接设计和灵活生产之间的数字线程，我们降低了生产新车和部署新技术的最低有效规模（Minimum Efficient Scale，MES）。这正在为各个社区定义自己的未来出行赋能。

洛克汽车认为自家的共同创造和微观制造模式同样适用于许多其他行业，另一些公司的领导者也认同这一点。于是，洛克汽车建立了一个名叫"启航部"的部门，以"软件即服务"的形式销售各种软件系统。

洛克汽车还宣布它已经与通用电气合作开展名为"熔接"（Fuse）的项目，将为商界人士、工程师、企业家和学生提供内容相同的专业知识和指导，地点包括线上和美国各地的微型厂区，首发项目就是位于芝加哥西区的 mHub 项目。

当然，洛克汽车远未取得在世界汽车制造业的主导地位。截至 2018 年年中，传统巨头仍然统治着这个行业，丰田、雷诺－日产、大众和通用汽车分别占据行业收入排名的前 4 位。不过，目前除了洛克汽车这样的初创公司，传统汽车制造商也在启动以增材制造为其生产过程主体这一不可避免的变革。

在高端汽车领域，保时捷、宝马、宾利和法拉利等公司利用增材制造技术，方便地生产符合车主要求的定制零件，为"定制"车辆打造独特的个性化风格。例如，劳斯莱斯的某些车型可根据车主最喜欢的腕表，定制中控台上车载时钟的界面。业内专家说，这些改进措施极大地促进了特定车型的销售，产生的利润远远高出所需成本。

这些小规模的创新虽然吸引眼球，但是比起增材制造技术开始给汽车制造商带来的某些重大变化，不过是小试牛刀。

截至 2014 年，3D 打印已经被整个汽车行业广泛用于新车型设计、原型制作和测试。现在，这项技术正在进入该行业的日常制造和运营。例如，奥迪公司已经大幅简化了供应链，转为按需 3D 打印替换零件，而不是仓储和运输零件。

未来，汽车生产过程将越来越多地使用增材制造技术。对更轻、更坚固的汽车的需求，即在保持抗撞击性的同时更省油的需求，正在激发人们对以含碳纤维和玻璃纤维的超强复合材料制作的增材制造零件的兴趣。

本田等公司已经展示了由增材制造技术生产车身面板和大部分其他零件的试验车。截至 2016 年底，汽车行业由增材制造技术带来的收入已达 6 亿美元，而这一收入仍将持续地快速增长。一些全球领先的汽车公司也正在做出重大战略决策，这些决策反映出它们对即将到来的制造业革命的认同。它们正在开设增材制造实验室，与增材制造公司建立伙伴关系，投资拥有广阔前景的新技术的初创公司。

福特，借助 3D 打印重塑生产线

一些传统汽车巨头正在招聘对新方法有深刻理解的人才。例如，2017 年 5 月马克·菲尔兹（Mark Fields）退休后，福特公司选择吉姆·哈克特（Jim Hackett）担任新一届首席执行官和总裁，这让许多行业观察家感到惊讶。

哈克特曾担任福特智能汽车公司负责人，按照福特的说法，该部门致力于通过投资"连接性、移动性、自动驾驶汽车、客户体验以及数据和分析"，来探索汽车业务的高科技未来。更有趣的是，哈克特担任过 Steelcase 的首席执行官。

这家主要业务为家具设计与生产的公司，通过与麻省理工学院备受瞩目的创意合作，深度介入了增材制造领域。因此，哈克特在对增材制造技术的未来至关重要的几个技术领域都拥有一手经验，这些技术领域包括 3D 打印设计以及使用网络数据和分析技术加强产品开发和制造。

据预计，哈克特将在一些项目上投入大量资源，比如福特曾试验性地使用 Stratasys 的大型 3D 打印机来生产汽车内饰模块。哈克特上任几周后，福特就公布了与恺奔（Carbon，原名为 Carbon 3D）的新合作细节。后者是新型增材制造技术 CLIP 的开发商，该技术生产零件的速度比原有 3D 打印方法快得多。

福特增材制造研究负责人艾伦·李（Ellen Lee）说："如果我们能把生产时间缩短几个月，从而使新车型更早上市，公司就能节省数百万美元。"

100 多年前，福特在其传奇创始人的领导下，开创了现代装配生产线，带动了全球制造业的一次重大变革。

今天，在一位与高科技设计和制造领域关系紧密的新领导的带领下，福特似乎已经准备好第二次引领这样的变革，而这次变革可能会永远终结曾经主导大规模制造的福特式流水线系统。

传统建筑业似乎是另一个准备加入增材制造技术革命的行业。这个遍布全球的巨大行业的收入高达 9 万亿美元，占全球 GDP 的 6%。但它一直面临着技术落后的现状，在过去的几十年里，生产率几乎没有提高。

即使在图纸设计软件和其他数字工具出现之后，建筑商仍然在用一个世纪之前的方式盖房子，要么采用砖木结构，要么采用砖混结构。

增材制造技术展现出将建筑过程数字化的潜力。其最大的一项优势就是可把一切建筑环节都简化为精确的测量数据，这样业主和建筑师就可以按照他们想要的方式建造建筑物，而不会造成模拟工作和传统手工劳动难以避免的品质上的不足和错误。这正是建筑商对 3D 打印的潜力感到兴奋的原因之一。该技术的灵活性还保证了在不损失强度、耐久性、美观和安全性的前提下，大大加快施工进度。

当然，将增材制造的应用扩展至家庭住房一类的项目上并非易事，更不用说办公楼或摩天大楼了。但是，分布在世界各地的示范项目已经清楚地表明，建筑领域的增材制造技术现在已经具备了应用于大型建筑项目的可靠性和经济性。

建筑公司已经尝试用增材制造技术建成了具备传统风格、符合所有强度和成本标准的建筑物。

"豪华别墅"与"未来办公楼"

2016 年 6 月，中国的华商腾达公司展示了一栋利用 3D 打印技术建成的 400 平方米的"豪华别墅"。

这栋别墅以一个在他处建造并运到现场的钢架结构为骨架，用非常坚固的 C30 级混凝土浇灌而成。它的墙壁厚度达 250 毫米，能够承受里氏 8 级的地震，即那种全世界平均每年只发生一次的足以摧毁城市的大地震。

建造这栋别墅需要多长时间？答案是 45 天，大约是传统施工方法所需工期的一半。

增材制造技术不但为建造城镇中形形色色的一般建筑提供了更新、更有效的方法，也使以前几乎没有人想过的事情成为可能。例如，通过增材制造技术，建筑商能够制造出以前因为成本等问题难以实现的建筑形态。

新的建筑物可以呈现大自然中才看得到的曲线，而不是当下主宰街景和天际线的直线。这不仅能满足《霍比特人》（*The Hobbit*）的粉丝和西班牙反传统建筑师安东尼·高迪（Antoni Gaudí）的想象，还能使建筑物结构更坚固、更轻盈，灵活地适应人类的需要，满足艺术创造力的极限。

要理解我的意思，请看一家名为盈创的中国公司 2017 年在迪拜打印的未来主义风格办公楼（见图 1-2）。该建筑物引人注目的曲线造型被一位记者比作 1957 年在迪士尼乐园推出的"未来之家"，这一 20 世纪中期现代主义风格的太空时代建筑愿景，直到现在才通过 3D 打印技术得以实现。

图 1-2 "未来办公楼"——3D 打印的迪拜政府办公楼

注：这个线条圆润、浑然一体的建筑群，由中国盈创建筑在迪拜利用 3D 技术打印而成，2016 年 5 月正式亮相。

资料来源：AP Kamran Jebreili.

　　增材制造的新型建筑将比大多数传统建筑便宜得多，因为整个过程是由程序控制的，建筑商能够依靠机器人打印机来完成大部分工作。在高迪的家乡西班牙巴塞罗那，高级建筑研究所（Institute for Advanced Architecture）已经开发了名为"迷你建造者"的小型机器人。它们依靠传感器定位，通过软件连接，而且配备了增材制造功能。这些小型机器人可以用比人类工人更短的时间和更低的成本，成群结队地建造一座大楼。这种建造方式产生的废弃材料也少得多。除了混凝土，这些小型机器人还可以打印木材、塑料和金属的复合材料。

　　以上所述适用于现场建造的模式。如果建筑商选择预制结构，并将其运至现场组装，将会节省更多成本。预制法的发明已有一段时间，但 3D 打印的高精模式将使装配过程变得轻而易举。沙特阿拉伯的人口正在快速增长，该国正在与盈创商谈，准备在未来 5 年内建设多达 150 万套的局部预制 3D 打印住宅。盈创认为，这项技术最终将有力推动解决缺少住房和住房品质不佳的全球性问题。

增材制造的核心优势

增材制造技术为制造商提供了许多传统生产技术无法比拟的优势。除了我已经解释过的好处，如低廉的定制价格和更快的上市速度之外，它还有以下几大优点：

- **更高的设计复杂度。** 逐层创建对象的技术使我们有可能构建比以往更复杂的产品内部结构。以往因过于精细而无法研磨的几何形状，现在在必要时可以以一次打印几个分子的方式达成，从而避免了偏劳动密集的生产形式和成本昂贵的生产过程。3D Systems 前总裁兼首席执行官阿维·赖奇塔尔（Avi Reichental）说过一句名言："3D 打印使复杂性不再需要成本。3D 打印机不在乎它制造的形状是最基本的，还是最复杂的，而这一特点正在使我们所知道的设计和制造被彻底颠覆。"赖奇塔尔的这个观点虽然仍被经常引用，但并不完全正确。结构复杂的物品可能需要更多的时间来完成 3D 打印，而且有时会消耗更多的材料，所以复杂性确实意味着一定的成本。但 3D 打印的成本通常明显低于传统制造方式所需的成本。因此，尽管复杂性确实"需要成本"，但是它对应的成本相当经济实惠。
- **"一步法"生产。** 在某些应用领域，只能用传统生产方法分别单独制造再加以组装的零件，现在可以使用 3D 打印技术一步到位地生产。正是由于这个原因，Strati 汽车的零件数量只是传统汽车的零头。装配成本由此大大降低甚至完全消除，装配阶段出现人为错误的概率也相应下降。

- **产品更轻、更坚固、更简单。** 与传统方法制造的含多个构件的零件和产品相比，对应的 3D 打印单品通常更轻、更坚固，而较低的运输成本和更长的产品寿命也会带来成本上的节约。正如 Desktop Metal 首席执行官兼联合创始人里克·富勒普（Ric Fulop）在我参观其公司旗下的工厂时所解释的那样，各式各样的内部蜂窝结构的组合能力使得产品在质量、强度、材料用量、抗冲击性和成本之间有可能达到近乎完美的平衡。富勒普指出，增材制造技术还具有缩减配置（de-contenting）的优势，即能够轻松地去除产品中客户不需要也不想要的附加功能。从这个角度看，增材制造也优于传统制造。

- **材料选择范围倍增。** 适用于 3D 打印技术的材料变得越来越多。碳纤维或纳米管强化的增强塑料已被广泛应用于高端用途和极端环境。重工业、电子行业和耐用消费品行业也开始使用各种金属和金属复合材料。现在，研究人员正在开发可用于大规模生产的玻璃、陶瓷、石材、木材、凯夫拉纤维（Kevlar）以及许多其他材料的 3D 打印技术。新一代的技术甚至允许在一个步骤中打印两种或更多种材料，这进一步提高了生产的灵活性，减少了生产时间，降低了生产成本。

　　增材制造的这些优势如何在现实中发挥作用？请看下面这个特别恰当的小例子。Cessna Denali 涡轮螺旋桨发动机是通用电气与飞机制造公司合资推出的产品，现经过重新设计已可通过 3D 打印进行生产。新设计的发动机功率比同类发动机高 10%，而所需燃料却减少了 20%。制造效率所带来的收益则更加惊人。这款发动机以往包含 845 个独立零件，每个零件都需要单独组装。但按照新的设计，它只包含 11 个 3D 打印的钢和钛金属零件。想象一下由此节省的时间、劳动力和金钱吧！更不用说，新设计还避免了数百种可能极易出现却代价高昂，甚至有可能造成危险的装配错误。

不是单一技术，而是层出不穷的新科技

以上这些行业实例说明，认为增材制造技术只能被用于制作桌面小摆件和圣诞装饰品的想法早就过时了。**受到增材制造带来的强大经济利益和商业利益的吸引，一些行业正处在向增材制造方向转型的进程中。**

另一种普遍存在的误解是认为增材制造是一种性质单一的技术。事实上，增材制造技术的种类多得惊人，而且新技术仍在不断地被开发出来（见表1-2）。本书将讨论大量被应用于各行各业的创新型增材制造技术应用。然而，鉴于我的核心关注点是这些技术创新在业务、战略、经济和管理方面的影响，而不是它们的技术基础，所以我经常把所有技术模式统一在增材制造技术的标题下，而只在必要时才提及它们之间的差异。读者需要认识到，增材制造技术不是一项单一的技术，而是一系列仍在不断扩展和改进的技术组合。

越来越多的行业在推动增材制造技术的普及，在一定程度上，这个动力来自特定技术领域一连串新的突破。近年来特别值得关注的 5 项技术分别是：在 3D 打印巨头惠普的力捧下被迅速推广的多射流熔融打印，由生产打印机的恺奔开创的连续液面生产（Continuous Liquid Interface Production, CLIP），由 Desktop Metal 开发的、比老式激光系统快 100 倍的双向单程喷射（Bidirectional Single-pass Jetting），Optomec 正在开发的、可以一次打印整套机电设备的气溶胶喷射打印（Aerosol Jet Printing），以及 3D 喷墨打印（3D Inkjet Printing）。Kateeva 等公司正在利用最后一种技术大规模生产有机

发光二极管（OLED）显示器，成本比传统方法低 50%。2016 年至 2017 年，以上技术在速度、精度和经济承受度方面都达到了令人瞩目的新高度，这意味着它们已经有能力改造一些以前未受到增材制造技术革命影响的新行业。

特别值得强调的一类技术突破是整体式印刷（Monolithic Printing）。它泛指在一个连续过程中生产无接头或无接缝产品，且不依赖分层方法的技术。恺奔的连续液面生产技术就是其中之一。整体式打印比分层式打印快得多，不但能实现更高的产量、更快的周转时间，还能解锁其他制造方式无法实现的复杂形状。具备上述能力的整体式打印技术仍在发展中，它最终将彻底消除人类与打印机交互的需要，建立全自动的工厂环境。

增材制造技术的加速传播还应归功于开放式材料、开放式产品设计以及控制 3D 打印机等机器的开放式软件系统的出现。封闭式软件系统通常会限制新技术的采用，并且会减缓创新的发展和传播速度，而开放式软件系统则鼓励全世界不同领域的人合作创造新的应用程序。经过苹果的封闭式系统与微软和 Linux 主导的开放式系统的漫长斗争，全世界开始认识到开放式系统的力量。最终，苹果的应用商店姗姗来迟，数以千计的外部公司终于得到为 iPhone 和其他苹果设备开发应用程序的机会。

多年来，3D 打印机公司一直用封闭式系统来控测它们的打印机。然而，从 2017 年起，采用开放式系统的趋势越来越明显。例如，作为巨头的惠普现在向那些想测试新材料与惠普多射流熔融打印机兼容性的第三方提供材料开发工具包。惠普还和众多化学与材料公司建立了伙伴关系，并共同开发可用于 3D 打印的新材料。这些趋势使增材制造领域变得更加开放，并为创造力的发展创造了有利的环境。但是，开放式系统同时也使增材制造领域在面对黑客的恶意攻击时变得更加脆弱。长期来看，这个问题将有利于那些资金充裕、有实力的大公司，因为它们更有能力开发和安装强大的安全系统。

表 1-2 增材制造技术一览

工艺流程	重要技术与发明时间	说明	典型用途	应用该技术的机构、公司
挤压层	熔融纤维制造（FFF），1989年；大面积增材制造（BAAM），2014年	使用喷嘴挤压材料，打印出塑料零件	原型设计、汽车行业的塑料终端部件，以及汽车车体和潜艇壳体等大型物体的制造	福特、捷普、劳氏、美泰、波音、洛克汽车、橡树岭国家实验室
光硬化层	立体光刻（SLA），1986年；连续液面生产（CLIP），2014年；直接光处理（DLP），1987年	通过光源使瓷皿中的液体树脂凝固，以制成物体	珠宝、鞋类和汽车行业零件的原型设计和生产	索尼、通用汽车、福特、通用电气、特斯拉、迪士尼、新百伦、阿迪达斯、波音、诺华制药
粉床熔融层	选择性激光烧结（SLS），1986年；选择性激光熔化，1995年；多射流熔融，2014年	用激光或红外光束使粉末状的塑料、陶瓷或金属逐层熔化、融化或将其焊接，从而形成稳固的结构	生产许多行业中具有复杂几何形状的功能性零件	波音、空客、耐克、新百伦、通用电气、3M、美国国家航空航天局、史赛克骨科、强生、西门子、欧特珀克
材料喷射层	3D喷墨打印，1998年	先由空心针喷出点状液态树脂，再由紫外线激光将其黏合成为物体	OLED 显示器和多层印刷电路板等嵌入式电子产品的制造	LG、三星
气溶胶喷涂层	气溶胶喷射制造（AJM），2004年	先由雾化器将原材料（聚合物）拆分成细的条状物，再由沉积头把它们精确铺设到位	精细电路、天线和传感器等嵌入式电子元件的制造	通用电气、美国国家航空航天局、美国空军、光宝科技、博世

续表

工艺流程	重要技术与发明时间	说明	典型用途	应用该技术的机构、公司
直接能量沉积层	激光近净成形（LENS），1997年 电子束增材制造（EBAM），2009年	利用激光、电子束或其他能源产生的热量将金属粉末熔化或熔焊接在一起	修复金属结构或材料；有部件添加现在航空航天、国防和医疗行业中小批量生产大尺寸、高价值零件	通用电气、美国国家航空航天局、欧特克、泰科电子、空客
堆焊层	激光熔覆（激光金属沉积），1974年	用激光熔化粉状或线型原料，以便在某个表面上覆盖一个金属涂层	将高性能耐腐蚀材料应用于管道内部或涡轮叶片	东芝、通用电气、联合技术
黏合层	黏结剂喷射，1993年 单程喷射，2015年	先由辊筒或打印喷头涂上一层粉末，然后用黏结剂或烧结工艺将其黏结起来	为航空航天业、汽车行业和重工业生产砂模、模芯和零件	美国海军、宝马、福特、卡特彼勒、劳氏、谷歌
叠层	选择性沉积层压，2003年	有选择地施加热量、压力或黏合剂，将毗邻的各层材料黏在一起，最终形成物体	用于教育、建筑和医药等行业的彩色零件	史泰博、本田、美国国家航空航天局、波音、耐克、麻省理工学院

此外，增材制造领域也涌现出许多引人注目的技术分支，增材制造技术以独特的方式被应用于多种特殊用途。其中一些技术分支将会对未来产生惊人的影响。

4D 打印就是这样的一条分支。就这种技术来说，爱因斯坦所说的第四维度"时间"在产品的塑形和效用最大化方面起着关键的作用。在 4D 打印过程中，由 3D 打印出的结构在被加热或加湿后会呈现出一种永久的新形态。4D 打印与自组装很近似，后者是一项可使多配件设备随时间的推移进行自我重塑的实验性新技术。作为这类技术的实验温床，麻省理工学院的自组装实验室已经开发出了一些创新技术，如"活性拉胀"（Active Auxetic）材料。这种织物在寒冷天气下可以自动收缩，为使用这类服装的用户提供更强的保暖性能。该实验室还致力于研发新技术，以实现智能手机等复杂设备的自动化自组装。这些技术一旦得到完善，将大幅降低一大批电子产品和其他产品的制造成本，使数以百万计的人获得更强大的工具，从而产生深远的经济影响。

大面积增材制造技术可使人们利用 3D 打印技术制造非常大的物体。请想象一幅画面，一组沿着支架移动的 3D 打印机，在空中上下运动，打印比打印机本身还大的 3D 零件。以这种方式制造的物体通常带有凹槽，便于独立制造的特殊模块插入。我将这种设计称为"大规模模块化"。上至汽车、飞机，下至房屋，这种设计思路被应用于各种产品，大幅节省了产品制造所需的时间、原材料以及其他资源，还使得生产的灵活性达到了新高度。大型物品的生产地点不再局限于大型工厂，而是被转移到可以方便快捷地根据市场需求变化不断变换的生产现场。

纳米打印是增材制造技术创新另一个引人关注的分支。它可以打印出长

度介于 10^{-10} 米和 10^{-8} 米之间的物体。[①]纳米打印目前主要被应用于研究项目，尤其是医学领域的研究项目。例如，科学家正在测试是否可以用 3D 打印的纳米机器人将药物运送到患者体内特定位置，或让它们清除患者体内的毒物或癌变区域。最终，这一类的探索可能会使医生和生物学家现在刚刚开始想象的一系列治疗技术得以应用。纳米打印技术的种种突破还使得增材制造技术有可能被用于生产极微小的精确成型的物品。例如，为协助超精密医疗的纳米机器人提供能量的电池，可以比一粒沙子还小。

增材制造领域中最令人难以置信的一个分支是生物打印，即使用"生物墨水"来构建人工组织结构，这些结构能模拟自然形成的活体组织的功能。这些生物墨水通常是活性细胞和"细胞外基质"（Extracellular Matrix）的混合物。细胞外基质包含生物材料和化合物，可为细胞提供结构和化学支持。生物打印的研究者正在尝试使用生物打印技术构建由内皮细胞构成的功能性血管，内皮细胞是构成自然血管内膜的细胞。如果能够利用增材制造技术生产出适用的血管，将会使器官移植变得更为简单和安全，因为血管的匮乏一向是这类移植的主要障碍。生物打印现已被用于制造服务于药物检测和病理学实验的活体组织、移植和修复手术所需的皮肤细胞，以及应用于其他用途的活体材料。

增材制造技术有着多元化的特性，未来将在技术、科学和商业领域开辟许多令人难以置信的新机会，甚至涉及一些你从未想过的、会与数字制造有关联的人类活动。以食品领域为例。好时、雀巢和以生产意大利面酱闻名的百味来等公司已经开始利用增材制造技术生产具有独特形状、质地和形式的食品。增材制造技术所带来的缓慢、精确控制的增材分层工艺（Additive Layering Process）可以合理地被应用于这一领域。现在，科学家和研究人

---

① 一个典型的蛋白质分子的直径大约为 10 纳米，即 10^{-8} 米。——编者注

员正尝试在更罕见的食品领域中应用增材制造技术，比如将藻类、甜菜叶、甚至昆虫的蛋白质转化为面粉，再用这些面粉制作可供 3D 打印机使用的、健康美味且可食用的糊状物。美国国家航空航天局甚至尝试用增材制造技术在太空中制作食品，比如在国际空间站打印比萨。

THE PAN-INDUSTRIAL
REVOLUTION
翻转世界的超级制造

人工珊瑚礁，修复海洋生态

增材制造技术的独特优势还可被用来解决严重的海洋环境问题。因气候变化、水污染和过度捕捞等问题，世界各地的珊瑚礁正在退化。法国著名海洋探险家雅克·库斯托（Jacques Cousteau）的孙子法比安·库斯托（Fabien Cousteau），正与雅克·库斯托一手创建的非营利组织"海洋学习中心"（Ocean Learning Center）一起，尝试用增材制造技术建造模仿天然珊瑚礁的形状及纹理的人工珊瑚礁。这样做是为了吸引珊瑚虫幼体在打印出的珊瑚礁的罅隙中寄居，从而培养出一个可为其他多种海洋生物提供家园的不断生长的结构。其他的技术都无法制造出与天然珊瑚礁如此类似的内部结构。法比安正在加勒比海的博奈尔岛附近应用这项技术，希望能使当地正在遭受白化、丧失生物多样性的珊瑚礁恢复活力。如果这一做法有效，类似的方法将被用于波斯湾、澳大利亚大堡礁等面临同类问题的海域。

读到这里，技术世界的密切关注者已经意识到的事，你或许也开始有所觉察，那就是 3D 打印以及其他形式的增材制造技术有可能彻底改变人类生活的每一个领域。

系统中的系统，影响全球经济的激变

被归为增材制造的这些引人注目、仍在不断发展的新技术阵列本身是非常有趣和有意义的。但更重要的是，这些技术将对世界经济产生长期影响。**增材制造很可能会改变几乎所有产品的制造方式。技术上的变化将会影响生产设施的性质、规模、组织和位置，制造业的就业规模和结构，商品的营销、销售、仓储和分销方式，研发、创新和产品培育的方式，公司的内部和外部结构及公司与公司之间的关系，竞争的性质，整个行业的结构，乃至发达国家和发展中国家之间的全球力量平衡。**

当然，这些变化的实现需要时间，但它们无一不是由增材制造技术的发明、传播和发展所引发的种种趋势演变的结果。

要是难以想象一项技术突破怎么能产生这样级别的影响，请参照以下两个案例：瓦特于 1781 年发明了世界上第一台能够产生不间断的旋转运动的蒸汽机，它成为奠定第一次工业革命的技术核心，而香农于 1948 年发表论文《通信的数学理论》（*A Mathematic Theory of Communication*），为信息的数字化乃至计算机革命奠定了知识基础。

不错，每一项重大的技术突破在改变世界之前仍需要许多与其配套的要素。但历史表明，就像拼图一样，一旦这个关键的核心技术出现了，拼图的其他碎片也会随之涌现。蒸汽机革命和计算机革命莫不如此，21 世纪的制造业革命也正在沿着同样的路线向前行进。

在第一阶段，正如在许多行业中已经开始的那样，增材制造技术开始与人们更加熟悉的传统制造技术相结合，比如加入亨利·福特等20世纪初的创新者开创的装配线。在世界各地，许多工厂把3D打印机安置在空闲的角落，使之生产所需要的零件或工具。这样生产出的物件可以匹配传统制造过程的需要，于是工厂可以通过避免预先订购和储存较少使用的零件而节省时间和成本。

仅仅把增材制造技术当作传统生产方法的附件或附属品的生产系统标志着新兴的制造业革命的第一阶段。要不了多久，人们就会认为它们过于简陋。下一个阶段正在向我们走来。在第二阶段，新的增材制造技术将越来越多地与其他高新技术相结合，比如机器人、激光、云计算、人工智能、机器学习和物联网等。这些高新技术同样也在经历快速的发展和进步。

由于生产系统是由软件系统控制的，而这些软件系统能够根据情况需要迅速而便利地修正、更新和强化，整个生产体系都因数字化的力量变得更加灵活、高效和多变。当这些技术与许多公司现在正在开发的工业平台的力量结合时，它们的影响将成倍扩大。这些工业平台将利用互联网和云计算，将数百家公司、数千台3D打印机和其他类型的增材制造机器以及数百万名供应商和客户接入网络，从而对需求变化、供应波动、经济趋势等给出即时的反应。

在接下来的十几年里，形形色色的增材制造技术，提高增材制造效率的辅助数字工具，以及将这些技术合并为超大、超强、极高效率的制造系统的工业平台等一系列技术和工具的发展，将汇合成一场我称之为"泛工业"的革命。**它所产生的激变不仅会改变制造业，更会影响全球经济。**

增材制造的 6 大优势

100 年前，福特在其传奇创始人的领导下，开创了现代装配生产线，带动了全球制造业的一次重大变革。今天，在一位与高科技设计和制造领域关系紧密的新领导的带领下，福特似乎已经准备好第二次引领这样的变革，而这次变革可能会永远终结曾经主导大规模制造的福特式流水线系统。

增材制造技术为制造商提供了许多传统生产技术无法比拟的优势：

- 低廉的定制价格
- 更快的上市速度
- 更高的设计复杂度
- "一步法"生产
- 产品更轻、更坚固、更简单
- 材料选择范围倍增

受到增材制造带来的强大经济利益和商业利益的吸引，一些世界上最大的行业正处在向增材制造方向转型的进程中。

增材制造的加速传播还应归功于开放式材料、开放式产品设计以及控制 3D 打印机等机器的开放式软件系统的出现。

增材制造的一些技术分支同样会对未来产生惊人的影响：

- 4D 打印
- 大面积增材制造技术
- 纳米打印
- 生物打印
-

增材制造技术有着多元化的特性，未来将在技术、科学和商业领域开辟许多令人难以置信的新机会，甚至涉及一些你从未想过的、会与数字制造有关联的人类活动。

增材制造很可能会改变几乎所有产品的制造方式。技术上的变化将会影响生产设施的性质、规模、组织和位置，制造业的就业规模和结构，商品的营销、销售、仓储和分销方式，研发、创新和产品培育的方式，公司的内部和外部结构及公司与公司之间的关系，竞争的性质，整个行业的结构，乃至发达国家和发展中国家之间的全球力量平衡。

工业平台将利用互联网和云计算，将数百家公司、数千台 3D 打印机和其他类型的增材制造机器以及数百万名供应商和客户接入网络，从而对需求变化、供应波动、经济趋势等给出即时的反应。

何时何地都能制造产品

**THE
PAN-INDUSTRIAL
REVOLUTION**

How New Manufacturing Titans Will
Transform the World

大规模生产诞生于 19 世纪末 20 世纪初，是技术和经济领域一项了不起的进步。

大规模生产的制造商开发了以前所未有的效率生产数以百万计的标准化产品的方法，拉低了商品售价，在历史上首次把世界各地广大的新兴中产阶级消费者当作销售的对象。但是，这种高效率也有其代价。标准的大规模生产方法要求资本高度密集，且十分缺乏灵活性。

在生产、组装某个特定产品时，制造商必须先调试设备，这个过程既费钱又耗时，而且每次换模都会导致额外成本增加和生产率下降。此外，它还经常面对各种难以预测的问题，如机械故障、停电、原材料短缺、操作人员失误等。制造商的总停机率通常为 3% ～ 6%。凡此种种，都意味着制造商还未得到一分收入，却需持续投入资金。

传统制造方法灵活性不足，严重限制了工厂的产品范围。为使效率最大化，制造商只能局限于已有设备，难以扩大产品范围，更不可能经常更改设计、原料或其他生产环节。后果就是生产系统变得僵化，在面对时刻变化的消费需求时，反应能力极其有限。

能不能找到一种更理想的方式呢?

生产得更多，不断扩大产品范围

为使工厂的运营更灵活、更高效并且覆盖更多的产品，制造业专家一直在努力应对各种挑战。几十年来，他们一直致力于解决的问题包括换模成本、复杂的设备调试过程、机器故障造成的损失等，而且他们在这些方面都取得了一定的成绩。自 20 世纪 90 年代起，受到大力支持质量运动的丰田和其他日本制造企业的成功经验启发，精益化制造运动的推行使许多类似的难题得到了解决，而且战绩颇为不俗。不过依赖专用机器这一根本性的问题仍未得到解决——专用机器的设计、调试和编程都是为了执行单一的生产功能，一旦产品或产品的设计发生变化，它们就必须接受彻底的检修或置换。

得益于全新的制造方法，制造商们现在终于有了更好的解决办法。世界各地的企业都在利用增材制造技术的优势，使生产设施变得更高效、更灵活、更高产。

"新一代增材制造"（NextGenAM）项目就是个例子。它是一个由 3D 打印机制造商 EOS、空中客车的子企业 Premium Aerotec 和汽车制造商戴姆勒组成的联合企业在德国法勒尔建造的"未来工厂"。在这个巨大的自动化工厂中，机器按照 3D 打印、铣削、热处理、激光纹理加工、机械臂组装以及质量检查这些生产过程的不同阶段整齐地排放。一些来回运动的搬运机负责把零件或材料收集起来运送到下一生产阶段所在的区域。这座工厂的目标是利用增材制造技术更快、更高效地生产汽车、飞机和其他潜在产品所需的多种金属零件。特别是，"第一代增材制造"系统将削减 3D 打印零件后处理所需的成本和时间，这一环节的花费在当前增材制造总成本中占比接近70%。

美国工程巨头艾默生 2017 年在其新加坡的制造园区也开设了一家增材

制造技术工厂。这是艾默生设立的第二家具有增材制造能力的工厂，第一家应用了此类技术的工厂2014年于美国艾奥瓦州的马歇尔敦开工。位于新加坡的新工厂以艾默生在亚太地区的客户为主要服务对象，这些客户贡献了该企业约22%的营收。除了开展试点的生产项目，新加坡的新工厂还专门生产那些传统方法无法制造的零件，例如工艺先进、结构复杂的工业控制阀。3D打印技术使得生产的速度更快、产品更便宜，而且每个阀门的冗余材料也更少。新工厂还可为发电厂、炼油厂、精密工程和航空航天等领域制造类似的定制零件。

蒂森克虏伯的工程公司于2017年9月在德国鲁尔河畔米尔海姆开设了一家增材制造技术中心。该中心配备了加工塑料和金属的3D打印设备，可为蒂森克虏伯的多个客户制造定制产品，涉及工程、汽车、船舶和航空航天等多个行业。该中心的许多产品都无法用传统方法生产，比如一种耐热性极高、可以在集成了冷却通道的熔炉中采集气体样本的探头。

通用电气在印度浦那设立的工厂同样是增材制造日益流行的一种体现。与上文中提到的工厂一样，这家"多模式"工厂使用增材制造技术生产多个行业所需的零件和产品。该工厂体现了通用电气"卓越工厂"的战略，这种新的生产管理思路将机器人技术、收集数据的数字传感器、功能强大的分析软件以及集成到物联网中的分布式控制，与3D打印以及其他形式的增材制造技术结合起来。通用电气的管理层说，这一技术框架已使卓越工厂的机器停机时间降低到1%以下。一般情况下，机器的故障率为3% ～ 6%，不难想象，通用电气正在借此实现高达数百万美元的成本效益。

上述新型工厂正在实施的这些创新只是迈向未来的第一步。**制造业的企业将可以在任何地点高效地制造任何产品，甚至可以随时根据市场变化的需要，切换到不同的产品乃至行业。**

范围经济，一套新的战略工具组合

商科学生不会对"规模经济"这个术语感到陌生，它指的是企业可以用大规模生产的商品或服务占据一个大市场而获得相应的成本效益。成本效益来自以较低的成本批量采购原料，基于更多收入分摊管理、销售、营销等固定成本费用，以及大型企业享有的竞争优势。

"范围经济"的定义则完全不同，也不太为人们所熟知。范围经济的出现是由于企业能够生产更多种产品及产品类别，因此可以服务于范围极广的市场，可涵盖众多客户类型和不同地域。这种面向广泛范围的业务模式会带来极大的成本节约。如果制造商能够在单一业务平台上完成为数可观的一系列产品的推广、销售和分销，那么它的间接费用与总收入之比将会大大降低，从而显著提高利润率。当只需在一间工厂配备几台多功能的机器，就能将相对简单的原料组合加工成多种多样的系列产品时，制造商将实现额外的成本节约，进一步提高利润。

就在不久之前，范围经济还举步维艰，难以实行。一些企业的确形成了一定的范围经济。例如，在线零售商亚马逊从一介书商扩张成了"网上商城"，实现了自那些曾经叱咤风云的百货帝国衰落以来，不曾有零售商享受到的范围经济。不过，大多数企业发现，种种客观限制使得范围经济难以实现，通过成功经营一家企业来处理极为丰富的货品和多元化的市场时要面临巨大的复杂性。

这就解释了为什么在 20 世纪 60 年代特别流行的企业多元化的商业模式不再受人青睐。正是由于这一点，传奇投资大师彼得·林奇才会发明"分散恶化"（Diworsification）一词，用来描述大多数企业在自身能力范围之外大肆扩张所导致的恶果。因此，这类企业的股价往往低于其资产总值，即

"多元化折价"（Conglomerate Discount）现象。这也正是为什么通用电气和霍尼韦尔这类工业巨头在面临"解聚"（Deconglomerate）的压力时，为使业务更加集中而抛售异质部门。

增材制造技术的出现有可能改变这一趋势。

3D 打印以及其他增材制造技术极大地拓展了制造企业的业务范围，它们不必再承受以往这类扩张带来的不利后果。多模式制造工厂的管理者不必为了实现高效而局限性地关注单一行业。增材制造的通用性意味着这些工厂可以横跨多个行业，用同一批机器生产多种不同的产品和零件，而且通常只需要用到一种原料，比如标准化金属粉末。

此外，与其他生产形式相比，增材制造使得产品或零件的组装过程变得更简单、更迅速和更便宜。工厂的管理者不再需要昂贵的冲压模具、铸造模具、加工刀具及其他设备，只要把数字化的设计文件轻松一换，就可以用某台主机生产任何想要的产品或零件。增材制造技术带来的灵活性还意味着整个工厂以及工厂中的每台机器的休整时间将会更少，这将为公司显著地节约成本。

增材制造，实现范围经济的最佳方式

由增材制造技术带来的范围经济效益，并不仅限于一种形式。因为可以用同一台设备生产相当多样的产品，资本设备支出可以基于一个更大的销售基数来分摊，购买、安装、维护和升级机器的费用得到有效的降低。同理，与企业运营相关的其他成本，如管理成本、信息技术成本以及为了开发和管理复杂的控制增材制造系统的计算机软件和数据分析系统而产生的成本，都可以在一个更大的基数上进行分摊，从而在总成本中占据更小的比例。

增材制造对于原材料的成本也有类似的影响。设想有这样一家工厂，它配备了一些新型增材制造设备，能够用同一种金属粉末打印出各种工具、零件和装置。这家工厂代表着由最新的 3D 打印技术带来的高度灵活的生产方式。这类工厂的管理者能够大量购入金属粉末，享受批量购买的折扣。相比之下，传统制造商需要购买的原料数量较少、对形状有更明确的要求，比如有些零件要用薄金属板制造，有些零件则需要用厚金属板，还有些零件要用金属棒或金属条。因此，传统制造商通常没有资格拿到同样的折扣。

当然，我并不是说增材制造技术可以使企业制造出任何一种产品。材料、客户需求、营销方法和财务要求的差异仍将鼓励制造商形成一定程度的差异化。比如，在不久的将来，我们将有望看到一些增材制造企业专注于生产金属制品，或者更具体地说，专注于向其他企业销售重型金属设备，另外一些增材制造企业则可能会专注于塑料制造的日常消费品。也就是说，制造商还是会限制所生产的产品，只面向一群需求比较一致的客户对一组相关产品进行市场营销和销售。

不过，有能力生产多种产品的工厂显然比产品种类有限的传统工厂有更高的运作效率。我几乎可以肯定这会带来社会整体经济状况的大幅改善，以及更为可观的企业利润。

请注意，**增材制造的这些优势与工业 4.0 所承诺的大不相同，后者是制造业的另一种愿景。而且，增材制造的颠覆性也大得多。**工业 4.0 所特指的用机器人、激光器和其他形式的新设备大力推动传统工厂的方式，当然可以提高生产速度、减少浪费及改善各种效率，甚至可以使一家工厂的生产更具灵活性。但是，工业 4.0 做不到像增材制造技术那样极大地扩展生产范围，更不可能自然而然地催生范围经济。

增材制造技术还能够以如下这些方式推动范围经济：

- **按需调整企业的产品范围。**一家具有灵活度的增材制造工厂可以比传统制造工厂更方便和快捷地扩大或缩小产品范围。这意味着，当市场对某种产品的需求下降而对新产品的需求增加时，企业可以迅速进行调整。此外，如果一家企业发现自己可以打造出一款出人意料的爆款，它就可以迅速地调动全部的生产能力大批量生产这款产品，从而避免因无法满足市场需求而错失赚钱良机的遗憾。

- **按需调整企业可覆盖的地域范围。**生产某一产品组合的增材制造工厂几乎可以被设立在世界任何地方。与传统工厂相比，增材制造工厂规模可大可小；厂址既可以靠近客户，也可以更靠近原料产地；增产或减产的决定也更容易实现。制造商可以很方便地跨地域重新分配生产。在供应链的变化于己有利时，比如为了保护某个国家或地区的贸易集团而提高运输费用或关税，或者因自然灾害而使另一地区某种重要原材料断供时，总公司都可以快速地进行代价不高的调整。因此，企业的效率和生产水平能够保持稳定或进一步被优化，供应链也可以更多地由明智的管理决定，而不是因客观情况的种种限制而调整，这些都使得企业更容易实现地域范围的极大扩展。

- **获取范围更广的信息。**更广泛的消息来源使企业有机会在许多行业立足并且向来自不同行业的设计师、工程师、技术专家和营销人员学习。随着增材制造企业在各行各业大显身手，了不起的创意将会更迅速地为人所知，创新的脚步将大大加快，生产协调也将变得更容易。

- **获得供应商、零售商和价值链中其他商户的优惠待遇。**宝洁、高露洁－棕榄这样的企业因为提供种类繁多的消费品，享受了超市的最惠国待遇。同理，如果一家企业利用增材制造技术的能力，实现了产品系列的扩张，它就会逐渐成为特定客户的一站式商店，提高自身在价值链中相对于材料供应商、服务提供商、零售商、分销商等企业的地位。

- **基于更广阔的基础市场，分摊开支，节省巨额成本。**每个企业都有无法直接归因于单个产品的重大成本，比如后台费用、仓储和运输设施费用、研发预算、行政开支等。增材制造技术能扩大市场范围，如果企业利用了这一点，它就能获得更广泛、层次更多、数量更大的收入现金流，足以支付上述成本，从而全面增加利润率。

- **在当前市场或新市场快速、轻松地扩大创新范围。**增材制造技术流程的灵活性意味着企业可以比过去更频繁地在产品设计上做出改变。过去需要花费数月或数年时间完成的产品设计、原型制作、测试和制造各阶段，现在可以缩减到在数周甚至数天内完成，这要归功于数字系统对各个步骤的简化。因此，当新的产品理念浮现或客户偏好发生变化时，使用增材制造技术的企业可以快速做出反应。这些企业的边界变得若有若无。创新的扩大包括以下几个方面：

  第一，有更多机会发现和填补市场空白。历史上，企业最大的增长来源之一就是识别和填补有待填补的缝隙市场的能力。如果一家企业所能设计和生产的产品比客户 A 想要的更大、更复杂、功能更强大，但又比客户 C 想要的更小、更简单、更易于使用，最终它便可能制造出一款非常适合客户 B 的产品，B 客户是一位之前未被关注也未向其提供过服务的客户。由于增材制造技术赋予企业无与伦比的创新速度和灵活性，在试验和发布市场空白产品方面，企业将比以往任何时候都更具创造力和进取心。

第二，通过更丰富的产品组合，增加占领红海市场的机会。利用增材制造技术实现经营范围扩大的企业将能够生产更多种类的产品，从而更充分地满足现有客户的需求。为了满足不同的消费动机，它们将开发在不同场合、不同背景下被更频繁使用的差异化产品。这样的创造力赋予企业向某个特定客户群销售更多产品的能力，投入这个细分市场的每一笔推广、销售和广告费用都将被运用到极致。

第三，在尚未开发、以前无法想象的领域增加了发现和占领蓝海市场的机会。增材制造技术已经使得设计和生产全新类型的产品成为可能，比如从微型和纳米级的医疗与科学设备到人造珊瑚礁等。有朝一日，3D 打印的人体器官也会成为其中的一员。很难预测在接下来的几十年里由增材制造技术驱动的企业将创造出哪些新市场，但其中一些市场很有可能在未来培育出巨大的行业增长，占据今日尚无人可以定义的蓝海市场。

第四，几乎能够满足特定客户的全部需求，帮助客户简化购买决策、减少花销，并将成为客户更为看重的助力。运营表现最好的增材制造企业会利用它们更广泛的产品范围的优势，生产产品以满足某些特定企业需求中日益增长的份额。例如，一家企业对企业（B2B）供应商可能会发现，它为某个特定客户制造的零件份额从 25% 增长到 35%，进而增长到 50% 乃至更多。这个现象通常会形成良性循环，因为它的客户会发现与一家大供应商协调采购、交付、付款等事项比与好几家小供应商一起协调更容易、更方便。

这些只是增材制造技术实现范围经济的众多方式中的几个例子。今后，随着增材制造技术的持续应用，领先的制造企业将获得巨大优势，而那些技术相对落后的竞争对手几乎无法望其项背。

一体化经济，下一个边界

正如我前面所解释的，增材制造技术通过提供前所未有的灵活性，使制造企业具备了大幅扩展产品范围的潜力。在这个全新的世界里，配备着同一套机器的一家工厂可以为跑车、割草机、小货车、高尔夫球场代步车乃至火车车厢生产零件，只要将新的设计文件下载到打印机上就能达成所生产零件的更替。关于生产什么、在哪里生产、服务于哪些市场等问题，企业将有非常多的新选项。

有些企业可能选择围绕一组特定的技术选项建立一套全新的总体战略。例如，它们会以基于金属的 3D 打印技术为核心，建立一个工业帝国。对于那些希望采用灵活的数字技术打造一个丰富的金属产品序列的企业来说，这样一家企业将会是"最佳的选择"。类似地，另一些企业会选择专攻塑料、陶瓷、混凝土、生物油墨等材料方向上的增材制造技术，从而开拓横跨多个行业并为长期增长开辟广阔领域的专业空间。

随着时间的推移，3D 打印和其他新生的增材制造技术将与所有方向上的新兴数字技术相结合，建立更强大的商业实力。以电子技术连接和协调全球不同地方众多工厂一起工作的能力，有助于建立起生产多种产品及面向多个市场的制造帝国，它的灵活性、速度和敏捷性将达到以往的企业集团梦寐以求的高度。

全新的灵活性将会带来范围经济的最强有力的组合，即与"一体化经

济"有关的种种优势，泛工业的最终崛起将以之为跳板。

一体化经济是一种特殊类型的范围经济。当一个企业组织能够以极高的效率管理相互关联、相互支持的复杂活动时，一体化经济就出现了。我们可以确定一体化经济有好几种类型，其中以下 3 种最为重要：

- **产品一体化**——这可以通过在设计过程中合并零件而实现，产品因而得到简化，而且由于去掉了装配环节，对人力的需求也相应减少。如果为了便于通过一次采购满足客户的多个需求，将两个或多个产品组合成一个产品，这也可以被称为产品一体化。在许多环境下，增材制造首次使产品一体化成为可能，比如一次 3D 打印完成一个复杂的零件，而不必分别生产各个组件，再对它们进行组装。

- **生产阶段一体化**——这是指合并或协调两个或两个以上的生产阶段，从而简化制造过程；减少对专用工具、装配线和其他设施的需求；降低对外部供应商的依赖。一旦生产阶段一体化完成，一套增材制造生产机器就可以执行整个生产过程，在一个连续的流程中依次完成原料加工，零件、组件制造，直至制造出最终的成品。

- **功能一体化**——将以往在企业内部处于分离状态的流程合并起来。例如，洛克汽车使用所谓的"共同创造系统"生成和开发新车构想，而该系统可以将研发、设计和市场测试过程合并为一项单一的活动。同理，当商业客户能够用自己工厂里的 3D 打印机快速制造出由外部供应商设计的零件或工具时，制造该物品和入厂物流流程就被整合为一个单一的一体化功能。

读者可能很熟悉以前由"垂直整合"企业发展出的一体化经济，这些企业一度因控制了针对某个特定产品、服务或市场的整个价值链而获益。早期的汽车制造商会收购和经营汽车行业链中的每个环节，从原料开采、钢材锻造、汽车零件制造、汽车组装，直至将最终产品销售给自己的经销商。

在 20 世纪，许多垂直整合企业消失了。主要的原因是尽管一体化有许多好处，但企业也要为此承受许多经济弊病。这些企业面临的两个最大的问题是代理成本和科层化成本。

由于不受公开市场中的竞争压力的影响，一旦向企业内部其他部门供应商品或服务的管理人员变得自满或低效，代理成本就会出现。代理成本的结果是制造出低质或高价格的产品。

科层化成本存在于每个企业，这是因为计划、组织、管理和监控等活动需要消耗时间、精力以及物质资源和人力资源。由于需管理的经济活动极其复杂，垂直整合企业会付出极高的科层化成本。

高代理成本和高科层化成本严重拖累了企业的盈利能力。考虑到这些问题，企业高管们逐渐意识到在当时的条件下将以往的整合型企业拆分为多个独立的企业并且通过市场互动来协调它们之间的经济活动，才是一种更有效率的做法。以汽车制造商为例，它们逐渐开始依赖原材料和零件供应商网络，在以往由内部严格控制的设计、组装、营销和销售等环节上也慢慢失去了掌控权。这是一种合理的战略变更，反映出现有的负责信息管理、沟通、规划和协调的科层化系统过于迟缓和能力有限。在 20 世纪，这套机制难以高效地运营一个庞大的、垂直整合的商业帝国。

增材制造技术的发展使这种状况有所改变。例如，通过混合制造系统的发展，生产阶段一体化已经开始显现经济效益。混合制造系统不但使用先进的增材制造技术，同时也不排斥机器人技术、电子传感器和强大的软件系统，这些软件系统能够通过机器学习和人工智能不断改进自身的操作。

以我在引言中介绍过的 Cosyflex 系统为例。它的第一步工作是整合原料以制造出织物，而不是要求员工根据需要对纺织物进行鉴定、选择、购买、装运、储存并交付到生产工厂。它的第二步工作是生产纸尿裤的各个组成部分，再将它们逐层叠加、组装成成品。在整个过程中，Cosyflex 系统一边控制 3D 打印机生产织物，一边利用自动传感器和机械手臂来精确定位、操控和折叠由 3D 打印机打出的织物。

再来看总部位于马萨诸塞州的名为 Formlabs 的 3D 打印机企业。

THE PAN-INDUSTRIAL REVOLUTION
翻转世界的超级制造

可实现完全自动化生产的"24 小时数字工厂"

Formlabs 在 2017 年推出了自动化生产系统 Form Cell。Form Cell 系统包括可架上叠放且具备扩展能力的 Form 2 SLA 3D 打印机阵列、工业机器人机架系统以及可自动完成后期打印步骤的 Form Wash 和 Form Cure 单元。该系统中的智能软件负责处理打印作业列表、错误检测、远程监控以及零件和序列编号的打印。整个 Form Cell 生产系统由一个计算机程序进行协调，可以在几乎没有监控或零监控的情况下实现生产。用 Formlabs 的话来说，"它使 24 小时运转的'无照明'数字工厂"成为可能。

总之，Form Cell 将零件或产品的 3D 打印与后处理步骤相整合，再将产品输出至传送带。传送带再将产品运送到装配线或在另一台 3D 打印机上安装插件（见图 2-1）。

图 2-1　Formlabs 的 Form Cell 系统

注：Form Cell 是一个由一组 Form 2 SLA 打印机支持的自动 3D 打印系统。这个封闭式全自动系统可以使用机械臂和智能软件控制装置进行打印、后处理以及零件的拾取和放置。

资料来源：FORMLABS.

这一类目前仍处于设计和测试阶段的混合制造系统可以有多种应用方式。一些工厂可能会把一组 3D 打印机与其他增材制造机器配合起来，从而实现多零件产品的生产。另一些工厂则可能将增材制造机器与传统的制造机械或装配线结合起来，装配线上的自动化装置可以把产品从一处运送到另一处。

久而久之，混合制造系统将变得越来越复杂，不仅能够制造复杂的大型物体，甚至可以在一个系统中将金属、塑料、陶瓷、织物等多种材料组合在一起。随着人工智能和机器学习不断改进，并被集成到控制生产机器的软件系统中，可以从经验中学习的、极其强大和灵活的制造系统将会出现。在智能机器不断取代迟缓、低效和动力不足的人类之后，代理成本和科层化成本都将大幅降低。

目光敏锐的技术发展观察者彼得·泽林斯基（Peter Zelinski）准确地描述了增材制造和人工智能之间日益增强的协同效应。他指出，增材制造本质上比传统制造复杂得多，涉及"数量更多的影响零件形状和性能的变量和变量组合。我们目前对它们的认识仍有不足，更不用说掌握它们了"。从历史经验看，一门如此复杂的新技术意味着对它的充分利用将是一个缓慢而绵长的过程。不过，我们生活在一个新的时代，在这个时代里，"机器学习可以助力增材制造技术发展的提速……通过计算机可以快速探究多个输入和输出变量之间数以亿计的关系组合。这类任务要是通过人力来完成，哪怕只探究其中一小部分，可能也需要一个世纪"。在感谢了增材制造技术和人工智能的结合之后，泽林斯基写道，"发生变化的仅仅是发现的速度，但这一变化将非常深刻，我们甚至还会看到它的加速"。

在未来几年里，得益于这些新的制造技术，实现功能高效整合的潜力将会被迅速地提升。各种新增的业务职能将陆续地与制造业紧密结合。在增材制造技术完成转型后的未来世界，制造业企业有可能以前所未有的高效率组织、管理和协调整个价值链上的活动。届时，这些企业将会发现收购和运营整个商业生态系统的新优势，这一战略在尚未成熟的市场和新兴经济体中会特别有价值。因此，一家向撒哈拉以南的非洲地区推出电动汽车一类新产品的企业，很可能会选择使用制造、信息管理和通信领域的新技术，来创建和运营一个完整的相关业务网络，覆盖从汽车制造和销售、便捷的充电地点、汽车维护以及拼车和网约车的管理服务等多种业务。

一体化经济将为因增材制造技术实现的范围经济增加一个强大的新维度。在不久的将来，越来越多的制造业企业不仅能够在世界上的任意地点生产任何物品，还能在这些地点推动任何业务。它们不仅生产商品，还做营销、搞销售、跑运输、做维护，提供一系列的辅助支持服务以及产品增值服务。

即将席卷全球的增材制造和相关技术正在推动一些让人激动，同时又是长期发展的自然结果的变化。接下来，我们将从这一角度来谈一谈增材制造技术以及泛工业不可避免的崛起。

本章回顾
THE PAN-INDUSTRIAL REVOLUTION ⫿⫿⫿⫿

推动范围经济的 6 大方式

　　制造业的企业将可以在任何地点高效地制造任何产品，甚至可以随时根据市场变化的需要，切换到不同的产品乃至行业。3D 打印以及其他增材制造技术极大地拓展了制造企业的业务范围，它们不必再承受以往这类扩张带来的不利后果。

　　增材制造的优势与工业 4.0 所承诺的大不相同，后者是制造业的另一种愿景。而且，增材制造的颠覆性也大得多。增材制造技术能够以如下这些方式推动范围经济：

- 按需调整企业的产品范围
- 按需调整企业可覆盖的地域范围
- 获取范围更广的信息
- 获得供应商、零售商和价值链中其他商户的优惠待遇
- 基于更广阔的基础市场，分摊开支，节省成本
- 在当前市场或新市场快速、轻松地扩大创新范围

　　一体化经济中 3 种最重要的类型：

- 产品一体化
- 生产阶段一体化
- 功能一体化

随着人工智能和机器学习不断改进，并被集成到控制生产机器的软件系统中，可以从经验中学习的、极其强大和灵活的制造系统将会出现。在智能机器不断取代迟缓、低效和动力不足的人类之后，代理成本和科层化成本都将大幅降低。

一体化经济将为因增材制造技术实现的范围经济增加一个强大的新维度。在不久的将来，越来越多的制造业企业不仅能够在世界上的任意地点生产任何物品，还能在这些地点推动任何业务。

无限规模，制造得更多、更快、更便宜

**THE
PAN-INDUSTRIAL
REVOLUTION**

How New Manufacturing Titans Will
Transform the World

我们在上一章已经解释过增材制造，尤其是结合了其他新技术的增材制造，正在积极推动建立新的范围经济，而传统公司通常无法抓住这个良机。然而，更大的惊喜或许是新的制造技术也正在实现规模上的突破。

规模经济是指更高的产量会导致边际生产成本的下降。如果一条总成本为 1 亿美元的装配线总计生产了 10 万辆汽车而不是 1 万辆汽车，这条装配线的总成本就将由数量更多的车辆来分摊，这就是典型的规模经济。再者，在进行大宗采购时由于大客户有资格享受特殊的价格折扣，原材料的成本往往会变得更低。最后，尽管这种优势不太明显，但规模经济一般会对运输成本有一定影响。大量生产的货物更容易使载货汽车满载，而不是让它只装一半货物就走。运输效率的提高会降低每千克产品的运输费用。

规模经济可以对传统制造业的财务数据产生巨大影响。这正是 19 世纪和 20 世纪服务于美国乃至全球市场的大型企业占据主导地位的原因之一。当说到传统制造业，更高的产量几乎总是意味着更低的成本，而更低的成本则意味着有更多的利润。

上述这些情况适用于增材制造吗？答案并不明显，尤其是从历史上看，规模和范围通常是互相冲突的。在过去，追求规模经济的公司往往不得不牺牲产品范围。这从逻辑上讲是合理的，因为只有在产品相同或几乎相同时，批量生产的大部分好处才能体现出来。因此，亨利·福特曾经对考虑购买 T 型车的客户说，"你可以拥有任何颜色（的 T 型车），只要它是黑色的"。满足个体喜好的定制汽车会拖慢福特工厂装配线的速度，降低规模效益。

当然，随着时间的推移，生产方法变得越来越复杂，适度的定制化可以通过相对简单和经济的方式实现。现在的购车者有若干颜色和多种配置可以选择。但是，规模和范围仍是此消彼长的竞争关系。只有在产品范围有限的情况下，传统的大规模制造才最有效。鉴于增材制造技术使得罕见的范围经济组合成为可能，我们似乎可以合乎逻辑地得出结论：在应用增材制造时，规模经济就不复存在了。情况真是这样吗？

增材制造与规模经济可以共存

固有的观点认为，增材制造不能与规模经济共存。根据这种观点，第一件被打印出的产品的成本与第 1 000 件产品的成本是一样的。但事实是，某些规模经济确实出现在涉及增材制造的领域。例如，无论在制造产品时采用何种生产方法，当运输的载货汽车是满载而不是半载时，运输成本将会降低。

诚然，当采用增材制造技术时，一些规模经济的作用就不那么重要了。例如，与大多数传统工厂中的生产机器相比，3D 打印机相对便宜。截至 2018 年春季，许多工业 3D 打印机的价格在 15 万和 50 万美元之间，而传统的制造生产体系中的机器的价格通常要达到数百万美元。由于增材制造的资本成本远低于传统制造业，因此将生产设备的成本分摊到大量产品上，对企业经济的影响较小。规模经济仍然存在，但它们的影响变得比较有限。

　　某些规模经济在增材制造领域中发挥的作用相对较小，这正是一些挥之不去的怀疑增材制造前景的言论背后的推力。它的逻辑通常是这样的："规模经济在使传统的大规模生产变得廉价和有利可图这一方面起了重要作用，增材制造技术却不支持规模经济，因此应用增材制造技术的大规模生产将永远无法做到价格低廉和有利可图。"

　　牛津大学运营管理学教授马蒂亚斯·霍尔韦格（Matthias Holweg）在他2015年的一篇文章中，在承认增材制造在定制项目方面的成本优势之后，评论道："然而，我们也知道，99%的承制零件是标准的，并不需要定制。这样一来，3D打印就需要与规模驱动的制造流程和相当高效的物流运营相互比较。"因此，他得出结论："与某些人所说的相反，3D打印不会彻底改变制造业，让传统工厂走入历史。3D打印的经济性质使它在现在以及可预见的未来都不可能成为生产当今绝大多数承制零件的可行方式，这就是它的本质。"

　　从某种意义上说，霍尔韦格教授等怀疑论者提出的反对意见一度听上去有一定道理。首先，最早期的3D打印系统，与许多传统的制造方法不同，一次只能造出一件物品。增材制造方法因此显得速度较慢，而且与传统制造相比，成本也相对较高。其次，大规模制造商只需增加产品的产量就能使单位成本大幅降低，而增材制造一次只能生产一件产品的方法意味着每件产品的成本不会有太大差异。

　　怀疑论者认为，传统制造和增材制造之间成本效率的对比可以用图3-1来表示。

　　基于这种缺少规模经济加持的假定，怀疑论者经常宣称，增材制造将永远是一种小众技术，对商业世界的影响有限。不少人至今仍坚持这样的观点。

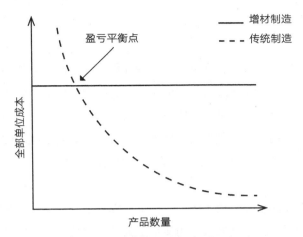

图 3-1 有关增材制造效率的固有看法

注：根据这种观点，增材制造与规模经济不兼容，而具有规模经济优势的传统制造，在超过一个相对较低的盈亏平衡点之后，就会比增材制造更具成本效益。然而，增材制造技术的发展意味着这种观点不再能站得住脚。

不过，面对增材制造领域不断变化的重大现实，大多数怀疑论者现在纷纷改了主意。

大规模制造业务的接管

目前，增材制造正在以多种方式达成规模经济，而且不需要牺牲范围经济这一特征。我们见证了增材制造技术在大批量生产标准化产品方面的应用日益增多。增材制造不再局限于产品原型、一次性定制产品或小批量专项用品的生产，而开始接管长期以来在工业经济中占据主导地位的大规模制造业务。

实现这一转变的确用了一段时间。如同任何一项复杂技术一样，增材制造技术的开发和被接纳的过程并不是简单的一路向前，而是反转、绝境和重大突破的混合。

　　一些增材制造新技术正在助力大众商品的快速生产，例如用于塑料打印的多喷射融合技术、用于金属打印的单层喷射技术、用于电子产品打印的气溶胶喷射技术、用于玻璃打印的印刷光学技术、用于数字电子屏幕打印的喷墨打印技术以及用于牙套制作的立体光刻打印技术。诸如此类的新工具正在稳步提升增材制造的生产速度，同时降低产品的单位成本。

　　提高生产速度和降低成本的另一个重要因素是，新一代增材制造设备的构建室、树脂桶或粉末槽的尺寸明显地变大了。制造产品的区域越大，在一定时间内可以制成的同一产品的副本就越多。推动新的转变的其他因素还包括以更快、更精准的方式逐层沉积和硬化打印材料。

　　生产品质的提升也极大地推动了大规模增材制造的突破。例如，3D打印技术早期通用的分层工艺会在产品的表面留下细纹。为了消除这类缺陷，只能采用后处理步骤，如用机器对产品表面进行磨平和抛光，或借助效率缓慢的手工工艺。但随着更高水平的打印工艺、自动化后处理系统以及负责监测和管理产品质量的数字技术的出现，上述问题现在已基本得到了解决。增材制造技术的产品合格率越来越高，大批量生产变得更具竞争力。

　　混合制造系统的开发、推广和数量倍增同样为大规模增材制造的突破提供了动力。这类系统现有生产效率之高可以媲美传统制造商。

　　试想一下，越来越多的公司正在开发复杂的机器人系统来"照看"3D打印"农场"。这些系统可以收集打印机制造完成的成品，根据需要将它们放在架子上进行干燥或整理，以及将新的"工作台"放入打印机以开始制造新产品的过程。经过巧妙的编程，一只机器人手臂可以不知疲倦地照看一组打印机，以近乎完美的精准度处理这些琐碎但必要的任务，保证 3D 打印设备的持续运行。

Voodoo Manufacturing 公司总部位于纽约市布鲁克林区，其首席产品官乔纳森·施瓦茨（Jonathan Schwartz）用以下文字描述了图 3-2 中的系统。该系统的主体是一只照管 9 台 3D 打印机的机械臂，外加一条负责运送制成品的传送带。

　　第一次看到它完全投入使用，那感觉真是令人惊异。系统在无人值守的情况下彻夜运行，到第二天早上，它连续进行了 14 个小时的生产。我们现在很高兴能够大规模地部署这一系统，将我们工厂的产能提升了近 400%……所以我们对公司未来的构想是，将目前的 160 台 3D 打印机扩展至 1 万台。

图 3-2　Voodoo Manufacturing 公司的"天行者项目"

注：该系统包括一只机械臂、安装在服务器机架上的多台 3D 打印机，以及一个在必要时将新任务送入打印机的自动"料盘"。混合制造系统正赋予增材制造前所未有的速度和效率，该项目是这类系统的一个简略版本。

资料来源：Voodoo Manufacturing.

我在第 2 章里介绍过的 Form Cell 系统也是增材制造系统的一个实例。与 Voodoo 系统不同，Form Cell 在可以自动管理的生产过程中加入了后处理步骤。然而，请注意，Voodoo 系统和 Form Cell 系统都允许制造商以增加打印机的方式提高生产速度和产量。由于有了这么多的突破，从现在开始，增材制造生产模式的产量现在已经可以不再限于数十或数百个，而是达到了数千、数万，乃至数百万个。这意味着基于单位成本急剧下降的制造业规模经济的出现，它使得真正面向大众市场的增材制造第一次成为可能。

促成关联性功能的成本下降

前面已经谈到最新的增材制造技术如何使企业通过效率不断提升的批量生产以实现规模经济。同样令人印象深刻的是，这些效率更高的增材制造新技术还能帮助关联性功能节约成本。这一类的经济效率提升不是在制造过程中实现的，但仍然与企业的总体成本高度相关。下面这些文字说明了这一类关联性功能如何受益于增材制造的改进，从而达成对间接成本的节约。

- **降低出站运输和库存保管成本。**要装下长长的装配线就得建造巨型工厂，相比之下，增材制造设施可以更小、更灵活。因此，与其为整个大洲的货物生产建造一个巨型工厂，制造商还不如建立一系列小型的本地化生产设施。如果某个产品的生产数量很大，有必要建立非常多的增材制造工厂，那么很多工厂可以建在离客户较近的地方，从而降低出站运输成本和成品库存的保管成本，并减少对大型仓库的需求。这种做法还能缩短交货时间。其中每一项变化都有助于减少开支，提高利润。
- **降低采购成本。**制造商某个单一产品的产量越高，需要购买的原材料就越多。这往往使公司可以获得较低的大宗采购价格。而

且，制造商越多地使用同一种原料生产某个单一产品，从前一批
打印任务中剩下的未经使用的原料就越多。这些原料可以被回收
使用，进一步降低了后续产品的单位成本。增材制造技术现在也
具备了批量购买原料才能得到的节约成本的条件。我们可以看到
的一个典型的案例是，恺奔于2017年宣布"生产规模原料计划"，
该计划将在未来几年内将购买树脂的成本降低 50% 以上。

- **降低营销、销售和分销成本。**当制造商生产更多的某一特定产品
  时，广告、品牌、促销、货架使用等与销售和营销有关的费用都
  会出现单位成本的下降。其结果是形成了规模经济。
- **降低间接成本。**随着某一产品打印数量的增加，单位成本中间接
  费用的占比将会减少。举例来说，IT 基础设施、软件、人力资源
  管理、总部开支、税收、保险、利息支付和租金等成本全都可以
  由更多数量的产品来分摊。

综合来看，这些间接性质的规模经济为最新出现的增材制造系统提供了
那些较迟缓、产量低的 3D 打印机无法比拟的成本优势。

霍尔韦格等怀疑论者对增材制造规模效率所做的传统分析的另一项失误
是没有认识到这些间接规模经济的存在。我曾有幸与霍尔韦格教授一起讨论
他 2015 年的那篇论文，在这篇文章中，他忽略了增材制造技术所带来的关
联性的经济效益，例如减少库存持有成本、使用散装粉末带来的原料价格折
扣，以及运输成本的降低。

从这个意义上说，霍尔韦格的论文清晰地呈现了所谓"工程师的盲点"。
他一丝不苟地计算了增材制造过程中那些直接、显性、易于测量的成本……
却忽略了更多间接、微妙、往往难以测量的成本。此外，他还犯了一个逻辑
性的错误：他选择了一种较早的增材制造技术——选择性激光熔化，这种技

术不是为大批量生产设计的，也难怪他找不到证据来证明批量生产会降低成本。

现有经验表明，当增材制造技术很大程度上囿于小批量的 3D 打印时，相关的规模经济是不存在的。图 3-1 所示的有关增材制造单位成本的固有看法应该被替换成一个新的、更准确的图形，其中代表增材制造单位成本的线条应该是弯曲的，以反映当下较低的成本和更高的产量，修正后如图 3-3 所示。图 3-3 反映出增材制造实际上形成了自己的规模经济，尽管它与传统制造业产生的规模经济有一定差异。

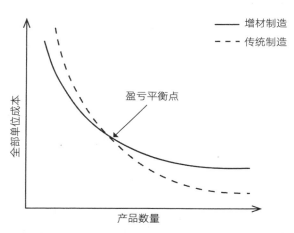

图 3-3　增材制造生产效率的修正图

注：这张图表现出增材制造形成了自己的规模经济。随着产量的增加，规模经济促使使用增材制造技术生产的产品的成本不断下降。图中用曲线来表示增材制造生产的单位成本，取代了图 3-1 中的直线。截至 2018 年年中，许多行业在使用增材制造技术时仍只能达成一个相对较低的盈亏平衡点，此时传统制造要比增材制造技术更具成本效益优势。

通过更加全面和综合的分析，我们揭示了一个逐渐显露的现实。规模经济和范围经济现在可以结合起来，而不是处于对立之中。这对制造商来说意味着巨大的胜利，因为令传统制造业花费巨大的那些代价已经不再是必要的。

不以规模经济为基础的成本降低

从另一些增材制造带来的成本上的重大变化，也可以看出为什么增材制造正在迅速成为传统生产方法的替代品。生产领域的专家们正在逐渐认识到增材制造技术所能提供的非规模优势，即与 3D 打印产品数量无关的成本降低。

例如，在一份 2015 年的关于 3D 打印的现状和近期前景的报告中，科尔尼咨询（A. T. Kearney）得出结论："在可预见的未来，传统制造业在大规模生产环境中会享有成本优势。"换言之，虽然 3D 打印在 2015 年就已经比传统减材制造在生产小批量产品时更具成本效益，而且，在某些情况下，在生产大批量产品时成本甚至会进一步降低。但在大多数情况下，传统制造是占上风的。该报告认为，在产量最高的商业应用中，3D 打印还需要 5 到7 年的时间才能赶上传统制造。从这一点看，科尔尼咨询的报告支持了当时对增材制造的固有看法。

但是，这份报告也列出了 3D 打印一系列可预测的技术改进，以及这些改进会带来的成本影响。例如，原料价格降低 35%，从而提高增材制造的盈亏平衡点；生产机器组建时间减少到几乎为零，从而又节约 5% 的总成本；加快材料应用率，即加快 3D 打印机沉积材料的速度，因而在任何水平的生产投入下，生产速度都可以提高 82%。科尔尼咨询预测，这些改进将大大降低成本，使基于同等或低于传统制造的单位成本的 3D 打印出的最大产品数量所对应的盈亏平衡点迅速向上移动。

现在，我们可以回头再看这份报告，并对目前的形势做一下评估。我们发现报告中预测的所有改进都在它发布后的 3 年内实现了。与此同时，一些不以规模经济为基础的降低成本的措施也在迅速地浮现，包括减少生产过程中的浪费、通过更有效的设计减少所需的原料，以及通过组合部件缩减组装环节。无论制造商要生产 10 件产品还是 1 万件产品，这些措施都会使单位成本有所降低。

图 3-4 描述了这种经济趋势的影响。它显示了增材制造技术成本曲线的全面降低，盈亏平衡点甚至进一步被推向右侧。

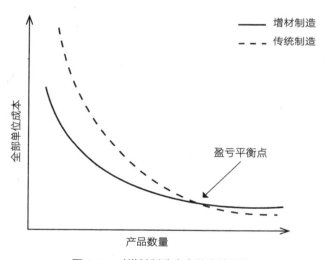

图 3-4　对增材制造生产效率的展望

注：在可见的未来，随着增材制造规模经济的兴起，使用这项技术的产品生产成本将会持续地下降。因此，在越来越多的工业领域，即使在大批量生产时，增材制造也会很快表现出比传统制造更高的成本优势。

现实正在挑战科尔尼咨询给出的 5 到 7 年的预测。增材制造经济追赶传统制造业经济的表现虽然因行业而异，但整体速度却比专家的预测快得多。随着增材制造技术的不断发展，盈亏平衡点将进一步向右移动，越来越多的制造业领域将开始应用增材制造生产方法。

更强、更快的企业成长

随着增材制造技术提供的新兴规模经济不断为制造商所用，这类制造商的规模将比肩传统制造商。届时，规模所带来的更多经济利益就将落入这类制造商的口袋中。

首先，正如我曾指出的，规模效益的一个优势是可以优先接触供应商、分销商、营销人员和价值链上的其他参与者。大公司在与合作伙伴谈判时一向享有优势，而正在涌现的增材制造巨头也会得到同样的地位。

其次，大公司具有更高的财务稳定性。这类企业的破产或违约风险比小公司要低，因此它们可以得到成本更低的资本。它们不必花更多的钱，就能轻松地实现扩张和现代化，在规模上超过竞争对手。

再次，大公司天然享有巨大的政治影响力和权力，这使它们能在税务和反垄断执法等问题上施加影响，以便推动出台有利于自己的政策法规。

最后，规模所带来的最重要的好处或许是学习曲线的出现，即制造商随着经验的增加而获得新的知识和方法创新。经验更丰富、市场曝光率更高的大公司自然有机会学到更多，它们学得越多，就越有机会改进自己的经营方法。增材制造的学习曲线尤其陡峭，因为增材制造仍是一项处于起步阶段的革命性新技术。现在，当增材制造技术正在取得重大突破，而且这一趋势可能持续很多年时，人们对于如何管理增材制造业务有太多新知需要了解。在太阳能、纳米技术和电池等新兴技术领域，我们也能看到相同的现象。

最令人振奋的是，在不久的将来，机器学习、人工智能和数字网络等新工具有可能会大大强化增材制造技术发展所带来的学习曲线优势。请记住，**随着生产模式向增材制造转型，不仅工程师和管理人员会从经验中学习，得益于人工智能的出现，生产系统本身也会通过学习不断改进其运作方式。**

总的来说，接纳增材制造技术的公司所获得的新兴规模经济具有重大意义。随着使用增材制造技术的企业通过充分利用规模经济的优势，逐渐超越竞争对手，它们将开始获得更多额外的好处，从而成长得更强和更快。这将开启一轮财富和权力不断扩张的、渐进式的、自我强化的良性循环。这个循环一旦开始，就很难停止。这一增长循环将自然地导致泛工业企业，即结合了范围经济与规模经济、享有巨大规模、产品高度多元化、利润丰厚的制造业企业集团的出现。

我们将看到一些赢家与输家

并不是制造业的每个从业者都了解与增材制造有关的新现实。许多接受增材制造技术最迅速的制造商都是相对较小的公司，包括一些初创公司，这一事实影响了人们对增材制造中存在规模经济的认知。

小公司成为当下增材制造技术的先锋并不奇怪。历史表明，那些没有长期成功经验、未对传统技术进行重大投资或者未形成庞大保守的科层组织的小公司，通常更容易实现向新商业模式的飞跃。当然，通用电气和西门子等个别的巨型公司的表现说明有些历史悠久的公司也能够像初创公司一样积极地追求创新。

鉴于小企业一直是增材制造技术最热切的早期接纳者之一，3D 打印机和其他增材制造系统的制造商往往将销售、营销和宣传工作的重点放在小公司的需求上。

与此同时，由于只有大公司才谈得上享有规模经济，这样的宣传重心意味着，迄今为止，增材制造的规模经济在商业媒体上得到的报道相当少。一旦汽车制造商、家电制造商、电子产品公司等更多大型企业将其核心生产设施转向增材制造方向，媒体在这一方面的报道将自然而然地增加。

技术专业人员的文化偏见也延缓了人们对增材制造技术优势日益扩大的认识。制造业工程师是工厂的技术把关人，大多技术高超，在直接生产成本的精确计算方面有着丰富的经验。他们能够精确地确定在生产某个小零件时，使用增材制造技术或传统的注塑成型技术的成本对比。然而，制造业工程师们所接受的培训和专业文化都不能让他们从更全面的角度思考增材制造这一替代性生产方法的成本和效益。这意味着他们习惯性地低估增材制造。

因此，对增材制造和其他制造技术创新的反应出现了两极分化。一些公司的管理者安于现状，在接纳新方法方面反应迟缓。它们虽然在研发实验室安装了 3D 打印机，用它们生产产品原型和小尺寸模型，但并不愿意尝试更具探索性的应用。与此同时，由于更推崇创新精神、冒险精神和发散性思维，另一些公司一直在尝试开发增材制造的新用途。后者不仅享受到了目前增材制造的优势所带来的好处，还在引领和发现新的应用。它们与较保守的行业对手之间已有相当大的知识差距，且这种差距将被进一步拉开。

从长远看，每一家制造公司都必然会受到这场技术革命的影响，但从短期来说，我们将看到一些大赢家和大输家。

打破范围与规模之间的权衡

随着增材制造技术被越来越多地应用于各种大规模生产的商品，规模经济在增材制造领域变得越来越重要。于是，多种大规模增材制造的独特模式涌现出来。要了解这些模式，你需要首先了解增材制造在哪些方面以及为什么优于传统生产技术。增材制造技术提供了 6 种优势，覆盖了从独特的定制品到标准化商品的整个谱系。下文介绍的前 3 种模式借助了增材制造技术相对于传统制造业在产品更迭上的优势；第四种和第五种模式充分利用了它在复杂性方面的特长；第六种模式则基于增材制造技术提供的更卓越的效率。这 6 种模式同时适用于 B2B 和 B2C 业务。其中一些模式在实践中比其他模式走得更远，但总体来说，它们显示了目前增材制造技术提供了哪些新的可能性。

请注意，这样一个谱系的存在本身就代表着增材制造技术所带来的重大突破。规模和范围不再是制造商要被迫选择的对立两极。

人们过去认为，要享受规模经济，制造商就必须接受复杂的专门设备以及高昂的转换成本，因此不可能兼顾范围经济。与此相反，为了享受范围经济，制造商需要一个现场加工车间，使用高技能的工人，为他们配备通用工具，小批量地制造多种产品，这自然不可能形成规模经济。

有了增材制造技术，制造商就不必二选一了。在增材制造的世界里，制造商可以对它们期望选择的规模和范围组合进行微调，根据特定客户和特定市场的需求，以理想的比例同时利用规模经济和范围经济的优势。

下面我将对 6 种新兴的大规模增材制造技术模式进行简要的介绍。

大规模定制。增材制造技术可以方便地实现对产品的微调，包括那些用传统减材制造无法实现的或过于昂贵的改动。正是由于这个原因，助听器制造商才转而使用增材制造来生产与人耳形状相吻合的产品外壳。在客户个性化至关重要的另一些行业中，制造商也在进行类似的 3D 打印技术改造。这种大规模定制的模式适用于具有以下特征的、任何有一定规模的市场：客户对标准化产品不满意；制造商可以方便地收集到个人的需求或偏好信息。

这些产品不一定会像非定制产品那么便宜，但增材制造技术使它们的价钱低到有更多的客户能够负担得起。竞争性方面的主要挑战是开发一个快速、简单和价格合理的系统来收集个人客户的信息，例如，助听器生产中用于分析耳形变化的激光测量技术。

大规模多元化。在没有必要为每一位客户定制个性化产品的情况下，制造商可以选择生产许多不同风格的产品，从而使所有买家找到自己喜欢物品的可能性上升。采用大规模多元化模式的制造商根据特制订单来生产产品，但不必花心思收集客户的个人信息。

珠宝商可以利用增材制造技术在一个基本款式上进行多种变化，以吸引不同的客户群体。例如，对传统的单钻订婚戒指稍加改动而形成数百种款式。事实上，珠宝制造商已经在应用这一策略。他们还利用增材制造技术的灵活特性，用塑料等材料制作戒指、手镯、耳环和其他物品的设计模型。这些模型可以作为样品供客户进行挑选。由于它们比用纯金、纯银或铂金制作的样品要轻得多，也便宜得多，珠宝商可以方便地运输这些样品，而且不用担心吸引小偷的注意。

与大规模定制一样，大规模多元化为制造商提供了一种战胜传统的标准化商品制造商和高成本的手工艺品生产商的模式。与前者相比，大规模多元化可提供更加丰富的商品系列，同时它还维持了比后者更低的价格。

大规模细分。这种模式的特征是比大规模多元化更有限的产品偏好。传统制造商推出标准化产品以获得规模经济的优势，许多客户要么必须接受必要的妥协，要么以一定的成本自行调整产品。有了增材制造技术，制造商就可以方便地提供多种选项来适应不同的客户细分群体，比传统制造商更有效地管理较小一批产品。制造商可以先生产一批某个版本的产品，然后立即切换为另一批稍有变化的产品版本，所有这些生产都在可负担的价格下进行。即使同样属于增材制造模式，分批次生产模式仍然比大规模定制和多元化所需的个别生产更便宜。因此，只要提供足够多的品种满足大量的客户细分群体，大规模细分模式就将击败大规模多元化模式。

对趋势消费行业或季节性、周期性、短期流行市场的制造商来说，大规模细分是一个很适合的生产模式。它们可以根据刚刚出现的消费者愿望迅速调整生产，而传统的制造商必须提前预测消费者未来几个月的需求。例如，服装制造商现在正在尝试使用增材制造技术将传感器嵌入服装中，三星、Alphabet、拉夫劳伦（Ralph Lauren）和 Tamicare 等公司都在这样做。根据消费者给出的反应，内置生物识别传感器以监测健身与健康指标的服装可能很快就会大量问世。

尽管分批次生产可能不会形成传统制造下的规模经济，但它足以弥补传统制造的不足。它不必生产那些顾客不需要且只能靠大幅打折才能售出的产品。这种模式的主要竞争优势是，增材制造确保制造商可以在不重置工具成本的情况下快速转换，并用不同的产品批次进行市场试验，以了解销售情况。只要产品总需求量大，而且客户偏好的细分更适合分批次生产而不是个别产品的生产，那么这种模式就是有效的。

大规模模块化。这种模式允许在明确定义的参数内进行灵活配置。长期以来，传统制造商通过将打印品主体与各种可插入模块相结合，实现了一定程度的灵活性。客户可以通过切换模块来配置他们购买的产品。由于增材制造技术具备更好的灵活性，它可以在这方面做得更出色。

例如，使用气溶胶喷射的增材制造技术的电子产品制造商可以直接在所造设备的塑料外壳上打印电子线路，从而更好地实现对包含特定功能的收音机、照相机等模块的集成。模块化比定制化的成本低，所以当大批量市场上的客户只是在寻求更多选择而不是彻底的个性化时，模块化是一种更好的生产模式。

模块化当然也是一种战略，有些业务正在围绕它开展。目前已有模块化手机和其他消费类电子设备正在被开发，吸引了一些有创意且大家熟悉的公司的高度关注。2016 年 9 月，Facebook 为提升其不断增长的硬件市场存在感而收购了 Nascent Objects 公司，后者使用增材制造技术来打造集成摄像头、传感器、电池和其他组件的模块化电子产品。

大规模复杂性。这种模式充分利用了增材制造技术独特的质量控制功能。正如我曾评价过的，增材制造机器可以创造出减材制造无法制造出的复杂的几何形状。例如，波音发现，打印飞机的蜂窝状支撑梁不仅更容易，而且这样得出的产品可以比任何用传统方法生产的同类品更轻、更坚固。阿迪达斯正在使用恺奔的 CLIP 打印机生产跑鞋中底，这种设计在过去被认为是不可能实现的。许多产品都在利用增材制造技术进行类似的改进（见图 3-5）。

改进的目标不是为了复杂而复杂，而是通过复杂的设计改进来提高产品质量，这些改进是减材制造用再大的代价也无法实现的。这些复杂但质量更高的产品通常不会面向大众市场，亦或会有一定变化，所以更适合用分批次生产的方式制作，即某种大规模细分而非大规模生产的模式。

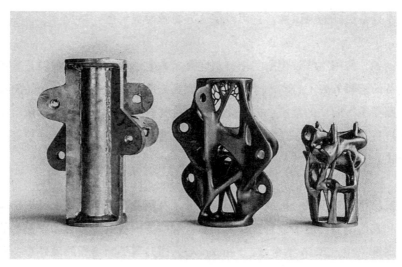

图 3-5 连接室外照明系统供电电缆的 3 个不锈钢零件

注：左边的零件由传统工艺设计和制造。居中的零件由计算机工具软件和增材制造技术生产，电缆连接点位置保持大致不变，而零件的质量减少了 40%。右边的零件在设计上更加灵活，质量比左侧最初的版本轻 75%。3 个零件的强度和耐久性满足相近标准。

资料来源：COURTESY OF ARUP. ©DAVIDFOTOGRAFIE.

由于软件能力的提升，这种模式的应用可能很快就会不再限于以高性能为特征的行业。欧特克（Autodesk）、达索系统（Dassault Systèmes）和其他供应商目前正在开发软件工具，以实现创成式设计（generative design）。工程师和产品开发人员只需指定所需的属性，就可以命令软件生成对产品性能和成本进行优化的一款设计。在许多情况下，只有增材制造方法能够产生有效的复杂设计。在未来几年里，创成式设计会成为推动许多制造商杀入增材制造领域的"杀手级应用"。

086

　　大规模标准化。这种模式适用于大众市场上传统减材制造可以很容易生产的、结构简单的产品。就像我们解释过的那样，人们以前普遍认为，增材制造永远无法与减材制造庞大的规模经济竞争。但这种情况正在发生变化，因为增材制造技术正变得更加经济高效，而且制造商意识到增材制造可以通过其他方式降低成本。作为电子产品制造商的 LG 发现，传统的制造 OLED 显示器的方法浪费了大量昂贵的电化学材料。为此，LG 建立了一个试验工厂，用总部位于加利福尼亚州的 Kateeva 公司开发的 YIELDjet 系统来打印 OLED 显示器。LG 希望用这种增材制造技术生产数以万计的显示屏。2018 年初，一家名为 JOLED 的财团宣布，它已经开始向一个匿名客户发货（业内观察家认为是索尼），货品是喷墨打印的 OLED 显示器，可被用于医疗领域。

　　随着时间的推移，由于增材制造所提供的间接成本优势，即更短的供应链、更低的运输成本、更低的库存持有成本、更小的工厂占地面积等，增材制造在生产标准化产品方面将变得越来越有竞争力。

　　这 6 种模式之间的分界并不那么泾渭分明。事实上，随着技术不断进步，它们将相互渗透。而且由于消费者对定制和复杂性这二者的要求，我们终将看到它们的融合。复杂产品可能成为大众市场的新标准。当制造商沿着学习曲线前进时，这 6 种模式所带来的成本降低还会继续增加，成本降低适用的范围也会进一步扩大。

　　如果市场有需求，制造商也可以同时探索多个模式。本书给出的分析假定客户群体是同质化的，但制造商也可以对客户群体进行细分。就某个特定的产品类别而言，绝大多数买家可能更喜欢标准化的产品，而一小部分买家则可能要求产品有某种程度的变化。这个少数群体可能足够庞大，愿意支付足够高的溢价，使模块化或定制化的生产模式变得可行。

通往大众市场的曲折之路

认为增材制造根本不适合大规模生产的固有看法终于开始改变。我们已经看到越来越多的增材制造技术被应用于大批量的标准化生产。增材制造不再仅限于生产产品原型、一次性定制产品或小批量制造的专项用品，而是开始接管长期以来在工业经济中占主导地位的大规模制造业。

增材制造技术还需要时间来实现这一切。与任何复杂技术一样，它被接纳的过程不会是简单地直通终点，而将是一系列拉锯、封堵和显著突破的混合。

**THE PAN-INDUSTRIAL
REVOLUTION**
翻转世界的超级制造

从梦想诞生到破灭：
谷歌 Ara 模块化手机是如何 "死掉" 的

作为一个典型案例，Ara 项目说明了一些技术如何在制造领域迅速崛起，又如何在这个过程中让人们的期望破灭。Ara 项目是数字巨头谷歌自 2013 年起广泛宣传的一项计划，旨在生产模块化的智能手机。这些智能手机将允许用户更换控制屏幕、电池、摄像头、手机的核心组成部分，以及其他组件的独立单元。所有组件都会被放入一个坚固耐用的手机外壳，消费者可以选择这个外壳的颜色和风格。因此，一款 Ara 手机将可以根据用户的意愿进行无数次定制和升级。这项业务本来可以极有力地体现我所谓的 "大规模模块化商业模式"，而且也具有改变智能手机市场的潜力。

  Ara 项目的核心是这样一个理念，这些手机的机身主体将采用革命性的高速 3D 打印系统生产，该系统的生产速度比当时主流机器的速度快 50 倍。总部设在南卡罗来纳州的 3D Systems 当时正在开发这个新系统，其中设计了一条类似于赛车场赛道的转道，打印产品的工作台像火车那样靠轨道来回移动。被打印出来的产品在沿着环形转道移动时，多个生产步骤可以同时进行，避免了机器和材料在加热、冷却和固化过程中所需的漫长等待。雄心勃勃的谷歌所赞助的 Ara 项目或许会给智能手机和增材制造带来革命性的变化，科技界人士对这个项目的前景一度感到非常兴奋。

  但这些希望似乎在 2014 年底化为了泡影，因为 3D Systems 退出了该项目。事实证明，当时的 3D 技术无法应对这项挑战，不仅生产的产品质量不稳定，在控制传送带的移动时不能实现精确定时，而且可用的打印材料的类别也未达到预期。2016 年 9 月，谷歌彻底取消了这个项目。

  Ara 项目标志着增材制造行业遇到的一次挫折，但是，从性质来说，它只是一次暂时的失败。几天后，负责指导 Ara 项目的谷歌高管丹·马科斯基（Dan Makoski）宣布出任 Nexpaq 的新职务。这家位于香港的初创公司利用其已经纳入定制化、模块化手机壳的技术，再次复活了模块化智能手机的概念。此外，以荷兰国家应用科学研究院（TNO）为主导的一个欧洲财团也宣布，它在设计高速 3D 打印转道方面已经取得了一系列突破，足以解决困扰 3D Systems 的那些问题。

  TNO 的 PrintValley Hyproline 系统加入了一个内联检测模块，该模块使用快速激光扫描仪来检查每个在它面前经过的产品，还配备了一个由 Codian Robotics 公司制造的创新型"拣货"机器人，该机器人能够移动和更换转道上以 2 米 / 秒的速度移动的那些打印产品的工作台。TNO 甚至提供了性能更佳的运动控制装置和能够处理不同材料的打印机。总而言之，它能够一次性地打印一个包含多种材料的产品或用不同材料制成的一系列产品。事实上，该公司的资料显示在 PrintValley Hyproline 系统上可以同时生产大约 100 种不同产品（见图 3-6）。

图 3-6　TNO 的全自动化赛道式 3D 打印生产系统 PrintValley Hyproline

注：它由多台 3D 打印机组成，在挤出喷头保持静止时，工作台像装配线一样移动，一步步地实现零件制造。

资料来源：© AMSYSTEMS CENTER. BART VAN OVERBEEKE.

现在看来，将之前系在 Ara 项目上的雄心变成现实只是一个时间问题。

在增材制造一个又一个子专业领域里，我们一再看到这一模式：最初，信心满满且有时过于自信的立项声明引起很高的期望；接着，复杂的技术挑战出现，导致无法满足最后的交付期限，产品延迟交付；失望情绪随之涌现；进入一个安静的幕后冲刺阶段，努力解决技术上的挑战；最后，取得一系列突破，走向让人感到梦想成真的成功。

以上故事同时也说明混合系统，即将 3D 打印纳入其他技术的生产解决方案，将在行业发展的下一阶段发挥关键作用。

从运动鞋到喷气发动机，大型产业的陆续转型

即将到来的现实是，随着生产成本的下降和质量标准的提高，许多大规模生产行业开始采用类似的生产方法。

运动鞋生产是正在进行转型的行业之一。2016 年，阿迪达斯利用增材制造技术和机器人技术生产了数量有限的 3D Runner 和 Ultraboost Parley 训练鞋。稀缺性和炫酷感使这些鞋迅速成为收藏家的藏品。2017 年 1 月，最初零售价为 333 美元的 3D Runner 在 eBay 上的售价高达 3 000 美元。受这类实验结果的鼓舞，2017 年，阿迪达斯在德国安斯巴赫设立了一家名为"速度工厂"的新工厂，计划每年生产 50 万双定制鞋。"速度"一词并不仅指跑步者将从鞋子上所获得的助力。

阿迪达斯的设计副总裁本·黑拉特（Ben Herath）报告说，设计和生产过程的数字化将使从设计草图推进到成品的时间由 18 个月减少到"几天，甚至几小时"。在 2017 年晚些时候，设于亚特兰大的第二家"速度工厂"开始运营。很快，西欧也出现了类似的工厂。

智能手机电子天线的大规模生产也是增材制造在逐步接管的一个市场。正如我在引言中提到的，我在刚开始研究增材制造日益增长的影响力时接触

到以下这个故事。

Optomec 是一家私营公司，得到了 GE Ventures 的部分资金支持，Optomec 已经开发出许多先进的增材制造技术，其中包括激光近净成形技术（LENS）和高密度气溶胶喷射打印技术。前者可以以卓越的精度、速度和经济性对金属组件进行 3D 修复；后者用于将传感器、芯片、天线和其他功能性电子产品集成到打印出的设备中，减少额外的装配工作。

现在，Optomec 的气溶胶喷射打印机正在为光宝科技生产数以百万计的天线。光宝科技是一家合同制造商，为一些世界上最知名的品牌生产电子产品。光宝科技从增材制造模式中得到的好处不仅包括速度和经济性的提升，还包括另一个不太明显的好处，即减少了生产过程对环境的影响。因为增材制造的电子产品不再需要电镀这种工艺，最大限度地减少了有毒化学品的使用，并避免了废弃物的产生。

OLED 显示器的生产似乎也正处于向增材制造转换的边缘。有机发光二极管（organic light-emitting diode，OLED）是一种加入有机化合物薄膜的发光二极管，薄膜在电流的作用下可以发光。OLED 可在电视屏幕、计算机显示器、移动电话和掌上游戏机等设备中创建数字显示。OLED 显示器工作时不需要背光，因此可以更好地显示深黑色，同时它也比液晶显示器（liquid crystal display，LCD）更加轻薄。2013 年 1 月，松下在位于拉斯韦加斯的年度电子展上推出了第一台 3D 打印的 56 英寸 OLED 显示器电视。如今，LG、三星等公司都在开发 OLED 显示器的增材制造技术，OLED 显示器的大规模生产即将到来。

增材制造技术通过所谓的大规模细分的商业模式进入喷气发动机的大规模生产领域，则是一个相当精彩的故事。

LEAP 发动机燃油喷嘴，
开启通用电气航空航天增材制造之旅

LEAP 发动机燃料喷嘴是首批应用 3D 打印技术大规模生产的设备之一。喷气发动机的燃料喷嘴结构极其复杂，这与它们所做工作的重要性和精细程度相称。燃料喷嘴负责将燃料喷射到发动机的燃烧室，对发动机的效率有重要的影响。

在传统生产方法中，燃料喷嘴内部有 20 多个独立零件需要被一一置入，例如，由镍合金制成的零件需要钎焊在一起，即在高温下与金箔或其他金属箔焊接。这是一种难度极高且昂贵的工艺。长期以来，为了更经济高效地制造这些关键设备，通用电气和其他制造商的工程师一直在努力应对其中的挑战。

应通用电气的要求，增材制造技术的先锋莫里斯技术（Morris Technologies）接受了挑战。

莫里斯技术的车间里的一些工程师先发誓保密，又花了几天的时间研究如何将复杂得多零件设计转换为单一组件设计，从而免去焊接和钎焊步骤。更重要的是，增材制造生产的喷嘴的质量比普通喷嘴轻 25%，而耐用性是普通喷嘴的 5 倍以上。通用电气最终收购了莫里斯技术。截至 2017 年 2 月，莫里斯技术已经收到了 12 200 台新式发动机的订单，总价值高达 1 700 亿美元。

现在，通用电气正加紧推动在飞机发动机应用中更大规模地使用增材制造技术。它正在捷克共和国布拉格郊外建设一家新的增材制造工厂，该工厂将为德事隆集团（Textron）制造的下一代赛斯纳迪纳利（Cessna Denali）飞机生产涡轮螺旋桨发动机。

其他一些大规模生产的行业也正处于被增材制造方法彻底改变的边缘。以光学镜片行业为例。该行业不仅生产眼镜和隐形眼镜，还制造从医疗设备到摄影器材等一系列其他产品。长期以来，由于技术上的限制，用增材制造技术制造光学镜片似乎是不可能的。3D 打印技术中常见的逐层加工工艺不可避免地造成层与层之间的交界处的一些微小缺陷。它们将导致光线的散射或扭曲，这对镜片来说是个灾难性问题。

一家名为 Luxexcel 的比利时公司试图着手解决这个问题。它开发出一种处理液滴、无须分层的独特工艺。2017 年 2 月，Luxexcel 宣布其 3D 打印的眼科镜片已获得国际标准化组织（ISO）的质量认证。[①] 这意味着，全球光学行业可能会经历与喷气发动机行业类似的转型。

再见了！亨利·福特

事实上，增材制造现在已经达到的质量和成本效益水平，不仅适用于小批量定制或高端产品，同样适用于大批量标准化产品。这一事实意味着我们正处于一场制造业大革命的前夕。这场革命将加速一场业已开始、旷日持久的历史转型——主导制造业长达一个世纪的福特式装配线模式的衰落和最终死亡。在这场制造业革命的当下阶段，**福特式的生产方法将逐渐被成本低、产量高的增材制造技术所取代，使得过去那些不够灵活和资本密集型的工厂逐渐隐入历史。**

像大多数革命一样，增材制造技术革命也会产生赢家和输家。一些反应

---

① 2022 年，Facebook 母公司 Meta 收购了 Luxexcel，这家光学镜片制造商将成为 Meta 首款 AR 眼镜产品的一块重要拼图。——编者注

慢的公司只满足于因增加了一些 3D 打印机、机器人装配单元或其他创新设备而得以"强化"的福特式巨型工厂。但是，由于未能充分利用以增材制造技术为核心重新设计产品和运营所提供的优势，它们的努力只是徒劳，正如那些在采用日本创新生产工艺时行动迟缓或三心二意的美国汽车制造商那样。相比之下，那些迅速转向问题更少的新型生产模式的竞争者将获得巨大的经济优势。

这场制造业革命的合理的下一步是什么？是将大批量生产所提供的规模效益与范围效益结合起来的泛工业公司。它们能够利用其超级灵活的工厂生产多种多样的产品，根据市场需求的变化，在不同的产品之间迅速转换。而且，它们在这样做时，将比福特时代最优秀的大规模制造商还要高效和迅速，这要归功于降低库存持有成本、运输成本、材料废弃物、装配成本和转换成本而获得的收益。

这一切要是让亨利·福特知道了，他没准会惊讶得"在坟墓里打滚"！

本章回顾
THE PAN-INDUSTRIAL REVOLUTION ||||||

大规模增材制造的 6 种模式

增材制造通过以下方式促成关联性功能的规模经济：

- 降低出站运输和库存保管成本
- 降低采购成本
- 降低营销、销售和分销成本
- 降低间接成本

具备规模的制造公司所具有的优势：

- 优先接触供应商、分销商、营销人员和价值链上的其他参与者
- 具有更高的财务稳定性
- 天然享有巨大的政治影响力和权力
- 有机会学到更多并建立学习曲线，学得越多就越有机会改进自己的经验方法

随着生产模式向增材制造转型，不仅工程师和管理人员会从经验中学习，得益于人工智能的出现，生产系统本身也会通过学习不断改进其运作方式。

大规模增材制造的 6 种模式：

- 大规模定制
- 大规模多元化
- 大规模细分
- 大规模模块化
- 大规模复杂性
- 大规模标准化

在增材制造一个又一个子专业领域里，我们一再看到这一模式：最初，信心满满且有时过于自信的立项声明引起很高的期望；接着，复杂的技术挑战出现，导致无法满足最后的交付期限，产品延迟交付；失望情绪随之涌现；进入一个安静的幕后冲刺阶段，努力解决技术上的挑战；最后，取得一系列突破，走向让人感到梦想成真的成功。

这场革命将加速一场业已开始、旷日持久的历史转型——主导制造业长达一个世纪的福特式装配线模式的衰落和最终死亡。在这场制造业革命的当下阶段，福特式的生产方法将逐渐被成本低、产量高的增材制造技术所取代，使得过去那些不够灵活和资本密集型的工厂逐渐隐入历史。

04

数字商业生态系统的形成

THE
PAN-INDUSTRIAL
REVOLUTION

How New Manufacturing Titans Will
Transform the World

2016 年 4 月，我应邀参观了位于加利福尼亚州圣何塞的蓝天中心，它是由捷普（Jabil）运营的研发中心和展示厅。我和约翰·杜尔奇诺斯（John Dulchinos）一起参观了捷普，他当时是捷普的自动化和 3D 打印全球副总裁，后来又晋升为数字制造副总裁。我后续还与这家公司的其他管理人员进行了多次谈话，所有谈话都令人大开眼界。我发现这家非同寻常的公司在一些当今最有影响力的业务发展中处于前沿地位。

有些读者可能不熟悉捷普。它是一家电子产品制造服务公司，总部位于佛罗里达州，年收入达 190 亿美元，拥有 18 万名员工，在 29 个国家管理着 100 多个厂区。捷普为数千家全球化公司生产一般商品、包装、电子设备、工业工具等。在这些全球化公司中，有一些名字你一定耳熟能详，例如苹果、通用电气、思科、特斯拉、强生和迪士尼。另外两家合同供应商，即伟创力以及知名度更高的富士康，得到了媒体的更多关注。然而，随着捷普在 3D 打印、工业平台等先进生产技术领域开发出突破性的应用，它正跻身为世界上最杰出的公司之一。这些创新使捷普处于正在兴起的制造业革命的最前沿。

自 1966 年成立以来，捷普在传统的生产方法、新产品设计和供应链管理方面稳步建立了自己的核心竞争力。一系列的收购扩大了捷普在多个领域的专业度。它在 2007 年收购了致力于材料和电子产品的中国台湾制造商绿点（Green Point），2013 年收购了以设计和创新为主要方向的咨询公司 Radius，以及注塑领域的精密塑料制造商 Nypro 等。

捷普过去还有一个专长是微型化。它可以将 DVR 视频流媒体系统缩小成一个约 5 厘米长的加密狗，类似谷歌广受欢迎的 Chromecast 设备。它也可以使视频摄像头缩小到直径仅为 3 毫米大小，相当于一个针眼的长度。这种摄像头可以被装在由医疗设备商 Covidien 生产的营养管末端。它还开发了如 Fitbit 智能手环那样监测和跟踪用户活动水平和健康状况的指环。捷普现在已经从最初扎根的电子行业扩展到汽车、制药、航空航天和国防等领域。它也能在后期研发、产品设计、包装和零售分销等活动中为客户提供支持。

捷普基本上一直在一点点地自学如何使用传统的生产方法为任何客户生产任何产品。现在，捷普开始将增材生产方法与创新的数字工具结合起来。对这家渴望成为新工业时代领跑者的公司来说，它迈出了至关重要的一步。

THE PAN-INDUSTRIAL
REVOLUTION
翻转世界的超级制造

捷普 InControl 系统：
降本增效，优化供应链的工业互联网平台

到目前为止，捷普已经建立起了自己的工厂网络并要求每一家工厂各自专注于单一的传统制造工艺、零件或产品。它的网络的核心是捷普 InControl™ 系统，负责监测、控制、连接和优化公司在世界各地的制造系统。捷普管理人员可以使用 InControl 系统的独特网络软

件及其 18 个核心应用程序，跟踪捷普在由其工厂网络和 17 000 个活跃供应商制造或提供的数以十万计的独特零件的生产情况。根据该软件系统提供的信息，管理人员可以按需重新分配零件、修改工艺，甚至可以根据市场需求的变化对单个生产机器重新编程。

下面是体现 InControl 系统如何工作的一个虽小但具有重要意义的案例。2016 年 4 月，日本九州岛发生地震，当地通信、旅行、能源供应等系统中断。在代表一家捷普的客户进行调查时，InControl 系统立即发现位于九州岛的一个零件供应商出现了断电。InControl 系统仅用了几个小时就找到一家替代供应商，还提醒捷普的管理人员做出安排，以便保证公司客户收到足够的零件，确保其运营不会中断。

这与过去类似灾难造成的扰断形成鲜明对比。2011 年日本"3·11"大地震和海啸在日本东部造成近 16 000 人死亡，还导致福岛第一核电站毁灭性的熔毁。这场灾难还触发了重大的经济和商业问题。捷普数字供应链解决方案的产品营销总监查克·康利（Chuck Conley）告诉我，许多捷普客户发现公司业务在之后的数周受到影响。一些公司应对不力，工厂停工和运输问题造成供应链中断，导致数百万美元的收入损失；另一些公司则反应过度，恐慌之下从替代性供应商那里购买物资，结果证明这些购买既没有必要又带来了浪费。康利说："这给捷普敲响了警钟。"日本"3·11"大地震是该公司决定创建一个由互联网驱动全球供应链管理网络的部分原因，而 InControl 系统就是因此诞生的。

在约翰·杜尔奇诺斯的指导下，InControl 系统不仅只对地震等供应扰断做出反应，尽管它是一项很有价值的服务，该系统还可以预测自然灾害、政治动荡、经济波动等公司供应链的潜在风险来源。在管理本公司的"电子制造服务"运营情况时，捷普的管理者可以检视一系列的风险。那些为管理业务而租用或得到访问权限的客户的管理

者，则可以使用 InControl 数据仪表板来查看自己供应链的详细地图
（见图 4-1）。该仪表板显示了工厂、装配厂、仓库等远方节点以及
零件和产品在它们之间实时流动的情况。

仪表板提供的供应链"端对端可视性"需要整合多个一级、二级
乃至三级供应商使用的数据系统。这些系统往往互不兼容，这是捷普
团队从软件设计的角度必须解决的棘手挑战。现在，捷普的客户可以
使用仪表板快速而清晰地得到以下基本问题的答案，例如："我的东
西现在在哪里？""是什么阻碍了交货？""怎样做才能使我的供应链
更有效率？"

图 4-1　捷普的 InControl 控制仪表板

注：它由铺满整个墙面的多个屏幕构成，显示世界各地的工厂、客户和供应商的情
　　况。工厂的位置用颜色编码，以反映风险、质量和效率的评级，同时用图形跟踪随时
　　间变化的绩效。该仪表板可以监控和显示单个产品、产品部门或整个制造系统的多项
　　特征。

资料来源：JABIL, INC.

潜在的风险点也能被系统识别出来，因此管理者可以在问题出现之前就采取有效的预防措施。InControl 系统使用一个不断变化的风险属性列表来分析 700 多万种不同的原材料和设备零件，这些风险属性可以根据客户公司的特点进行不同的权重设置。举例来说，InControl 系统可以提醒产品设计团队注意，他们计划在新设备中使用的某些零件可能只能从单一来源或单个供应商获得，而这个供应源可能正位于高风险地区，如易受洪水影响的港口或目前受到工人骚乱威胁的国家。

InControl 系统的风险分析应用程序可以量化风险，确定某个公司网络中的瓶颈和冗余。它还可以提供更高级别的替代方案。作为回应，产品设计师可能会决定换用稍贵的零件，用增加成本换取安心。他们或许还会选择改变供应链，挑选干扰风险较低的生产商。捷普的"供应链设计"应用程序引导它的客户在产品设计过程中始终考虑到供应链因素。该系统有助于企业做出明智的设计选择，大大降低了生产过程被外部问题干扰的可能性。

InControl 系统可以监控到客户业务计划中尚不明显的战略性挑战。例如，它密切关注供应商的财务能力，客户因此可以避免向有破产风险的供应商采购重要零件。它甚至可以跟踪和分析公司某个产品在社交平台上的评论和客户评价。在不止一个案例中，它说服了客户及时减少某个产品的产量，以防止因该产品人气意外暴跌而引起的库存积压成本上升。

生产经理可以利用 InControl 系统进行"假设"分析：如果我们把工作重新分配给不同的工厂或供应商会怎么样？如果我们的某些产品零件从传统制造转为增材制造会怎么样？如果我们改变产品组合会怎么样呢？如果沃尔玛在圣诞节前几周给我们发了一个订货量特别大的紧急订单怎么办？捷普的仪表板可以展示此类突发事件带来的影响，并帮助管理人员选择以工作流程高效、物流优化和其他提高利润的标准为目标的最优生产路径。

十几年之前，是不可能有 InControl 系统的。云计算、移动互联、大数据分析和人工智能的发展都为该系统惊人的速度和强大的功能做出了贡献。但捷普目前所取得的成就只是一个更让人震惊的进化过程的第一步。

随着时间的推移，由于捷普在人工智能方向上的能力的不断提升，InControl 系统所监管的生产控制运营将越来越向自动化发展。很快，捷普及其客户将能够以从前做梦也想不到的速度和效率对市场变化做出有效反应，例如，在出现价格套利机会时，可以瞬间将生产转移到替代供应商，而无须人工干预。

与此同时，捷普仍在利用其客户享有的所有这些工具，来提高和发展自身的生产力。捷普使它的生产设施，包括分散在世界各地的通用打印机"农场"，将增材制造和传统制造工艺结合起来以完成零件生产和产品组装。得益于 InControl 系统，捷普将有能力管理从工程师手中的 CAD 文件到生产特定产品的打印机阵列的整个信息流，无论这些操作发生在世界的哪个地方。用约翰·杜尔奇诺斯的话来说：

> 今天，捷普在全世界拥有 100 多家工厂。可以想象，10 年后，我们的工厂的数量可能是 1 000 家或者 5 000 家，所有工厂的规模都不大，而且每家工厂的位置都更靠近我们的终端市场和人们消费的地点。这使我们能够更充分地按需生产，归根结底，这才是 3D 打印的价值主张中最有竞争力的一面。

这些管理系统所带来的灵活性和及时响应将彻底颠覆人们的想象。例如，捷普已经测试过在各种打印技术之间转换的经济性。让我们用一个具体的例子来说明，假设要为一款即将上市的新款智能手机生产 10 万个手机壳，捷普的经理可以从以下 3 个备选方案中进行选择：

- 用几台价格昂贵、速度极快的多射流熔融打印机进行大规模生产。
- 用 1 000 台廉价的荷兰制造的 Ultimakers 台式打印机,通过合理安排打印机的使用时间和顺序,实现零件或产品的连续生产。
- 使用少量超高速、高成本的立体光刻打印机进行批量生产。

这 3 个备选方案在成本、产品质量、交付时间等方面各有优劣。如果使用传统分析方法,管理者不仅很难从中进行选择,而且工艺之间的转换难度很大且要付出昂贵的代价。InControl 系统使问题变得简单。它的应用程序可以计算出在特定时间内哪一种配方、生产工艺、生产地点,以及增材或传统制造技术在成本效益方面更具优势。而且,无论什么时候,只要市场需求发生转变,InControl 系统就可以用前所未有的效率和便利度将生产从一个打印机"农场"切换到另一个。通过这种方式,捷普将建立一定的范围经济,正如西门子、艾默生和通用电气等公司正在通过它们的"未来工厂"所实现的那样,不过捷普有可能实现规模更大的范围经济。

这意味着未来的多元化企业的组织方式将是截然不同的。今天的多元化公司经常采取各自独立的产品部门的形式,而增材制造技术和类似 InControl 系统的平台,有助于将多个产品部门整合为一个单一部门,这个单一部门将表现出更加模糊的业务边界、范围经济和协同效应的特点。随着时间的推移,由于捷普分析能力的不断增长,它与咨询公司的合作关系可能会扩大,或者它会将许多分析能力以自动化的方式并入捷普客户日常可以享受的待遇之中。

在未来几年,捷普对一个能产生大量市场数据的网络的接入以及它对该网络的所有权或控制权将变得越发有价值,它也将因此获得更大的能力。有了这项新技术,捷普将不再仅仅是一家业务范围广泛的电子产品制造服务公司。由于捷普能够掌握几乎所有行业的供求变化，它有能力让自己及其客户迅速地进入或退出某些市场。作为另外一种选项，它最终也可能选择彻底退出制造业，只向一些公司出售或授权使用它的数字制造软件平台。不过，捷普的管理层目前并没有考虑这个选项。

无论如何，捷普与世界供应商和全球市场的数字连接都有可能使其成为世界上信息最丰富、实力最强大的公司之一。在借助增材制造的灵活性向全数字制造领域转型的过程中，它有可能取得类似于谷歌的行业地位。

参与者越多，平台越有吸引力

捷普之所以对工业的未来具有潜在重要性，是因为它正在建设的平台是首批伟大的工业平台之一。但平台到底是什么？与传统商业模式又有何不同？

平台通过数字信息工具、即时通信和互联网的互联功能，将用户与世界各地的商品和服务供应商联系起来。不同类型的平台彻底改变了许多市场，同时也创造了一些全新的市场。在企业对消费者（B2C）和消费者对消费者（C2C）市场中，读者比较熟悉的平台包括：

- **亚马逊**。它过去是一家网上书店，但现在已迅速发展成为"网上商城"。它不但将几乎全类别产品的数千家制造商、分销商和零售商与数百万用户联系起来，还利用其强大的互联性和数据分析能力提供其他服务，如云计算、信息存储等。
- **eBay**。它最初是一家在线拍卖网站，现已扩展为一个将世界各地出售五花八门商品的数百万个零售商和销售商与全球数百万名买家联系起来的平台。它不仅提供可靠的产品描述和送货服务，还通过其子公司贝宝（PayPal）提供安全支付保障。

- **Facebook。** 它最初是一个面向个人的社交互动平台，现已逐渐发展成承载无数其他类型活动的平台，包括在线游戏、政治活动、媒体参与等，其中尤以消费者营销最为常见。

- **谷歌。** 最初是一个帮助互联网用户找到特定信息和想法来源的搜索引擎，但现在已经演变成由数十亿全球链接支持、提供多种信息服务的供应商。

- **苹果公司的 iPhone。** 它已经从一个简单的通信工具进化为数千家数据、娱乐和服务供应商之间的连接枢纽。在这些供应商中，既有出版商、音乐公司，也有电影制片厂、游戏开发商以及各类应用程序设计者。

- **更加专业化的平台。** 优步和 Lyft 打车应用等通过以平台为中心的、由出行服务提供者组成的巨大网络，正在改变城市交通业；爱彼迎（Airbnb）通过将房主和旅行者联系起来的平台，取得了酒店经营业越来越多的市场份额；猫途鹰（TripAdvisor）等其他数不清的服务平台，通过将用户与无数服务提供商联系起来，以换取由此产生的营收的部分份额。

乍一看，除了业务基础设施都依赖互联网这一点之外，上述这些平台可能没有明显的共同点。但是，这些平台的核心竞争力不仅是直接为客户生产产品或提供服务的能力，而且是在产品生产商或服务提供者与想要这些产品或服务的消费者之间建立联系的能力。它们在建立这些联系时借助了它们吸引、积累、分析和利用大量数据的能力。这些数据包括精确详尽、条理清晰的产品目录，巨大的有关客户需求、兴趣和偏好的信息库，大量关于产品定价、物流、运输、可用性、服务质量等不断变化的数据组合。

这些数据的有用性说明了平台的另一个关键特征，即其大部分的价值是依靠网络效应产生的。

网络效应，又被称为网络经济，源自某个平台上的无数参与者。参与者越多，这个平台就越有吸引力，它为平台用户和拥有并管理该平台的公司创造的经济价值也就越大。亚马逊之所以吸引购物者，主要是因为在这个平台上销售货品的商品零售商数量庞大、五花八门。当然，反过来，大量经常光顾该网站的购物者也吸引了众多的零售商。Facebook 吸引了数以亿计的参与者，是因为 Facebook 拥有庞大的用户群。这个庞大的用户群不仅让 Facebook 获得了巨额广告收入，还帮助它通过向用户销售游戏、应用程序和其他物品而获取一定的收入份额。

这些例子说明，网络效应往往能够自我强化。一旦平台的参与者达到临界点，它就会进入一个增长的良性循环，由大量参与者所产生的价值将几乎无限制地持续扩大。网络效应有助于解释为什么我们在上文中列出的一些平台会被列入"全世界增长最快的公司"名单。

平台型企业已经彻底改变了一个又一个消费市场。但直到最近，它们仍没有在工业领域取得多大进展。

这并不是因为没有人敢于尝试。许多人曾尝试创建作为工业供应商和客户之间的线上市场的 B2B 平台。出于种种原因，这些努力没有取得多大进展。有些人企图从整体上借鉴与亚马逊或 eBay 相类似的 B2C 或 C2C 模式的平台设计。他们失败的主要原因是与普通消费者相比，制造业客户的需求要复杂得多。毕竟，在网上买音乐 CD、买书是一回事，而将 100 万辆自动驾驶车辆的零件生产外包出去，则是另外一回事。这些结构复杂的高科技零件，对于误差的容忍度极低，而且人们的生命安全取决于它们能否达到质量标准。

另外一些建立工业平台的尝试则因为无法跟上数字技术的变化而触礁。例如，在大多数企业采购人员已经开始用应用程序、平板电脑、智能手机和其他移动设备进行大部分在线交易的时候，一些试水者还在推广第一代电子商务网站。此外，有些实验性工业平台之所以走向失败，是因为推出这些平台的组织者犹豫不决。他们既担心传统销售渠道有被蚕食的风险，又不知要如何把电子商务的在线社区做大做强。

不过现实证明，捷普的崛起成为工业平台时代终于到来的标志事件之一。

工业平台，一种"非赢家通吃"的全新商业模式

如今，平台型企业无法进入工业领域的情况终于开始改变。对电子商务更深刻的理解和更高的软件设计水平是实现这一改变的部分原因。不过，制造业的数字化才是最大的助力。在一个以增材制造技术和其他数字技术完成自动化生产的世界里，工业平台能够以难以置信的力量来提高生产的速度、精度、效率和灵活性。

不同于人们现在熟悉的消费平台，工业平台的结构和功能会更加复杂，而且它们所置身其中的生态系统和市场也与今天最成功的一些平台所占据的消费舞台有极大的差别。

因此，工业平台将服务于一个庞大而复杂的商业生态系统，至少包括以下 4 种不同类型的用户：

- **平台的直接用户**。平台所有者，以及一系列应用平台各个要素的公司，如制造商、供应商、物流公司、批发商、零售商、设计公

司、营销顾问和其他服务供应商。

- **平台的间接用户**。例如与平台和平台的直接用户互动的组织，包括监管机构、税务机关和其他政府机构；私人或大学附属的研究实验室；提供金融、法律、会计等专业服务的公司。

- **通信网络**。WiFi、近场通信、蓝牙、无线路由器、范围扩展器和中继器等平台所有者向平台用户提供的内部系统，以及电信公司、互联网骨干提供商、互联网服务提供商（ISP）、内容分发网络和独立物联网网络等外部通信网络。

- **连接到平台的终端产品用户**。平台所有者和一些使用该平台的公司的客户，通信网络负责为他们监测或升级制造网络以及产品的性能。

可见，工业平台所在的商业生态系统里通常包含数百或数千个组织，以及分布在这些组织各个管理层级中的数百万名个体参与者。与消费平台所在的那个世界比起来，它是一个截然不同且复杂程度更高的世界。

具体地说，工业平台在许多方面有别于消费者平台。

工业平台将是连接 B2B 和 B2C 领域的桥梁。它将连接多种类型的参与者，既包括企业，也包括以这些企业的客户身份出现的消费者。因此，工业平台不但会介入 B2B 层面的互动，也会如消费者平台一样参与 B2C 层面的互动。

打个比方，有一个在以计算机、平板电脑、电话、电视、路由器、相机等产品为主的电子设备市场有强大影响力的工业平台，它会与一系列从事电子设备的设计、制造、营销、运输和服务的企业建立连接，如智能手机制造商、企业级网络设备生产商、专业的工业设计公司、家用电子产品零售商等。它将以各种方式为这些公司提供服务，如帮助它们管理供应链、控制库存流量、开发更优质的产品设计等。所有这些互动都可被列入 B2B 的范畴。

然而，这个平台也将与作为电子设备终端用户的消费者建立连接，如智能手机购买者、用笔记本计算机做功课的学生、在客厅安装 LED 大屏幕的体育爱好者。这个平台会以多种方式来提升用户对电子产品的体验，如通过物联网监测电子设备、在需要维修或更新软件时提醒用户，以及提供独特的内容流等增值服务。这些互动则应被归为 B2C 的范畴。

如果这个平台希望创造最大的价值，它就需要在设计上同时适应 B2B 和 B2C 活动的需求。

工业平台要进行更复杂的用户互动。在一定程度上，正是由于结合了 B2C 和 B2B 的动力机制，工业平台可以进行比消费者平台复杂得多的互动。

大多数消费者平台主要致力于实现简单的匹配功能。Facebook 和领英（LinkedIn）对拥有特定兴趣的个人进行匹配；Lyft 和爱彼迎将旅行者与服务提供者配对；亚马逊和 eBay 则将购物者与卖家和产品互相匹配。

工业平台也可以提供一些简单的匹配功能。例如，一家寻求在南亚分销产品的制造公司可能会使用工业平台来寻找有兴趣提供该服务的零售商。但是，工业平台还可以执行一系列旨在"优化生态系统"的行动。它们可以帮助用户公司改善运营、最优化资源配置、制定和完善战略、管控风险等。与典型的消费者平台所执行的工作相比，上述活动需要对信息、洞察力和流程有更高级的掌控。

工业平台将产生同时与企业和消费者有关的复杂网络效应。工业平台的网络效应也会迥然不同于消费平台的网络效应，而且很有可能具有更高的强度。工业平台的网络效应将为泛工业公司的出现扫平道路。下面我们会说明这个进程如何展开。

工业平台的所有者一定希望同时建立规模庞大的企业社群和消费者社群。平台将因此享受到网络效应所能提供的全部好处，包括那些因企业网络和消费者网络之间的互动而产生的好处。一个庞大且不断增长的企业网络可以提供非常丰富的信息、商品和服务，从而吸引更多的消费者。而一个庞大且不断增长的消费者网络则会吸引更多有兴趣向一个大基数用户群体销售旗下商品的企业。

企业和消费者任何一方的增长还能以其他方式促进对方的增长。例如，当一家新的电子产品零售商加入某个特定工业平台时，它将"带来"自己所有的消费客户，而这些客户将会收到来自平台的信息和报价。这些客户将成为配套产品、服务合同、备件和升级服务的销售对象，在一个行业因完全依赖新产品销售而受到打击时，成为它的收入波动的稳定器。这些客户也可以允许平台访问与消费者偏好、购物习惯和浏览模式有关的其他数据源，平台的企业用户将因此更容易地给出报价和高效地锁定新客户。

因此，网络效应的自我强化效益在两个方面发挥作用，帮助平台扩大规模、增强实力。这意味着工业平台的管理者将有强烈的动机去掌握同时建立和维护企业和消费者两个大型网络所需的技能。比起纯消费者平台的管理者所面临的更简单任务，这个"双重愿景"更具挑战性，但也有可能带来更大的回报。

企业用户将有能力创造对工业平台中的另一些参与者特别有价值的网络效应。以企业用户呈现出的深度专业知识来说，许多用户是经验丰富的产品设计师；有些用户掌握着工程、科学或技术的诀窍；另外一些用户是营销、销售、物流、服务等重要企业活动的专家。一个运行良好的工业平台会找到办法利用这些信息和想法。平台管理者可以发起共同创造、协作和众包活动，通过这些活动为平台上的其他企业用户提供有价值的见解。

持续增长的企业用户还将产生其他有价值的网络效应。购买同一种原材料的公司，在购入同一种可用于3D打印的金属粉末时，可以利用平台汇集订单，进而赢得获取大宗购买折扣、专有的运输和仓储服务及其他有利的商业条款的资格。

商品市场和服务客户群体有交叉的公司会利用平台联合起来，创建对消费者特别有吸引力的产品组合。例如，生产婴儿服装、儿童家具、纸尿裤、玩具和童书的公司可以合作开发能在平台消费者端销售的新生儿套装或婴儿淋浴用品。

位于同一个市场区间的公司也可以通过分享消费者数据而获得巨大价值。企业可以根据从物联网收集的信息以及购物行为、调查结果等数据对客户和潜在客户进行深入分析。由此得出的市场认知将帮助企业创造出能够更好地满足客户需求的产品，并更有效地营销这些产品。

简而言之，工业平台能够为其企业用户创造的网络效应几乎是无限的。随着时间的推移，这些有利的影响往往会将企业用户"锁定"在这个平台上。因为能够利用这么多好处，它们不愿放弃这个平台或考虑更换其他平台。与一个伟大的工业平台建立附属关系将是一家制造业企业取得成功的一个重要因素。

最重要的是，那些与最佳工业平台建立联系并享受巨大规模的网络效应带来的自我强化好处的公司，在成长为泛工业巨头的过程中将会抢占绝佳的起跑位置。

工业平台不会受"赢者通吃"效应支配。 在消费者平台上常见的"赢者通吃"可能不会在工业平台上占主导地位。相反，在任何一个特定工业市场里，许多工业平台将会生存下来并彼此竞争。

我们已经看到网络效应是如何自我强化的。在其他条件相同的情况下，一个大型网络能吸引到更多的用户，增加网络效应的力量，从而吸引更多的用户……逻辑终点是一个单一的巨型网络，几乎所有特定类别的用户都从属于其中。这正是 Facebook、谷歌和优步等平台主宰其特定市场领域的方式。

很多原因决定了工业平台之间的竞争不太可能以这种形式起作用。第一，企业管理者希望保护产品设计和配方、客户数据、战略计划等专有数据的机密性。作为一种重要的竞争优势，保密性将自然对共享的公司的数量产生限制……尤其是那些面对相同客户、处于直接竞争关系中的公司。因此，福特、通用汽车、丰田和大众汽车不太可能成为同一工业平台的用户。

第二，工业平台提供的服务和利益相对复杂。正如前文提到的那样，与消费平台相比，工业平台的工作方式要复杂得多、精密得多。这种额外的复杂性将给聪明的竞争对手创造崭露头角的机会，技术、管理、营销、金融、物流等领域的专家，可以就如何扩大或改进平台提供的服务提出创造性想法。

第三，政府有可能会干预。单一平台积累大量以中心化方式聚集的数据、资本和市场影响力的可能性，将会吸引立法者和监管机构的审查。反垄断法将被用于瓦解工业平台这种压倒性力量。

出于上述原因，工业平台的表现方式和行为将与消费者平台截然不同。我希望看到若干工业平台市场的出现，它们以一些竞争企业之间的长期拉锯战为特征，不断为取得优势施展手段、为获得企业和消费者用户的忠诚度展开竞争。

平台势能如何为制造业增加动能

在第 2 章和第 3 章中，我们看到了用增材制造新工具武装起来的公司将能够取得近乎无限的产品范围和规模。我也解释了为什么以无所不能的制造能力生产几乎无限多的产品将会带来范围经济和规模经济。这会导致新兴的基于增材制造技术的制造商成本下降，使它们获得比竞争对手更多的利润。一个自我强化的增长循环就此形成，这些企业将因此走上全球霸主的地位。

但这个"拼图"一直不完整，直到最近才补上了缺失的一片，即一个组织、管理和运营这些新兴巨头的系统，使它们能够充分利用自身发展起来的巨大产品范围和规模所固有的优势。这刚好是新的数字工业平台的用武之地。

───────
THE PAN-INDUSTRIAL REVOLUTION
翻转世界的超级制造

ZARA 的故事：快速识别和响应潮流的时尚巨头

总部位于西班牙的服装巨头 ZARA 是一个企业利用数字化全球

平台创造卓越效率的当代案例。尽管它目前在生产上采用传统方法，而不是增材制造，但就使用数字工具组织世界各地复杂的设计、生产和物流业务而言，它却是一家先锋企业。通过对 ZARA 的观察，我·们可以窥见工业平台在未来将如何推动制造业的转型。

ZARA 的"快时尚"服装在全球 88 个国家的 2 100 多家零售店销售。很少有公司能像 ZARA 那样快速识别和响应正在兴起的时尚潮流，无论这些潮流是来自纽约的 Soho 区、新加坡学生的休闲场所，还是来自里约热内卢的咖啡馆。ZARA 整个业务的神经中枢在位于西班牙拉科鲁尼亚的总部。一个市场分析师团队在这里研究来自世界各地零售店的每日更新数据：哪些服装销售得最快？哪些单品被不满意的购物者退回？其他时尚公司推出的哪些新造型得到了最多的关注？根据这些反馈，分析师团队向 300 多名内部设计师发出指导意见，然后将最热门的时尚创意转化为价格合理的服装，并迅速运往 ZARA 的门店。整个流程通常会在 21 天或更短的时间内完成。

ZARA 所有上下游活动之间的紧密联系是由 IT 技术控制的。ZARA 总部负责确定涵盖了距离成本的产品价格，协调地区内的竞争情况，并达成公司的总体目标。总部也负责制定大区和地方的绩效目标和奖励，与海外经理进行交流，并分享收集到的最佳经营方法。

ZARA 总部还需要监控几个价值链上的关键步骤，如在其西班牙全资子工厂中的面料准备、缝制和检验。"快速模仿"产品的上市时间是决定是否能取得成功的最关键的因素，这一类的生产是在靠近公司总部的西班牙工厂进行的。对价格敏感的主打产品往往会交由孟加拉国、中国等亚洲国家的工厂来生产，而需要在速度和价格之间取得平衡的产品的生产则通常会被交给东欧和北非的工厂。总部的管理团队要处理价值链中材料采购和检验环节的工作，从而保证对质量的严格控制。

ZARA 高度集中化的制造系统存在若干风险。首先，ZARA 对西班牙国内的生产过度依赖，一旦西班牙发生经济危机或自然灾害，它就可能因此陷入险境；其次，维持许多欧洲关键业务的成本较高；最后，由于位于其他地域的工厂的制造能力相对不足而导致更长的市场反应时间。尽管如此，这个系统还是成功地实现了 ZARA 的快时尚、低成本模式，使它成长为年销售服装超过 4.5 亿件、2016 年销售额达到 159 亿美元的时尚巨头。

ZARA 的系统是否可以被视为一个成熟的工业平台？还不行。ZARA 采用一个中央化的工业 IT 系统来管理不同的软件包，但这个系统还不是一个完全集成的平台。如果把其中所有的软件放在一起，它将可以构成一个近乎完整的工业平台。

在参观 ZARA 拉科鲁尼亚厂区时，我在脑海中想象增材制造技术革命会如何改变 ZARA 的系统。如果 ZARA 将一个完整的工业平台与增材制造技术的生产优势结合起来，它就可以大大增强在创新、模仿和市场反应时间方面现有的显著优势。增材制造技术可以在价值链的多个阶段大幅简化公司的生产系统，通过一次性打印整件衣服来减少或取消裁剪、缝制等工作。由于设计文件可以通过互联网的安全连接进行传输，ZARA 在使用增材制造技术之后，可以极迅速地将 3D 打印设计方案下载到它的分布广泛的制造系统中。它的工业平台可以实现整个网络的协调、通信和控制，克服相距千里的地理位置而确保高质量和高响应性。

将 ZARA 网络转化为一个更去中心化的系统，将使该公司变得更快速、更灵活、更高效，在未来几十年里进一步加速它的全球增长。

鉴于 ZARA 能够利用当今技术取得如此高的成就，不妨设想当一个由增材制造技术驱动的真正的工业平台实现全面运作时，未来的制造商将达成多么了不起的成就！

当下，商业领袖们终于渐渐认识到数字工业平台在飞速提高生产效率和盈利能力、大力促进制造商成长方面的潜力。但是，许多人仍然不敢迈出决定性的一步来实现这一愿景。

2017 年 2 月，麦肯锡数字业务部的专家型顾问公布了一项研究，试图衡量不同形式的数字投资的增值效益。他们比较了在以下 5 个商业活动领域里数字化投资对提升收入和利润的影响，即产品和服务、营销和分销、生态系统、工艺以及供应链领域。

他们发现，所有这 5 个方向的数字化投资都能带来红利，但供应链的数字化是未来最有希望获得丰厚回报的领域。然而，与之矛盾的是，对大多数接受调查的企业管理者来说，供应链及其数字化恰恰被放在优先事项列表的最底端，只有 2% 的管理者认为它是一个值得关注的领域。

捷普和 ZARA 的故事表明，供应链优化是工业平台所能带来的关键优势之一。而麦肯锡的研究则表明，供应链优化的利益可能是唾手可得的，那些认识到它的价值并迅速采取行动的公司将会从中获得巨大的收益。

工业平台与消费者平台的不同

今天的多元化公司经常采取各自独立的产品部门的形式，而增材制造技术和类似 InControl 系统的平台，有助于将多个产品部门整合为一个单一部门，这个单一部门将表现出更加模糊的业务边界、范围经济和协同效应的特点。

在 B2B 和 C2C 市场中，读者比较熟悉的平台：

- 亚马逊
- eBay
- Facebook
- 谷歌
- 苹果公司的 iPhone
- 更加专业化的平台

在一个以增材制造技术和其他数字技术完成自动化生产的世界里，工业平台能够以难以置信的力量来提高生产的速度、精度、效率和灵活性。

工业平台将服务于一个庞大而复杂的商业生态系统，至少包括以下 4 种不同类型的用户：

- 平台的直接用户
- 平台的间接用户
- 通信网络
- 连接到平台的终端产品用户

工业平台在许多方面有别于消费者平台：

- 工业平台将是连接 B2B 和 B2C 领域的桥梁
- 工业平台要进行更复杂的用户互动
- 工业平台将产生同时与企业和消费者有关的复杂网络效应
- 工业平台不会受"赢者通吃"效应支配

捷普和 ZARA 的故事表明，供应链优化是工业平台所能带来的关键优势之一。而麦肯锡的研究则表明，供应链优化的利益可能是唾手可得的，那些认识到它的价值并迅速采取行动的公司将会从中获得巨大的收益。

05

打造世界上第一个工业平台

THE
PAN-INDUSTRIAL
REVOLUTION

How New Manufacturing Titans Will
Transform the World

如你所见，捷普的 InControl 系统可不仅仅是一个企业向供应商订购零件的在线商店。它能够大幅提高企业的规划、管理和优化整体运营的能力。我一见到捷普的仪表板，便立即被它巨大的潜力迷住了。很难想象，一位制造业高管在见过 InControl 仪表板并认识到它所能提供的一些优势之后，还会选择与其他公司开展业务。

启动工业生产力，治疗"鲍莫尔病"的方法

InControl 系统是即将出现的各种数字工业平台的早期模板。这些新工业平台将有能力连接并协调广泛而多样的客户群体，遍布各地但通常已本地化的制造中心，以及设计、营销、销售、品牌、财务等业务领域的专家。新工业平台将包括 InControl 系统目前值得为之骄傲的所有生产控制能力以及许多新功能。比如，它可能会开发出与当下流行的企业资源计划（Enterprise Resource Planning，ERP）软件工具共享数据和流程的能力，该软件被大多数大公司用来监控销售、营销、付款和客户服务等业务。它可以与一些软件系统相对接并处理人力资源的日常职能，如招募、聘任、入职、培训、日程安排和福利管理。

随着工业平台的发展壮大，它们将具备多种能力来促进我介绍过的范围

经济和规模经济，从而使控制这些平台的企业获得进一步发展。以下是一些可能因工业平台而实现的商业活动。

使用新的分析工具以充分利用范围经济和规模经济。历史上，建立一个庞大且多面向的工业公司所要面临的组织上的挑战在很大程度上限制着它的业务的规模和复杂程度。这也是企业无法同时从范围经济和规模经济中获益的一个主要原因。企业只能被迫二选一。现在，软件系统将会根据企业的增长和盈利目标计算出规模经济和范围经济的最佳组合。

新工业平台所部署的大数据分析、人工智能、机器学习和数字通信等新兴技术，将使未来的公司在享有巨型体量的同时，也保持着高度的多元化，而这一切都不会因为过于复杂而无法管理。智能软件工具不断收到来自智能手机、传感器和终端的最新数据，并将据此持续地对工人和生产设施的工作日程进行再分析。应用程序将通过这些数据跟踪工人的健康状态、安全性、行动和工作成果，以及整个企业网络中每一台机器不断变化的工作状态。

有了这些信息的帮助，工业平台将能够自动执行现在仍需要高技能人员来做出的决策。工业平台将能制定并执行各种智能选择，从根据每分钟更新的需求波动设定某个特定产品的产量水平，到识别并利用国际市场的价格差异带来的套利机会。

也就是说，工业企业在实现范围经济和规模经济时的另一大限制也将消失。在不久的将来，制造业企业将借助必要的管理系统，以便比以往更好地运行庞大而复杂的业务。在工业平台的帮助下，这一切都将成为可能。

启动工业生产力——治疗"鲍莫尔病"的方法。在许多行业，工厂车间的大部分工作已经实现了自动化，不过组织制造企业所需的管理工作尚未能进入自动化的阶段。

举一个简单的例子。一家制造和销售工厂设备的跨国公司需要雇用数以千计的工人，来完成安装、服务、维修和机器更新换代等工作。该公司为此要雇用数百名管理人员来对每一名工人进行分配、安排、跟踪和监督。随着组织规模的扩大，管理人员的数量将急剧上升。因此，一直以来，大型工业公司的规模巨大的行政总部往往需要被设置在城市的摩天大楼或市郊的办公园区里。

可是，一旦涉及必须由人类工作者亲自完成的信息工作，规模经济就不存在了。事实上，由于概念型任务的规模和复杂性在不断上升，完成这些工作所需的智力水平正随着企业规模增长而增长。长期以来，无法将自动化方法引入人类智能活动的领域，被认为是许多行业生产率停滞不前的根本原因。这种现象有时被称为"鲍莫尔病"，以最早发现它的美国经济学家威廉·鲍莫尔（William Baumol）的名字命名。该理论有助于解释为什么在CAT扫描仪和笔记本计算机等辅助性技术出现之后，医疗服务和教育的成本仍然在不断攀升。这是因为，这些领域的大部分工作仍然要由医生和护士或教师和校长来完成，他们的生产力在达到某一水平之后几乎不可能再被提高。

在一些商业领域，数字技术已经开始在与鲍莫尔病的斗争中取得进展。例如，在20世纪40年代，computer一词不是一台机器的名称，而是职位的名称。制造业企业要雇用数以千计的男员工和女员工用手持计算器来完成复杂工程和金融系统涉及的大量枯燥的数学计算。最有能力的数学家担任管理职务，将下属的工作汇总起来，为工厂经理提供所需的解决方案。到了20世纪七八十年代，由人类承担的计算工作不复存在，取而代之的是以相同名称命名的电子设备。计算机可以不知疲倦地执行同样的分析任务，而且与人类相比，它们的成本更低、准确度更高，速度也快得多。这次变革代表着自动化挑战鲍莫尔病过程中的初次胜利。

今后，更多的人类工作将让位于数字化工具。例如，在一些生产力水平目前依赖于人类的专业知识的领域，人工智能可能会削弱鲍莫尔病对它们的钳制。由于工业平台的崛起，制造业将成为首批以这种方式转型的行业之一。

你已经看到，ZARA 这样的先锋公司已经在尝试工业平台创造的一些可能性。另一些公司，如跨国建筑材料供应商西麦斯（Cemex），多年前就已经部署了类似工业平台的系统。西麦斯的 IT 系统监控全球每家工厂的关键性能指标，如产能利用率和每吨成本。生产计划和实际结果之间的差距每天都需向位于墨西哥蒙特雷的总部报告。西麦斯利用先进的算法、GPS 系统、传感器和移动计算设备，能够自动为数千辆载货汽车制定和修订路线。许多载货汽车装载着时间敏感型的货物，如准备在工作现场使用的湿拌砂浆。通过这种平台类的系统，西麦斯节省了燃料成本，减少了供应浪费，最重要的是避免了代价高昂的施工延误。在达成这些提升的同时，西麦斯所雇用的调度员数量也比未实现数字化时要少得多。

工业平台的到来将会给制造业带来类似的生产效益。正如亚马逊不需要雇用数十万名销售员就能完成数百万份产品订单，而优步不需要雇用数千名调度员就能完成数百万打车订单那样，与历史上的福特、霍尼韦尔、杜邦和波音相比，工业平台只需非常少的管理人员就能组织成千上万的工人工作。

对每一家公司而言，工业平台将为它带来大幅的成本节约。对于整体经济活动而言，生产率的增长将出现一个明显的高峰。但对整个社会而言，白领阶层的技术性失业将成为一个严重问题。我将在之后的章节详细讨论其影响。

把竞争市场的益处带到组织内部。工业平台驱动效率提升的另一种方式是在内部或外部建立自组织竞争市场，推动定价、资源分配等决策。在自组织竞争市场成立后，层级制决策者的整个体系将会变得冗余。

汽车制造巨头曾采取垂直整合的组织方式。作为汽车零件供应商，德尔福（Delphi）曾经只是母公司通用汽车旗下的一个子公司。生产什么零件、如何生产、何时生产、以何种成本生产的命令都由通用汽车的高管们决定，这些订单的准确程度则取决于这些高管对汽车市场新兴形态的预期和计划。这是一个相对低效的系统，需要两家公司中的数千名文书工作人员来计划、管理、监督和调整生产计划。

垂直整合的公司之所以变得比较少，其中一个主要原因是，人们认识到基于市场的系统在管理供应商关系时更有效率。如今，德尔福和其他供应商都是可以向众多汽车制造商销售产品的独立公司，而通用汽车既可以从德尔福，也可以从与之竞争的公司自由地购买零件。经济效率，如更低的价格、更快的交付时间以及更高的产品质量，一方面来自竞争的压力，另一方面则来自同一网络内部的企业相互作用而产生的更大的方便性和灵活性。

工业平台将吸取这些网络中效率推动的能量，并大大地放大它们。这些平台会在世界各地的供应商和用户之间建立持续、即时、呈现细节的联系。市场需求中不可预测的复杂变化会被立即记录下来，激发多个潜在合作伙伴的响应。如果一个关键零件突然出现短缺，世界上任何地方的过剩产能都可以被找出并加以迅速利用，这通常甚至不需要人工干预。而且，如果不止一家供应商可以解决这一短缺问题，工业平台将通过竞争性招标确保最具经济性的单一生产商得到这份合同，从而提高整个联锁系统（interlocked system）的效率。

增强公司的创新能力。历史表明，由于周边商业生态系统的弱点或环节缺失，技术、产品和流程等方向上的创新尝试往往归于失败。诺基亚开创性的 3G 手机之所以未能成功，是因为该公司的生态系统合作伙伴未能及时开发出视频流、定位服务和自动支付系统。飞利浦电子于 1980 年推出的革命性的高清电视机因缺乏高清摄像头和相配套的传输标准而遭遇滑铁卢。

通过促进用户之间的交流与合作，工业平台可以为创新提供支持。一家公司作为平台用户在开发新产品理念时，其他用户可以向它提供支持，手段包括帮助其开发可靠的供应链、采用相关技术、生产辅助性产品和服务以及协调分销和营销新产品等。

在多个地区创建范围经济。依赖传统生产方法的公司很难向任何产品需求不高的市场提供服务。如果某个特定国家或地区无法以大规模销售市场支持产品生产，大多数公司会选择放弃这个市场，或者从另一个地方向其发货，但后一种方法可能会使产品的价格变得难以承受。

工业平台将为这一困境提供一些解决方案。通过以电子方式监控或控制遥远市场上的小型工厂的能力，以及快速且低成本地改变生产计划的灵活性，未来的公司有可能在低密度地区建立多模式工厂。通过对需求的密切跟踪，制造商可以做出准确决策，根据市场需求将生产从一种产品或零件转移到另一种产品或零件，从而能够为小型市场提供各种有用且经济实惠的产品。

再者，工业平台可以使跨国公司更容易地追踪到不同国家或地区对某种产品的需求变化。对消费者偏好和趋势的最新认识则有助于公司调整生产计划，更精确地满足需求，从而减少生产、运输和仓储未售出商品的成本损失。工业平台还可以找出零件和原材料的理想的本地化供应源头，帮助优化公司的供应链，降低风险，并进一步提高公司的盈利能力。

使用同一共享平台的一组公司还可以将来自同一地区或国家的不同产品的订单合并到一起，汇成一个可以高效、经济地完成的高订量、高价值的单个订单。工业平台不仅可以帮助跟踪和合并订单，还可以设计最佳运输路线和方法，并利用特定时期的价格折扣。

以上所述的通过工业平台实现的效率提升，将使未来的企业可以为多个较小的市场提供服务，从而获得比今天更高的收益。

比人类更快、更好地做出智慧型商业决策。数字化工业平台的整合、组织和协调能力将使企业有能力充分地利用增材制造技术带来的范围经济和规模经济的优势。一旦制造业企业几乎可以完全自动地运转，充分利用精心设计的软件及无与伦比的分析能力，在不需要人类干预的情况下做出战略和管理决策的时候，竞争就走到了终局。

由人工智能支持的机器很快就能在几乎没有人类干预的情况下处理运营一家巨型制造公司所需的各种复杂决策，这样的设想是否遥不可及？并非如此。过去 20 年里，许多行业已经通过使用制造执行系统（manufacturing execution system，MES），实现了制造流程中数据收集、分析和决策等许多工作的自动化。MES 可以确保工具、设备和供应品在正确的时间被交付到工厂车间的正确位置，提供正确定价产品所需的详细信息，向客户提供准确的交货预告以及在情况发生变化时，根据需要调整生产计划。新的工业平台将进一步扩大类似方法的应用，不仅整合和控制单个工厂内的活动，还能对相隔数千公里的数百个地点的生产活动做同样的工作。

不错，实现这个飞跃将是一项艰巨的工作。但下面这个故事，或许可以让我们更清楚地看到它的前景。2017 年年中，在对捷普高管的一次采访中，我问及 InControl 系统当时是否可以为客户公司提供自动决策执行能力。换言之，InControl 系统在通知人类经理有一个重要供应商停产，并提供一个能够暂时填补空缺的替代供应商名字的同时，能否决定把一个重要零件的订单转给替代的供应商，而无须等待人类的许可？

我得到的答案是 InControl 系统不会自动处理这种决策。它以实时数据的形式提供所谓的"决策支持"，但将实际的决策和执行工作留给人类管理者来完成。

"捷普是否会很快将自动决策执行能力加入 InControl 系统？"我问。

"这是一个远期的可能性，"对方这样说，"如果客户需要，我们会走这个路线"。

"那实施的时间框架是什么？"我问。对方的答案是"接下来的 18 个月"。

"你是在开玩笑吗？"我问道。

"好吧，18 个月的期限仅适用于现在已有可用软件和可编程逻辑控制器的数百万项任务。如果那些生产任务用 3D 打印机来完成的话，这个期限就不再是 18 个月。我们可以一到两天就完成编程。"

18 个月或者一到两天！这就是当今最佳平台的建设者正在使用的"远期"思维。

换句话说，在运营巨型制造业企业方面，工业平台接管人类管理者大部分职能的现实已经近在眼前。

工业平台对制造业的变革将是惊人的。它们将大力推进那个业已形成的良性循环。随着循环的加速，善用增材制造技术的经济优势和工业平台的协同力量的制造业企业将有能力超越竞争对手，并最终取得历史上罕有企业曾经享有过的主导地位。表 5-1 简明扼要地总结了增材制造技术与工业平台的结合正在用哪些方式改变制造业，进而最终改变世界商业的大多数领域。它也是一份有关增材制造和工业平台对制造业经济综合影响的总结。

表 5-1　制造业运行规则的改变

传统制造业：效率优先	平台管理的增材制造：灵活性优先
通过采用标准化零件来降低成本和简化流程	根据客户需求和喜好，使用标准化、定制或特殊的零件
产品由简单、可互换的部件制成，因而可以被方便地组装	产品一次成型，无须组装，但可以实现内部的高复杂性
借助专用设备和工人来降低生产有限产品的成本	借助高灵活性的设备和工人，以可承受的成本生产种类繁多的产品
规模经济降低了运营成本，而范围经济通常被牺牲掉	通过智能软件和灵活的增材制造技术，将规模经济与范围经济相结合
为使劳动力成本最小化而实行了高度的资本密集	较低的资本密度与最小的劳动力成本相结合
陡峭的生产学习曲线成为进入新市场的障碍	由软件、人工智能和机器学习促成的平滑学习曲线使创新和进入新市场变得相对容易
为了廉价的产品投入和便利的工厂位置而使用长供应链	短供应链使得生产可以接近客户所在地，运输、仓储和库存控制的成本被降至最低
周期性的新产品发布需要与费用高昂的机器更换和重新调整营销活动相配套	不断进行渐进式的产品改进，因而无须定期推出新产品
商业模式是高固定成本加一定的可变成本	商业模式是低固定成本加较高的可变成本
基于传统制造方法的供应链管理软件	平台化的供应链管理软件集成了实时的透明度、分布式制造、对商业生态系统数据的持续分析，以及增材制造与传统制造方法相结合等特性

续表

传统制造业：效率优先	平台管理的增材制造：灵活性优先
以人为中心的组织方式，只有常规任务实现了自动化	卓越的以机器为中心的组织方式，利用大数据和人工智能来实现分析、管理和战略决策的大量自动化
制造业企业争夺基于短期产品和市场优势而建立的领先地位	与工业平台相互连接的制造业企业利用范围经济和规模经济来实现自我强化的竞争优势。它们将经历一个持续增长和市场主导地位不断增强的良性循环

首批运作工业平台的公司

在前文中，我已经详细介绍了新工业平台将会对商业产生巨大影响的方式和原因。工业平台在与增材制造的能力相结合之后，形成了前所未有的范围经济和规模经济。但是，我所设想的成熟工业平台的概念是否真的会很快成为现实呢？

答案是肯定的。证据是许多实力雄厚、有着良好声誉的大型企业正竞相努力成为开发和部署未来强大工业平台的世界级领导者。

在为了助力并利用正在进行中的制造业革命而研发的工业平台中，捷普的 InControl 系统是一个佼佼者，工业巨头通用电气正在搭建另一个可与之比肩的平台。

Brilliant Manufacturing 软件是通用电气在建工业平台的基石。这是一个将相互关联的工具和能力组合起来的工具包，它的存在使得通用电气在这场工业活动主要指挥者的竞赛中，成为与捷普旗鼓相当的对手。通用电气雇用了大约 26 000 名软件开发人员，大多数人被安排到通用电气数字公司，即设在旧金山郊外、专门从事软件设计的一个部门。它目前取得的成果包括 Predix 操作系统，该系统实现了"工业规模的分析"，以及对由快速扩张的物联网实现数字连接的机器进行"实时控制和监测"。Predix 系统发布仅一年，就被从事市场研究的 Forrester 公司评为工业互联网最先进的平台之一。目前通用电气正面向它的工业客户销售"Predix 工具包"中的软件工具，未来还有可能进入更广阔的市场。

THE PAN-INDUSTRIAL
REVOLUTION
翻转世界的超级制造

入局：制造业巨头西门子加入"混战"

在这场建造第一个真正的工业平台的竞赛中，制造业巨头西门子也是参与者之一。它正努力将传统制造商在过去一个半世纪中不断累积而成的庞大基础设施与 3D 打印、数字控制和其他现代工具结合起来，从而推动灵活性和效率的极大提升。

西门子在瑞典投资 2 400 万美元建立 3D 金属打印工厂，该厂使用激光熔融技术为工业燃气轮机生产零件。西门子还使用 Ultimaker 台式 3D 打印机为其铁路自动化部门打印零件。具体方法是先将塑料零件浸泡在陶瓷泥浆中，待其硬化，然后将其放入熔炉烧制，使塑料熔化，余下一个中空的模具，最后将熔化的金属倒入模具的空腔，就可制成金属零件。

西门子也开始跨越到工厂车间之外，重新考虑整个价值链，以便使整个生产过程更接近用户。它的数字企业套装集成了一个名为 MindSphere 的基于云的物联网操作系统。该系统利用从产品生命周期每个阶段提取的大数据，将设计师、供应商、物流专家和运营经理连接到一个无缝的单一生产过程中。

现在，西门子正在积极行动，从几个领域着手改进上述网络能力。该公司正在与佐治亚理工学院合作，通过提供新产品设计和模拟人工车间流程以及确定改进范围的仿真过程，来改善西门子的产品生命周期管理软件。西门子也在和 3D 打印巨头惠普合作开发软件，试图使用于打印的设计变得更容易，令设计自由度、定制化和设计速度达到新的高度。它的目标是建立一个统一的 CAD/CAM 系统来支持 3D 打印的高级设计与分析，包括开发更轻更强的产品，以及由配件组合而成的产品以减少组装环节。

显而易见，西门子的进展十分迅速。2017 年 9 月，西门子宣布推出由惠普认证的 NX AM 软件模块，惠普称该模块将"惠普多射流熔融 3D 打印零件的设计、优化、模拟、打印作业准备以及检查流程集合在一个可管理的环境中"。该模块代表着西门子在努力创建"数字化全球零件制造协作平台"方面前进了一大步。

正准备杀入工业平台这一赛道的企业还有很多，并且各有其经营的网络。没有哪一家公司愿意把自己雄心勃勃的计划所涉及的广大领域公之于众，但理解工业平台力量并能预见其即将如何改变制造业的有心者，可以从媒体新闻报道中透露的信息片段拼凑出这些企业如何努力在这场竞赛中抢占先机。请看下面这些例子。

- **作为 3D 打印机制造商的惠普：**上文已经提到，它是西门子工业平台建设计划的合作者，此外，它也正在创建自己巨大的商业生态系统。2017 年 8 月，惠普宣布与咨询巨头德勤结盟，目标是帮助企业"加快产品设计、加速生产、创建更灵活的供应链，并优化生产周期"。惠普已有的合作伙伴还包括宝马、强生、耐克、巴斯夫等公司。

- **IBM 的沃森（Watson）部门**：它一直致力于将人工智能应用于广泛的行业和商业活动。目前，它提供了一系列使用物联网的工具，以实现制造能力的提高。沃森物联网项目的核心产品包括提高生产力的工厂性能分析工具、识别和管理可靠性风险的规定性云端维护工具、提高产品一致性同时降低劳动力成本的质量目视检测工具等。

- **联合技术（United Technologies）**：这家在 2015 年年收入超过 560 亿美元的跨国制造集团，正投资 7 500 万美元在康涅狄格州东哈特福德创建一个增材制造卓越中心（Additive Manufacturing Center of Excellence）。在联合技术位于世界各地的子公司中，许多公司已经开始深度介入 3D 打印业务，其中包括航空航天制造商普惠（Pratt & Whitney），该公司的飞机发动机业务是 3D 打印领导者通用电气的对手。不难看出，联合技术的全球业务网络将成为其自身工业平台的试验场。

- **达索系统**：这家法国软件公司推出了一个名为 3D Experience 的软件平台。它为达索各客户公司的营销、销售和工程等部门管理人员提供了一个协作、互动的虚拟现实环境，可在其中进行三维设计、分析和模拟项目。3D Experience 平台可以通过云远程访问，也可在达索中心（如其 3D Experience 实验室）使用，客户可在达索顾问指导下用一到两年的时间开展特定项目的工作。

- **住友重工（Sumitomo Heavy Industries）**：这是一家总部设在东京的多种工业设备制造商，某种程度上媲美通用电气。它正在迅速进军增材制造领域。2017 年 4 月，它收购了设立在马萨诸塞州的 Persimmon Technologies 公司，该公司在 3D 打印和机器人技术两方面接连取得突破。住友重工最感兴趣的是该

公司所开发的一种新型喷涂成型 3D 打印技术，这项技术可用于
生产影响电动机性能的关键部件——绕组金属芯。Persimmon
Technologies 声称，新的生产方法"不但使电机更小、更轻，而
且使它具有更高的输出功率和能源利用率"。如果住友重工和
Persimmon Technologies 能将这项技术迅速加以完善并实现商
业化，这项技术将成为许多行业里的公司的巨大优势。住友重工
已经发展出众多方向的软件能力，例如，其智能交通系统部门管
理着复杂的、针对亚洲各城市的"车载智能通信"系统。若将自
己定位为与通用电气、西门子和联合技术等公司并驾齐驱的工业
平台参与者，对一直将这些公司视为竞争对手的住友重工而言，
只不过是向前迈进了一小步。

以上列出的公司都是一些知名的企业巨头。此外，一些在增材制造领域
已经很有名，但总体来说不太被大众熟知的公司，似乎也在把自己定位为增
材制造平台领域的参与者。比如如下公司：

- **恺奔**：前文提到的这家位于加利福尼亚州的 3D 打印机制造商开
  发了专有的高速打印技术 CLIP。它已经与软件巨头甲骨文公司建
  立了合作关系，利用其基于云的企业应用程序提供"每个用户的
  360 度全景视图"。恺奔计划利用 Oracle 云运营自己的人力资源
  活动、金融服务、供应链流程和客户体验管理。如果恺奔选择将
  这套服务提供给自己的用户，它的这一尝试就很可能会发展为一
  个成长中的工业平台。

- **PTC**：它是一家总部位于波士顿的公司，以开发计算机辅助设计
  和制造（CAD/CAM）系统起家。它拥有一个名为 Creo 的软件
  工具，可以为产品设计、测试和原型制作提供改进方法。例如，
  Creo 配备有增强现实系统，工程师在产品制成之前就可以通过它

建立"直观"体验。现在，PTC 又开发了一个名为 ThingWorx 的平台，该平台集成了 Creo 和许多其他高级应用程序，允许各公司设计具有内置物联网连接、数字传感器和其他加强功能的偏增材制造方向的产品。"高级装配扩展"一类的工具也可以使人们更方便地在多个设计和制造系统中共享设计信息，例如，捕捉客户的设计要求，当这些要求在设计过程中没有得到满足时对其进行标记。

- **吉凯恩（GKN）**：它是一家总部设在英国的工程公司，下设有着重于汽车、航空航天和粉末冶金技术的多个专业部门。它正在迅速扩大其增材制造的能力。这个扩张过程包括和其他公司在与吉凯恩的专长形成互补的方向上建立合作。2017 年 10 月，它与通用电气签署谅解备忘录，根据备忘录，两家公司将分享有关创新材料用途、零件最终认证以及其他增材制造技术要素的资讯。为了强调这一承诺，吉凯恩还在 2017 年宣布成立一个新的品牌 GKN Additive，该品牌将汇集该公司所有的增材制造计划并积极推动其发展。

一些看上去不太可能出现在增材制造技术平台领域的公司，也有可能加入这场竞争，尽管这种可能性比较小。货运和仓储巨头 UPS 已经建立了规模庞大的业务，专门从事供应链和物流服务。在美国，它经营着一项正在增长的增材制造业务，其中包括设置在 60 家 UPS 商店的 3D 打印机，以及与增材制造服务供应商 Fast Radius 的合作。UPS 还在欧洲和亚洲提供持续扩大的多种 3D 打印服务，计划在德国科隆、新加坡（或日本）建立增材制造工厂。UPS 甚至与企业软件巨头思爱普（SAP）开展了合作，后者围绕物联网建立了快速增长的业务组合，其中有一项业务名为 SAP 分布式制造。我采访了 UPS 战略副总裁艾伦·阿姆林（Alan Amling），他负责该公司的 3D 打印业务。阿姆林解释了该公司的总体战略目标，即提供网络和软件工具，以帮助 3D 打印和其他数字制造技术在全球得到更广泛的应用。他还提到，分布式增材制造技术曾被 UPS 当作对抗亚马逊扩大分销和物流能力的工具。

一家以棕色配送货车闻名的公司会成为数字增材制造平台的主导者吗？也许不会……尽管在商业史上发生过比这更离奇的事情。不难想象，一个由 UPS、思爱普和其他一些具备互补型人才和资源的公司组成的联盟可能会成为工业平台领导权竞争中的一个强大对手。与此同时，UPS 的巨型竞争对手联邦快递（FedEx）已经加大投入的力度，宣布成立一个名为 FedEx Forward Depots 的新业务部门，该部门将利用 3D 打印技术提供即时的零件生产和库存管理服务。

工业平台竞争中的每一个参与者都具有在其原有核心业务基础上自然形成的独特优势。那么，这些公司有什么共同点？实际上，除了通过一个基于网络的强大平台被连接起来、成为一个未来具有强大制造能力的巨型组织的潜力，这些公司并没有太多其他共同点。

例如，捷普有管理一个复杂供应链网络的丰富经验，可以为许多不同的企业用户提供多种产品和服务。捷普的 InControl 系统体现出这一经历赋予它的种种优势。通用电气的最大优势则是其长期成功管理着涡轮机、发电机、牵引机车等大型机器。通用电气制造出这些机器，再将它们交由其工业客户进行运营。西门子一直专注于在管理产品生命周期、提高设备从设计阶段直到报废之后的利用率和盈利能力方面发展和运用其专业知识。IBM 在参与竞赛时，加入了自己在人工智能领域的独特能力以及在帮助建立和管理物联网方面的经验。像恺奔这样的公司表现出对最新的增材制造技术有独一无二的理解，因此它们建立的平台在帮助客户公司选择、使用和充分利用那些已经可以被投入使用的创新工具时，可以有特别棒的表现。

如果在 20 年后环顾四周，我们将看到哪些公司充分利用了自身的独特优势，建立起了领先的泛工业企业。以史为鉴，在赢家和输家的名单列表上都有可能出现一些让人意想不到的名字。

软件界巨头很难有能力参与竞争

一个非常有趣的现象是，一些在大多数人心目中只做信息管理的公司，如谷歌的母公司 Alphabet，已经开始涉足增材制造、数字制造或工业平台建设等领域。但是，一家植根于硅谷的公司能否在建立第一批伟大工业平台的竞争中脱颖而出？这仍是个未知数。如果说通用电气、捷普、西门子等公司的进化有其制造业基础的话，Alphabet 则是以软件平台为起点，并逐步为其补充了一系列制造业产品。这是一条完全不同的道路，Alphabet 在其中显示出了独特的优势和劣势。

THE PAN-INDUSTRIAL
REVOLUTION
翻转世界的超级制造

业务纵横四海的 Alphabet 能否成为"带路者"

Alphabet 的核心平台是谷歌的软件系统，包括云计算、安卓系统和 Chrome 操作系统、搜索引擎、YouTube、谷歌地图、在线广告分析、谷歌文档、社交网络、网页浏览、即时通信、Gmail 等众多应用程序。此外，一系列项目是以补充或利用谷歌这一平台的姿态出现的，如谷歌光纤（Google Fiber），即针对超清晰画质的数字高清电视和视频游戏传输提供的超高速互联网服务；谷歌资本（Google

Capital），着眼于大数据、金融技术、安全和线上学习等长期技术趋势投资；谷歌风投（Google Ventures），向面向互联网软件以及网络安全、人工智能和生命科学设备等硬件的初创企业提供投资；谷歌 X 实验室，专注于自动驾驶汽车、送货无人机、增强现实、谷歌眼镜、用于互联网连接的高空气球、机器人、人工智能和神经网络等重大科技突破，以及生产与安全和暖通空调有关的智能家居自动化产品的 Nest 项目。

没有人知道哪些项目会成功，哪些项目会失败。但显然，Alphabet 正专注于整合形形色色的产品和服务，而它们唯一明显的关联就是能够被 Alphabet 当前基于互联网的平台捆绑在一起。为了成长为一家泛工业公司，Alphabet 将不得不在其云端操作系统中增加新的软件，将诸如 ERP、业务流程管理和数字制造系统等功能涵盖在内。它也必须通过收购具有大规模生产能力的打印机农场等方式，为打印电子产品等任务提供增材制造能力。上述两种扩展方式都没有超出 Alphabet 的能力范围。

一些高科技领域的旗舰公司正在效仿 Alphabet 的做法，进军与它们的核心业务没有明显关联的市场和技术领域。亚马逊正在建立云计算、在线服务和实体零售领域的大额业务。苹果正在试验自动驾驶汽车。Facebook 正在投资电子设备、无人机、人工智能和虚拟现实硬件的 3D 打印项目。埃隆·马斯克正在从汽车领域转向电池、航空航天、人工智能乃至隧道工程，投身于多元化发展。

技术专家和商业评论家正在试图了解硅谷巨头所拥有的巨大的经济、社会、文化乃至政治力量。最近出版的大量图书和文章都证实了这一点。现在看来，Alphabet、亚马逊和 Facebook 之类的巨头已经在努力打造它们所期望的下一个帝国，一个与制造业旧世界紧密相连的新帝国。在尝试征服这一利润丰厚、规模巨大的新天地时，软件巨头们将要面对的是以前从未遇到过的、更有经验、更强大且更聪明的竞争对手。

实际上，制造业比信息业复杂得多。诚然，像亚马逊这样的信息技术巨头可以通过 FedX、UPS 和当地快递公司将实体的制成品以及新鲜、易腐的食品送到用户手中。但是，与协调生产复杂产品的供应链相比，管理信息和实体制成品的物流和库存相对容易。今天的软件巨头并不具备征服制造业世界的行业知识和生产知识。当它们看到数字增材制造平台如何以一种不同于它们的方式与由各个公司和政府机构所构成的广泛的生态系统相连接时，它们就会意识到自己其实处于知识的盲区。

今天的硅谷巨头并不像看上去那么强大。举例来说，苹果虽然生产手机和其他复杂的电子设备，但请记住，它的绝大多数产品实际上是由亚洲的富士康生产的。对苹果来说，它很难以低成本、高效益的方式生产自己的产品。

同理，尽管亚马逊一直在利用其杰出的用户界面和受欢迎的销售平台压榨零售商和制造商，但它之所以能够这样做，只是因为它在零售环节占据了主导地位。一旦制造业企业开始使用自己的平台，它们就有了一个新选择，而亚马逊作为一个接触大量买家的渠道的地位则会被削弱。

软件巨头们在创建伟大的工业平台时会遇到麻烦，因为要做到这一点，它们需要从竞争对手那里获得软件，并与工业公司建立关系。相比于几十年来一直沉浸在这一类的供应、法律和共享关系中的制造业企业，软件巨头们很难赢得这场战役。再者，如果软件巨头们试图整合或建立联盟，以获得所有必要的知识和软件，去建立一个工业平台，各国政府，尤其是欧盟政府，很可能会出手阻挠。它们正在为软件巨头们造成的"信息垄断"感到担忧。欧洲和美国的监管机构已经开始对这些软件巨头下手。欧盟刚刚对谷歌处以27亿美元的罚款，Facebook 现在也已被盯上。

更为微妙的一个问题是，软件巨头们一直凭借其轻资产的商业模式飞速发展，而制造业是以重资产为特征的行业，所以软件巨头们的资产负债表有可能因重大收购而不堪重负。因此，它们很难通过逐步收购来获得制造业领域的专业知识。软件巨头们仍有可能作为纯粹的基于软件的工业平台来开展竞争，这样做的好处是，它们可以将自己的软件授权给大量公司，从而坐享一个收入来源广泛的巨大市场。但是，缺乏制造业专业知识仍然会使它们在这场竞赛中处境艰难。捷普所做的事情其实是一条比较好走的道路：从制造业的基础做起，通过逐步搭建软件架构，最终将其平台推向世界。

软件巨头们不但无法接管制造业这一领域，甚至有可能发现制造业企业在软件方向上达到了新的专业水平，正在向它们的领地发起冲锋。

我们可以用下面这个故事说明这一转变。近年来，农民越来越希望通过掌握更充分的信息来提高产量。作为回应，种子供应商孟山都就投资了软件算法，教农民如何通过温度、土壤湿度和其他因素来确定播种时间。约翰·迪尔公司（John Deere）为此与孟山都建立了合作，制造能收集全部所需信息的收割机和其他农业设备。事实证明，这种合作模式的效益十分显著，农民们为了在拖拉机上安装用于监测的硬件和软件，甚至愿意向两家公司支付一大笔溢价。

硅谷的软件公司可以实现同样的商业模式，而且也有可能从农民那里获得类似的溢价。但是，孟山都和约翰·迪尔抢先了一步。在未来，相比于软件巨头们，工业企业更有可能从制造业领域中发现类似机会，因为它们对该领域的客户及其需求有更深刻和全面的了解。

由于上述所有因素，软件巨头不太可能趁虚而入，一举占领工业平台市场。可以肯定的是，Alphabet 和其他硅谷巨头会在即将到来的革命中发挥某种作用，但这个作用十分有限。真正能够大放异彩的带路者很可能还是那些在制造业有着深厚根基的公司。

观察捷普、西门子、通用电气、恺奔和谷歌等公司如何在工业平台的竞争舞台上施展各种技能，是一件十分有趣的工作。最终取得主导地位的工业平台将在全球经济的诸多领域留下属于它们的印记。

现在这些有潜力的工业平台都会走向成功吗？当然不会。那么，目前没出现在我们视野中的竞争者会加入吗？是的，毫无疑问。随着这一新兴产业的形成，我们目前无法预测的赢家和输家将陆续涌现。没有人能够预测市场具体的演进路径。不过，尽管无法预测工业平台竞赛中每一位参赛者的命运，但我们可以大致勾勒出未来的轮廓。

谁会成为未来工业平台的世界级领导者

通过工业平台，可以实现以下商业活动：

- 使用新的分析工具以充分利用范围经济和规模经济
- 启动工业生产力——治疗"鲍莫尔病"的方法
- 把竞争市场的益处带到组织内部
- 增强公司的创新能力
- 在多个地区创建范围经济
- 比人类更快、更好地做出智慧型商业决策

工业平台在与增材制造的能力相结合之后形成了前所未有的范围经济和规模经济。许多实力雄厚、有着良好声誉的大型公司正竞相努力成为开发和部署未来强大工业平台的世界级领导者。

首批运作工业平台的企业：

- 捷普
- 通用电气
- 西门子
- 惠普
- IBM 的沃森部门
- 联合技术

145

- 达索系统
- 住友重工
- 恺奔
- PTC
- 吉凯恩
- UPS

Alphabet、亚马逊和 Facebook 之类的巨头已经在努力打造它们所期望的下一个帝国，一个与制造业旧世界紧密相连的新帝国。在尝试征服这一利润丰厚、规模巨大的新天地时，软件巨头们将要面对的是以前从未遇到过的更有经验、更强大且更聪明的竞争对手。

Alphabet 和其他硅谷巨头会在即将到来的革命中发挥某种作用，但这个作用十分有限。真正能够大放异彩的带路者很可能还是那些在制造业有着深厚根基的公司。

以大致胜，泛工业时代的来临

THE
PAN-INDUSTRIAL
REVOLUTION

How New Manufacturing Titans Will
Transform the World

想必读者已经看到，增材制造的出现为那些愿意接受并采用它的公司提供了许多前所未有的战略优势。尤其是，增材制造消除了范围经济和规模经济之间原有的对立，使制造商能够同时利用二者的优势。这样一来，制造商不仅能够在任何地点生产几乎任何产品，还可以达到以前难以想象的质量水平和效率水平。

到目前为止，一切都还顺利。但是，基于传统的管理系统，企业很难抓住同时实现产品快速多元化和规模巨大增长的机会。这正是新开发的工业平台要发挥关键作用的地方。通过使用最新的数字技术进行通信、信息收集、数据分析和决策，工业平台将使产品多元化的大型企业实现前所未有的高速、灵活和高效运营。整个世界商业格局将为之大大改观。

新的制造方法将改变全球经济的想法听上去或许有些陌生。过去一个多世纪里，大多数经济领域的巨变都是由其他部门的技术进步推动的，如交通运输业中铁路、汽车、飞机的出现，医药行业中抗生素、特效药、基因疗法的发明，传媒业中广播、电影、电视的流行和信息业中电信、数字计算、互联网的爆发。相比之下，制造方法的改变通常是不明显和渐进式的。但这场即将到来的由制造业技术变革引起的经济转型并非史无前例。历史表明，在任何特定的时代，制造业的主导形式都会对整个经济格局产生深远影响。

企业集团时代的兴衰

自 18 世纪开始兴起的第一次工业革命改变了欧洲和北美经济，随后又陆续在世界其他地方引发了同样深远的变革。这一切在很大程度上是因为制造方法的创新——在蒸汽机被发明后磨坊和工厂得以实现机械化，轧棉机、纺纱机、织布机等的发明，以及从火器开始的、在各种产品中使用可更换标准化零件的方法。

当然，这些制造方法上的突破得到了其他类型的技术进步的支持。电报的发明推动了企业科层制的兴起，因为地方部门和总部之间可以实现几乎即时的沟通。运河和公路网的建立，加上铁路的普及，使得大规模生产的新商品可以被销往不同地区。

在 19 世纪之前，市场是零散的，小企业只在当地进行交易，少数商品通过传统的贸易路线进行输送。大型的科层制组织架构在当时并不存在。到了 19 世纪末，坐拥数百万用户的全国性市场出现了，跨国的商业组织也被组建起来，以管理这些庞大的新兴市场。在很大程度上，这一切的变化是由工业革命带来的制造方法的革命性变化所推动的。

进入 20 世纪，一个迈向大型化的新的历史阶段已经成形。亨利·福特等人发明了现代的装配线，大型工厂以前所未有的速度生产产品，足以供应更大规模的制造市场。由高度分散的供应链和分销链维系运营的集权化巨型工厂，导致了一系列经济和管理上的转型，例如大型规模经济的出现、由新兴大型金融机构为新的大型工厂提供资本的需要，以及买家和供应商之间的公正价格交易。

这些变革产生了大量摩擦。事实证明，运营这样庞大而复杂的企业是非常困难的。因此，能够运营 20 世纪巨型公司的科层式管理架构逐渐得以发展和完善。正如 20 世纪最伟大的 CEO 艾尔弗雷德·P. 斯隆（Alfred P. Sloan）在其经典的回忆录《我在通用汽车的岁月》(*My Years with General Motovs*) 中所说，实践者们尝试过各种系统，以便高效运作这些新的组织形式。彼得·F. 德鲁克（Peter F. Drucker）等学者建立了优化大型企业管理的理论模型，为后来的企业领导人提供了指导。商学院和管理咨询公司等新机构应运而生，为高管提供在管理新的大型企业时所需的洞察力和技能。

从生产一线新技术开始的一系列变革再一次改变了商业的本质。

截至 20 世纪 60 年代，大部分直接聚焦制造方法的技术进步气数已尽。随着企业走到了规模经济和垂直整合的极限，商业领袖们转而寻求从大型化和科层制管理中获得其他优势。在大型多元化公司的名称中使用诸如"合并""联合""融合""统一""通用"等形容词变得十分普遍。建立了各式各样的分公司并因此享有多元化优势的企业集团，被看成是先进管理思想的代表。

ITT 的哈罗德·吉宁（Harold Geneen）被誉为"收购之王"，因其严格"按照数字"经营公司的方法而被视为商业天才。他常说："电话、酒店、保险，都是一样的。只要你能对数字做到了如指掌，你就对这家公司了如指掌。"一名训练有素的会计师说出这样的话不足为奇，但吉宁表现出的胆魄绝非寻常。他收购了 350 家公司，将 ITT 从一家电报设备制造商发展为一个多元化的跨国公司。

在 ITT 这样的综合性企业集团中，有头脑的高管们接管业绩不佳的公司，向其提供精巧实用的管理方法和控制体系，以完善的平衡型投资组合对其进行运营。一些盈利但增长缓慢的部门被砍掉资金，高管们再将其投资给其他增长迅速、盈利能力强的部门。20世纪五六十年代适逢经济蓬勃发展，企业总部提供低成本资本以帮助下属部门抓住机遇，经营的多样性则有助于保持收益的稳定。通用电气等实力最强大的企业集团还建立了管理培训中心和其他支持服务，以便在不断生长的业务组合体中进一步提升管理水平和实时更新会计控制系统。

一些研究企业集团的理论家认为，部门之间的运营协同效应可以提供额外的经济效益，但大多数企业管理者最终抛弃了这种观念。拉里·博西迪（Larry Bossidy）曾出任通用电气副董事长，后来又担任霍尼韦尔（Honeywell）的首席执行官。他曾告诉我，为了在业务不相关的公司之间实现难以捉摸的运营协同而花费的金钱，并不能换来预想中的价值。在他看来，由强有力的财务纪律和专业管理方法所带来的卓越的财务表现足以证明企业集团存在的合理性。

企业集团也通过其他一些不太名誉的手段取得战略优势。例如，吉宁通常被看作将外国政府当作其附属机构的企业独裁者。据称，在他的领导下，ITT参与了从军事政变到美国总统竞选的一切活动。人们把吉宁比作巴顿将军、拿破仑和亚历山大大帝。有人说，如果得到机会，吉宁将会买下整个世界。

一些大型企业集团在美国经济中占据了如此庞大的比例，因而引发了反垄断监管机构、华尔街和热心于保护民主制度的公众的担忧。越来越多的证据表明，各个企业集团之间的业务交叉正在导致某些准合谋行为，即由于"相互让步"而引起的不积极定价和缺乏创新行为。这是一种"被动的和平"，即企业集团默许或悄然同意避免相互竞争，以防止因竞争导致利润或股价受损。

发生在 20 世纪 60 年代的一项反垄断诉讼已经证实，通用电气与西屋电气默契地划分了涡轮发电机市场的高端和低端部分。通用电气将西屋电气限制在技术含量不高的中小型发电机市场。此外，通用电气还授意西屋电气要成为一个"好的竞争者"，也就是说，要甘于停留在"自己的缝隙市场"，而不要在价格和技术上攻击通用电气利润更高的缝隙市场。西屋电气还应避免与欧洲和日本的电力集团合作，不要尝试获得更好的技术或将涡轮机生产外包。据估计，这个卡特尔 ① 行为使消费者每年损失约 1.75 亿美元。因此，活跃在 20 世纪 60 年代的那些企业集团对资本主义的本质及其自由、公平市场的基础构成了威胁。

霍尼韦尔、3M、联合技术、固瑞克（Graco）、ITW 和德事隆等巨头目前仍在美国发展得不错。投资者要求通用电气出售部分股份并向规模较小、经营重点更为集中的公司转型，但尽管面临着这些巨大压力，通用电气仍以传统的企业集团架构继续运营。总而言之，上述这些公司都是企业集团这一模式在 20 世纪八九十年代轰然倒塌之后的幸存者。华尔街认为，公司应该避免广泛的多元化，因为大型总部、冗余的管理层、管理重心的缺乏、部门之间的文化冲突、品牌混乱，以及内部交易、工作流程和会计方法的复杂性和不透明性所带来的高昂成本会导致"范围上的非经济性"。华尔街认为，比起总部里那些人浮于事、好大喜功的高管来说，市场能够更好地配置资源。

华尔街赢得了这场辩论。包括 ITT 在内的大多数多元化公司最终被拆分并以超过母公司价值的溢价出售。如今，"企业集团"在华尔街成了一个贬义词。剩下的几家美国企业集团现在似乎只能以所谓的"集团折扣价"进

---

① 指为了垄断市场从而获得高额利润，生产或销售某一同类商品的厂商通过在商品价格、产量和市场份额等方面达成协定从而形成的垄断性组织和关系。——编者注

行交易，而反垄断监管机构密切关注着任何不良行为，政府则会因为这些不良行为介入并分拆企业。

以多元化实现经济主导地位的管理理论就此走向了终结。精英家族在19世纪创办家族企业，在20世纪又通过发行股票、成立企业集团实现了扩张。企业集团时代的结束标志着由这一群体把控经济的时代宣告谢幕。

企业集团可以被看作20世纪大规模生产的最终企业结构。这个时代的结束揭示了这种结构的局限性。一旦以传统装配线为核心的福特式大型工厂的效率已被尽可能提到最高，将它与世界各地的其他企业相联合的举动，是否能带来更多经济收益，是很难判断的。

现在，这种传统的生产思想即将失效。增材制造的出现和普及，加上以数字方式连接和控制世界各地生产运营的工业平台的兴起，将再次改变世界经济。各个企业开始使用增材制造和数字平台，来达成对范围经济、实时变化、产品定制化、多种流程效率、复杂的产品设计、本地化生产以及其他新技能的充分利用。随着时间的推移，这些公司将以过去无法想象的方式用其数字平台取代市场和管理层级，并在这样做的同时给世界带来深远的影响。

新一波"超级巨无霸"，泛工业企业的崛起

从经济发展逻辑的角度看，工业平台以及在它们的推动下不断扩大、特别灵活与高效的增材制造系统，有可能会演变出一些持续扩张、吞噬一切的工业巨头，我称之为"泛工业企业"。

泛工业企业在表面上看起来可能很像一个企业集团，但二者的运营方式

截然不同。泛工业企业将由软件平台驱动，该平台可以监控、促进和优化整个产品线上从产品开发到客户交付等环节的运营。

虽然泛工业企业需要一定的集中度，不会像 20 世纪 60 年代的企业集团那样肆意生长，但是它们能够在更广泛的领域开展业务，产品范围比今天那些有针对性的制造商要大得多。

因此，泛工业化的"通用金属"公司可以利用其在金属 3D 打印方面的基础专业知识进行生产，产品范围涵盖医疗设备、家用电器以及汽车、飞机等。

随着时间的推移，这些来自不同商业活动领域的技术将不断地关联与融合。试想一下核磁共振成像技术在工厂设备、航空航天控制、家庭安全系统和交通监控设备中得到应用。以往各自独立的企业之间的界限将逐渐变得模糊。最终，泛工业企业会发现自己不是在一众不同行业中竞争，而是在一个巨大且单一的泛工业市场中竞争。

这一想象并非是随机性的幻想。实际上，西门子、联合技术或通用电气等公司都有可能成为未来"通用金属"公司的前身。这些公司最近在增材制造方面采取了一些举措，为成为第一批泛工业公司做着准备。它们将以前所未有的灵活性和效率生产数以千计不同种类的产品，为世界各地的众多行业提供服务。这些企业在软件开发上注入的资金，预示着一个巨大的软件平台将在泛工业企业的创建过程中发挥核心作用。

在泛工业企业的早期阶段，人们可能对如何区分它们与过去的企业集团感到困惑。事实上，现在，当亚马逊、Alphabet 等公司开始整合未来可能构成泛工业企业的独立业务时，评论者已经在发声，并质疑它们是否只是披着高科技外衣的老式企业集团。金融业记者安德鲁·罗斯·索尔金（Andrew Ross Sorkin）问道：

> 谈到亚马逊、Alphabet 或任何新一代的企业集团，问题在于，既然同样以数字信息为其基础，这些企业是否存在本质上的不同，特别是当它们的业务扩展到高端超市等复杂的实体业务时。
>
> 在大数据和人工智能的时代，那些看起来不相干的企业是否实际上是相似的？一家企业的领导层是否有能力监督那么多不同的业务？企业什么时候会变得过于庞大而难以管理？

索尔金问的是本质问题，但他这种怀疑论的论调正在逐渐变得过时。一个越来越清楚的趋势是，大数据、人工智能以及我一直在讨论的增材制造、工业平台等技术突破，确实创造出了一个新的管理环境，一些旧的规则已经不再适用，至少适用的力度远远不及过去。

得益于此，泛工业企业将在许多规模巨大的领域拥有独特优势，而这将使它们能够达成旧式企业集团梦寐以求的盈利水平和效率。

泛工业企业具有信息优势。高效工业平台的所有者最终将成为信息监管者，从制造业获得的利润将逐渐减少，更多的利润将来自工业平台上的有效信息以及我所谓的"泛工业平台"用户。平台所有者将有机会访问公众乃至平台其他用户无法获得的准保密信息，它们因此可以扩张并进入到套利、经纪、私募股权、风险投资、贷款以及其他金融和商业及市场信息服务领域。长期来看，这种动力机制将有助于促进制造业、IT 服务、通信和金融服务等多个业务部门的融合，从而推动经济结构的调整。

嘉吉，利用信息渠道赚取丰厚利润

　　泛工业企业不会是第一批将其对各种竞争性信息的独家访问权转化为丰厚利润流的公司。开创了这种商业模式的一些公司位列世界上最成功的公司的行列，尽管它们往往不为一般民众所知。以嘉吉（Cargill）为例。它是世界上最大和（据说）最赚钱的私营公司之一。该公司的大部分股份由嘉吉家族和麦克米伦家族的成员所有。嘉吉作为中间商起家，提供仓储和运输服务，帮助农民将粮食投向市场进行销售。久而久之，它终于建立起一个独特的、连接农产品买卖双方的强大平台。

　　作为中间商，嘉吉终于得以建立比大多数卖家或买家更准确地判断农业经济趋势的能力。它观察作为客户的大型食品制造商的采购行为，并利用它所学到的知识为这些客户开发配料方案，例如具有独特口味和质地、有利于消费者的健康或降低生产成本的创新产品。

　　该公司还利用信息渠道建立了利润丰厚的多种业务方向，如谷物和棕榈油等农产品的贸易、采购和分销；管理能源、钢铁和运输服务合同的贸易公司；生产食用油、脂肪、糖浆和淀粉等食品原料的公司；饲养牲畜和生产牛饲料的公司，以及其他不同种类的企业。事实上，嘉吉已经实现了全面的多元化，目前在 65 个国家拥有约 75 个业务部门。它将所提供的服务打包为面向食品公司和农业公司的流程完整、多方面的"客户解决方案"。它甚至还拥有一家大型金融服务公司，以便管理大宗商品市场中的风险。2003 年，它将部分金融业务拆分为一个名为"黑河资产管理"的对冲基金，其管理的资产约为 100 亿美元。

嘉吉的领导人一直非常慎重地对待他们的战略选择，即将对许多彼此之间存在复杂关联的业务的认知价值发挥到最大。在 2013 年的一次采访中，时任首席执行官格雷格·佩奇（Greg Page）解释说，对于一家农业企业来说，参与铁矿石市场似乎有些反常，"除非你了解到在亚洲矿石的运输量十分惊人，而且对嘉吉其他商品的货运可以产生很大影响"。正是众多业务之间复杂的互动及相互影响，使得嘉吉公司下属的企业网络如此强大且利润丰厚。

嘉吉目前没有涉足增材制造领域，然而，通过这个生动的案例，我们可以理解一家公司可以如何将信息渠道转化为一系列有利可图的业务。最终，工业平台所有者对制造业经济的理解会达到一定深度，因而只通过它们所控制的信息就能创造价值。

有效利用信息渠道的方法之一是在工业平台用户中创建由信息驱动的商品和服务市场。这些平台最终可能成为类似"喊价交易场所"的地方，平台成员为设计、产能或分销合同开展竞标。然而，与商品交易不同的是，工业平台是私有的，而平台所有者将拥有关于竞标活动的唯一的访问权限。它们因此可以获得不对称信息，知道一些别人不知道的事情。它们不但可以从所有交易中获得一定比例的抽成，还拥有其他获利方式，例如出售信息，为自营账户买入和转售，甚至可以在股票和债券市场上交易这些独家信息。

这听起来难以置信吗？想想看，比起 Facebook 或谷歌收集用户个人信息并将其打包卖给广告商的做法，这也并没有什么不同。平台用户可以从这些基于信息的交易中争得部分利润，或让渡一定程度的隐私，但大多数情况下，它们的影响力是有限的。

泛工业企业能够率先了解到创新设计或新兴的消费趋势。它们将会看到痛点，发现未被利用的产能，并觉察到世界各地的原材料的价格差异。随着物联网的重要性与日俱增，它们将从嵌入工业组织和全球其他工业终端用户的数十亿台传感器上自动收集数据，急速处理大量数据，并设定最合理的价格，或许还能通过套利实现可观的利润。它们也可以将这些数据用于其他目的，如设计符合特定市场需求的产品，在竞争对手之前利用增材制造新趋势等。一个泛工业企业拥有的信息越多，就越能更好地进行自我定位，为用户创造多种形式的价值，并能更好地抵御对手。

这种信息优势将来能否持续？从逻辑上看，会的。一些交易实体，从纽约证券交易所到欧洲的大型商业银行，已经存在了几个世纪。交易之所以长盛不衰，是因为它满足了人类的一项基本需求：人们总是想要别人手里的东西。

此外，泛工业企业将拥有传统贸易组织无法比拟的独特优势。由于工业平台在信息方面的实力，大多数公司，乃至小制造商，都需要加入一个成熟的大型泛工业网络。制造商可能会尝试组织一个自己的平台来打擂台，以便为自己保留更多的利润。但即使能够招募足够多的制造商加入这个合作网络，它们也不太可能捕捉到足够的信息来保持相当的竞争力。

与此同时，已建成平台的用户由于享受到更大、更好的网络所带来的好处，并考虑到换网后必须转换数字文件和制造软件的转换成本，基本上不会选择背弃平台。历史经验也表明，这一类合作项目长期来看创新力不足。如果已建成的泛工业平台保持合理的进取姿态，通过有选择地从不太成熟的平台挖走用户，它们就能够在市场上保持强大且可持续的优势。当下主流媒体平台的可持续性也指明了这一发展方向。

由核心公司和用户公司各自控制的平台有可能都是可互操作且互连的，

类似于 Wintel 联盟和苹果的计算机桌面操作系统在一段时间后发展成的样子。但泛工业企业将抵制与作为竞争对手的泛工业企业实现互操作和互连，因为在这种情况下，它们将失去获得不对称信息的访问权，这其中的利益远远超过微软或苹果从其操作系统平台获得的好处。

泛工业企业具有速度和灵活性优势。大多数传统企业集团几乎很少控制运营上的事务。每个部门都有各自的研发部门、工厂和分销网络，并很少和企业集团的其他部门共享供应商。企业集团的总部主要参与财务审计、管理培训和扩张决策。因为面对如此多元化的产业，总部根本不能获知足够的信息，从而负责任地做出具体的决定。

泛工业企业则完全不同，因为它们可以依靠设计精密的软件平台来协调价值链中的大多数环节。传统的供应链软件无法处理如此多元化的业务，大量的潜在选择会让这些软件不堪重负。但拥有高级云分析软件的平台完全可以胜任。它们将整合各个业务部门的价值链，并在采购、生产、分销和整体风险管理方面产生效益。数字制造平台可以通过协调供应链、优化生产计划、最大限度地降低库存持有成本，并加速新产品的原型设计和引入新产品来降低成本。增材制造使这些过程变得非常简单，可以实时进行调整并实验。

任何一个单一的操作都会变得更有价值，因为平台在有效执行方面将有更多选择。在生产方面，增材制造将越来越多地取代规模密集且笨重的减材制造，而平台将指导工厂何时将生产目标从滞销产品转向热销产品。未来的工厂将享有比现在更高的利用率，这正是提升制造效率的关键。

企业总部将利用平台集中管理大部分供应链决策，进而管理生产决策。因此，各个部门的经理将越来越无事可做。一段时间之后，泛工业企业将较少围绕行业而更多围绕地理位置来组织生产，将小型工厂和供应链设在靠近客户的地方，以提高市场响应速度。

借助先进的数字制造平台，泛工业企业将能够在靠近市场的地方建立和控制工厂。因为每个工厂都具备制造多个产品系列的能力，所以工厂可以实现小型化。泛工业企业可以将它们设立在更靠近客户的地点，更多地了解客户的真正需求。未来的制造业将由区域性工厂供应适合当地的产品，而不是由全球工厂生产无法令所有人满意的标准化产品。泛工业企业将使整个经济对用户需求做出更积极的反应。

泛工业企业会把整合及提高增材制造与数字化制造的能力当作重中之重。这意味着，泛工业商业模式将不断地演化。即便碰巧在几个行业中存在业务重叠或购买了相同的 3D 打印机，两家泛工业企业看起来也不一定是相似的。在所进入的多元化市场、企业整体规模以及旗下增材制造和数字设备的机器学习过程等方面，两家企业都会有所不同。这类演化的结果仍将是，无论市场需求如何随着时间的推移而变化，泛工业企业都将表现出更佳的针对特定细分市场需求的灵活性和响应能力。

泛工业企业的速度和灵活性优势还可以带来一个附加的好处，就是不再像以往那样依赖合同、烦琐的合同执行机制以及对产品或服务质量进行检查所需的劳动密集型工作。拥有数字化信息系统加持的泛工业企业能够自动而即时地根据标准监控执行情况。从长远来看，甚至美国工业界臭名昭著的诉讼繁多的情况也可能得到最大程度的缓解。

泛工业企业具有创新优势。泛工业企业将通过深入了解市场和客户，在创新方面形成优势。它们还将受益于领先的增材制造技术所提供的创新能力——我们已经提到过的优势，如更快地完成原型设计、由增材制造技术提供的新设计选项、轻松定制产品的能力等。

　　未来几年即将出现的泛工业巨头同样将拥有某种令人惊讶的创新能力，而小型"制造商"和传统制造商即使配备了3D打印机和其他新技术工具，也不会具备这样的创新能力。泛工业巨头们享有的创新优势在一些人看来是有悖常理的。毕竟，传统的观点认为，由于大型科层组织的反应缓慢，小公司通常比大公司更具创新性。而且大公司在本质上更厌恶风险。再者，大公司容易陷入所谓的"创新者困境"。成功的公司不愿意致力于创新，既因为它们在旧技术上的投资规模大，变革成本高，也因为它们使用旧技术成绩斐然，而且还有继续改进旧技术的空间和机会。

　　这些看法有一定道理。不过，泛工业企业能够通过利用增材制造技术、数字制造和工业平台提供的速度和灵活性来克服这些创新障碍。由于设计和在市场上推广新产品非常容易，泛工业企业可以以适中的成本，将试验品大量投向市场，而且鉴于泛工业企业规模大、知名度高、分销链广，它们也很容易说服用户试用它们的新产品。

　　这种灵活性还可以帮助泛工业企业将创新风险降至最低。当一个新的产品创意浮现时，企业可以利用增材制造技术快速为其建模并原型化。然后，企业可以用相对较低的成本生产少量产品，在一个或几个需求量少且附加值高的缝隙市场进行测试。试想当获得一个特别轻巧耐用的山地自行车的新款设计时，企业不妨为有高竞赛水准的自行车赛选手提供几十辆由3D打印的新款山地车。这些选手通常很乐于测试任何有更佳性能的创新品种，企业也不会为此付出太多成本。一旦条件成熟，企业就可以改进打印方法，提高速度和减少浪费，提升产品数量，供应更大的缝隙市场。在此过程中，企业还可以通过将生产地点迁移至消费地点附近，来消除供应链上的多余环节。企业甚至可以在怀俄明州的拉勒米、新西兰的达尼丁等十多个世界级自行车爱好者聚集地迅速建立起生产新型山地车的小型工厂。这个动作将进一步帮助企业降低成本和减少市场创新风险。

与传统制造商相比，泛工业企业能够更便利、更经济地转向新产品的生产。一旦一家公司在大体上转向增材制造和数字制造，任何单个的产品选择都不会给它带来太大的风险。用来生产产品 A 的网络数字平台和 3D 打印机"农场"，可以以最低的代价迅速地切换到生产产品 B、C、D 或 E。而且，即使新产品是失败的，公司也可以将产能转向其他有市场需求的产品。这一推理同样适用于更大规模的新市场试水。增材制造技术和材料有可能会超越我们今天所认知的行业界限，使企业在测试新市场时面临的风险较低。

最后，请记住，更短的供应链、本地化生产和更快的周转时间都有助于公司更贴近客户的需求。这为潜在的创业者提供了另一个重要的支持。在新的制造技术所带来的全部优势的加持下，泛工业企业将能够以惊人的速度获知和回应客户的需求。数字化制造平台则会根据用户的反馈或安全问题，对产品进行即时的更改。它们还可以启动与客户或供应商合作的共同创造计划，从而改进新产品设计，加快开发速度和减少失败次数。

所有这些因素将会降低创新的内在风险，鼓励泛工业企业源源不断地制造新产品。其中有些产品会失败，有些产品会成功，但总体来说，这会带来一个既使消费者充分受益，又给泛工业企业带来巨额利润的创意的"黄金时代"。

泛工业企业具有"大钱袋"优势。我正着力描述的这些能够应对实时优化复杂性的工业平台对应着非常昂贵的成本。除了前期的软件和硬件成本外，它需要一定的实施和训练时间，还要将供应链和生产的相关数据转换为平台可读取的通用格式。泛工业企业可以在多个行业中分摊这些成本。由于已经在其他领域有过学习和发展的经验，它们在每个行业中都能沿着学习曲线快速地前进。它们将实现常规交易的自动化，并且为新类型的商务活动创建更丰富的选项菜单。它们有能力投资进一步加快发展的机器学习。相比于规模较小、多元化程度较低的公司，它们将更快地实现数字化所带来的效率提升、质量改进和创新加强。

然而，数字整合毕竟不是一次性决定，而是一个将软件平台导入运营的渐进过程。泛工业企业将逐步移除那些阻碍新能力成为现实的传统结构。它们会开发出全新的生产组织方式，就像传统制造商在 20 世纪初工厂电气化大潮中所做的那样。传统制造商起初只是简单地将主蒸汽机换成电气设备，但最终它们给每台机器配备了独立的电动机，并开发出更高效的组织布局。

20 世纪五六十年代，新的会计与管理方法逐渐在美国经济中风行的案例，或许有更好的借鉴意义。完善这些会计与管理方法的企业集团收购了规模较小的企业，并敦促它们转型。市场最终也迎头赶上，现在咨询公司和私募股权公司能够在这方面提供更好的服务。但几十年来，企业集团一直保持着决定性的竞争优势。同样的变化会在制造业的数字化过程中再次涌现。

这将只是泛工业企业所能享有的金融优势的开端。因为泛工业企业是由来自不同行业的许多公司合并而成，所以它们会获得比大多数公司更大的资本池。此外，曾为老牌企业集团带来好处的多元化效应会加强泛工业企业的金融稳定性。由于进入多样化的市场和地域，泛工业企业将更能够经受住临时性的或特定市场的经济动荡，也更敢于承接传统企业无法承接的巨型项目。也就是说，几乎所有的巨型泛工业企业的一个共同点就是"大钱袋"，即在有需要或机会出现时可以调用的巨大的财富储备。

明显的资金优势将使泛工业企业在以下几个方面受益。首先，这保证了即使要与当今最富有的公司，即 Alphabet、苹果、亚马逊和 Facebook 等数字巨头进行终极对决，泛工业企业也能生存下来且不断发展。泛工业企业能够快速果断地应对市场变化带来的机遇。举例来说，当某个城市或地区进入经济快速增长期时，大型泛工业企业能够在几个月内在当地筹建一系列工厂，为快速增长的人口供应汽车、电器、家具、电子设备等商品。而当某种产品成为意想不到的爆款时，例如，对某一型号的手机、玩具或小玩意的需求激增时，一家拥有"大钱袋"的公司将有足够的资源迅速地让数十或数百家当地生产工厂转向这种热门产品的生产。因此，任何紧急的市场需求都会得到满足。

其次，大型泛工业企业可以获得必要的资金来开发新一代的制造技术和数字信息技术，并在新技术形成实用价值后立刻应用它们。大型泛工业企业会有足够的经验和资源去开发必要且强大的安全系统，以抵御黑客、恐怖分子和其他出于自身目的破坏增材制造软件的滋扰者。最重要的是，由于有能力在如此多的市场上销售如此多的产品，在新技术、新工艺或新系统的学习曲线上，泛工业公司将能够比小型企业上升得更快。这将有助于它们获得其他类型企业难以积累的先发优势、专有知识产权和隐性知识。

泛工业企业具有商誉优势。泛工业企业将通过其庞大的规模和实力建立商誉优势。随着增材制造成为主流，以及这一技术为更多人所接受，用户自然会更喜欢向具有"大钱袋"和商誉在线的大公司购买所需的商品。大型化有助于技术和产品的合法化。买家和供应商将更倾向于与稳定的大型泛工业企业合作，而不是与那些随时可能消失的制造商进行交易。

泛工业企业将为尝试增材制造这一新技术的客户提供相当程度的二重保证。它们不仅能够按照质量和安全的最高标准设计、制造商品，也能够在消费者考虑购买新产品或未经测试产品时，采取让消费者觉得放心、可靠的测试、保证书、责任保险等。人们在购买时自然更倾向于知名度高的大公司。

简而言之，泛工业企业将变得智慧、敏捷、富有，具有高度的创新性且备受尊敬，因此绝不可能失败。泛工业公司将成为商业世界从未出现过的超级巨无霸。

随着泛工业企业的发展和多元化，传统的华尔街金融公司是否会像对待老牌企业集团那样对它们持怀疑态度？积极的投资者、对冲基金以及银行、捐赠基金和共同基金等机构是否有可能利用自己的影响力，通过"代理人战争"或媒体的持续批评，来分裂这些泛工业集团？

短期来看，它们可能会这么做。但是，假如我对泛工业企业即将掌握压倒性优势的看法是正确的，所有明智的观察家最终将会清楚地意识到，泛工业企业已经成功地克服了老牌企业集团的弱点。聪明的投资者应该加入它们，而不是与之对抗。

乍听起来，泛工业企业的未来形态或许有点不可思议。但是它们的前身已经出现在我们身边，而且为即将到来的蜕变奠定了基础，正如白垩纪晚期的恐龙已经发展出中空的骨骼、羽毛、筑巢行为等特征，有朝一日终将进化成为鸟类。

请读者回想一下上一章提到的那个不完全名单，其中的那些公司现在正在努力地想成为未来工业平台竞赛的参与者。这份名单包含了各式各样的公司，不但有制造业巨头、软件公司，也有商业服务提供商。

正如这份名单所展示出的多元性，未来的泛工业企业可能来自形形色色的核心商务产业。有些可能自合同制造商中涌现，如捷普、伟创力、富士康等公司；有些则来自多元化制造企业这一群体，如通用电气、西门子、霍尼韦尔等公司；有些出身于软件供应商，如 IBM、达索系统、甲骨文等公司；有些则自消费者平台发展起来，如谷歌、亚马逊；还有一些则可能由尚未出现的 B2B 交易所演变而成，这些泛工业企业将把数百甚至数千家企业连接到一个生产网络之中。

无论来自哪个领域和采取何种具体的公司形式，随着时间的推移，泛工业企业将逐渐在 21 世纪新产业秩序中占据重要地位。它们会通过发展灵活度和敏捷性来服务尽可能多的市场并彼此竞争，建立跨越行业、市场和地域的影响力。率先掌握突破性生产方法并开发出计算机化能力以管理泛工业复杂业务的公司，将在以金属增材制造技术生产的金属产品等特定类别产品的领域里抢到大部分的客户。随着单个的泛工业公司在这类比赛中胜出，它们将从自己因获胜而享有的信息流中得到新的优势。

在成为大型且充满活力的生产网络的中心之后，这些企业将比它们的竞争对手更了解不断变化的市场。因此，它们将有机会比其他企业更迅速地开发出优秀的新产品，从而进一步加强对市场的控制。也就是说，它们很可能会进一步在市场上取得决定性的长期胜利。**正如第一次工业革命造就了许多主宰商业世界长达数十年的企业巨头，如杜邦、通用电气、福特、柯达和美国钢铁等公司，泛工业革命也可能培育出一批在未来许多年里占据经济舞台中心位置的巨型企业。**

打破"创客迷思"

正如我已经指出的那样，与一种普遍的迷思相反，泛工业企业的崛起意味着，增材制造的未来并不在"创客"的世界里。它不会散布在世界各地的创客小作坊里，由手艺人小打小闹地搞点业余爱好，一次只生产几件产品。

这种"创客迷思"的愿景是在不少 3D 打印爱好者带动之下流行起来的，他们把这种技术视为"生产民主化"的工具。他们认为，3D 打印机将使工匠能够根据个人的创意愿景去设计、生产定制物品，从而开创一个以独特商品为标志的新时代，并将这个世界从大公司的营销和金融权力中解放出来。这一愿景得到了 Fabfoundation 等组织的支持，该组织以"制造民主化"为名，在全球各地推动众多小型制造实验室的建立。这些人的梦想是增材制造和相关技术将生产这一权力从巨头公司的手中夺走，并将它交给数以百万计的普通人。

另一种与之不同但多少有些相关的趋势是制造服务公司的崛起，如 Xometry、Fictiv、Proto Labs、RapidMade、Forecast 3D 和 Fast Radius。它们按需为其他公司生产零件或设备，将制造业"优步化"。在大公司还在为是否投资 3D 打印这一全新技术而犹豫不决的时候，这些服务公司发挥了重要作用，为一些企业提供了增材制造领域的专业知识、生产建议和机器使用权，使得它们可以用这些机器试验新方法、处理诸如原型设计之类的一次性小项目。服务公司的工作对那些不必或不能独立负担 3D 打印业务费用的小企业也很有价值。一些人从这些服务公司的成功中进行了推断，设想了一个未来可能出现的场景，即大多数增材制造技术会被成千上万个独立经营的小型店铺所使用，它们将作为承包商为大型企业设计产品，并最终实现产品销售。

服务性的小型店铺成为 3D 打印未来的想象与"创客迷思"并不完全相同。但两种猜想都认为，独立人士和独立的小型组织将主宰制造业的新世界，从大公司手中夺走大部分权力和创新力。

从某些方面来说，这个愿景挺吸引人的。然而"创客迷思"忽略了许多令产品和公司在拥有数亿用户的世界里取得成功的力量，即品牌、营销、广告，以及通过大众媒体和社交网络在全球传播的销售信息。它无视有利于大公司的学习曲线收益，以及只有大公司才能加以利用的不对称信息优势和网络效应。它也不关心数字制造平台在运行基于增材制造的供应链时，通过协调、优化和预测需求，能够为大公司带来成本节约的现实。它还忽略了以下的事实：具有"大钱袋"优势的大公司已经为 3D 打印投入巨资，新产品研发费用大幅增加，而创客运动之初形成的个体工匠的创新优势正在逐步缩小。

至于服务公司和独立的小型制造工厂可以以大公司的承包商的身份长期运营，进而成为增材制造业的主要发生地的想法同样是短视的。原因很简单。首先，面向全国或全球市场的大型公司能够根据需求的变化迅速生产数十万乃至数百万件产品，而这样的生产水平是数量数以千计的小型生产商难以达到的。

其次，这种想法还必须解决为成百或数千家独立供应商建立并维持严格统一的质量标准的问题。即使软件程序和打印机是一模一样的，空气质量、温度、湿度、海拔、清洁度和处理方法等难以精确控制的变量，仍然会对生产的精细细节产生不容忽视的影响。当来自多个来源的零件需要被组装或被用于某个标准化工艺时，这些细节就会带来很大的不确定性。

技术的进步，如改进用于监测和处理环境变量的软件程序，并不能解决这些问题。人的因素始终会发挥关键的作用。只要人有偷工减料的行为，例如在质量控制软件发出警告信号时选择忽视，那么将生产外包给数百家小制造商就会存在风险。由大型公司组织和经营的规模较大的工厂，由于需要保护自身的声誉，将始终是更安全的选择。

最后，小型的 3D 打印公司还面临着其他竞争劣势。大多数创客能够负担的低价小型打印系统只提供有限的功能。随着新研发的增材制造机器开发出更强大的功能，适用于更多类型的原料，并且可以打印更多尺寸的产品，它们要负担的成本还会不断攀升。与创业者或小型创业公司相比，只有大型企业才能负担得起这样的成本。

当涉及复杂的混合制造系统时，成本问题就变得更加严峻了。这些系统不仅包括 3D 打印机，还包括能够根据精确的时刻表移动待成品的机械臂、传送带和龙门架，先进的干燥和后处理系统，以及向人工智能程序反馈数据的众多传感器。与传统汽车制造商或航空航天制造商的巨型工厂相比的话，新型工厂规模更小，成本也低得多，但它们的产能仍然远远超出了大多数创客在小作坊中制造的产能。

正是因为增材制造小型店铺的这些缺陷，许多在 3D 打印技术早期崛起的服务公司开始在 Stratasys 这类大企业旗下合并。大型化提供给小企业的竞争优势太多，它们根本没办法不接受这一诱惑。

"创客迷思"并非全无现实基础。业余爱好者和工匠的确能够以许多创造性的方式使用廉价的小型增材制造系统。他们生产的一些产品对于小众市场也确实很有吸引力，有些产品甚至有可能影响更多群体的品位，正如低成本电影和流行音乐有时会吸引到大批粉丝，并塑造出超出人们预期的独特风格。在这个意义上，创客运动很可能还会持续下去，为有艺术天分的个体提供一个愿意支持和鼓励他们创作的社群。同理，按需为公司提供小规模 3D 打印的服务型店铺也将继续发挥一定作用，正如商业街里的复印店可以为附近的小企业和个人提供方便的打印服务那样。

然而，想象一下，一个一次只能生产几件东西的小作坊，很快就能进化为向有着数百万用户的市场提供商品的主要源头，这显然根本不现实。

　　发轫于 18 世纪的工业革命、持续增长的世界人口以及交通业和通信业的进步，共同缔造了 19 世纪以大规模市场为标志的时代。威廉·莫里斯（William Morris）等艺术家和工艺美术运动的代表人物，在那个时代的尾声呼吁抵制大规模生产，但他们丝毫不能阻滞这一趋势。对"一次只有一件"的生产方式的留恋无法改变今天经济全球化的严正现实。长期来看，增材制造技术的发展也不可能扭转历史的潮流。泛工业革命的逻辑以及它将会开启的良性增长循环的力量，将使大型化的趋势变得无法抵抗。

本章回顾

THE PAN-INDUSTRIAL REVOLUTION

泛工业企业的独特优势

增材制造消除了范围经济和规模经济之间原有的对立，使制造商能够同时利用二者的优势。这样一来，制造商不仅能够在任何地点生产几乎任何产品，还可以达到以前难以想象的质量水平和效率水平。

各个企业开始使用增材制造和数字平台，来达成对范围经济、实时变化、产品定制化、多种流程效率、复杂的产品设计、本地化生产以及其他新技能的充分利用。

从经济发展逻辑的角度看，工业平台以及在它们的推动下不断扩大、特别灵活与高效的增材制造系统，有可能会演变出一些持续扩张、吞噬一切的工业巨头，我称之为"泛工业企业"。

泛工业企业具有以下独特优势：

- 信息优势
- 速度和灵活性优势
- 创新优势
- "大钱袋"优势
- 商誉优势

泛工业企业将变得智慧、敏捷、富有，具有高度的创新性且备受尊

敬，因此绝不可能失败。泛工业公司将成为商业世界从未出现过的超级
巨无霸。

正如第一次工业革命造就了许多主宰商业世界长达数十年的企业巨
头，如杜邦、通用电气、福特、柯达和美国钢铁等公司，泛工业革命也
可能培育出一批在未来许多年里将占据经济舞台中心位置的巨型企业。

泛工业革命的逻辑以及它将会开启的良性增长循环的力量，将使大
型化的趋势变得无法抵抗。

THE PAN-INDUSTRIAL REVOLUTION

当商业巨头统治全世界：
经济格局的重构与竞争性质的演化

How New Manufacturing Titans Will
Transform the World

　　本书的第一部分介绍了一些正在改变制造业的新技术，包括不同类型的增材制造技术和工业平台的崛起。第一部分也解释了这些新技术如何为制造工艺和生产能力带来了深远的变化，例如各个行业实现前所未有的范围经济和规模经济的能力。第一部分还讨论了这些新能力促使泛工业企业这种新型公司崛起的原因和方式。

　　接下来，我将在第二部分探讨第一部分所描述的种种变化的竞争性后果。这一部分将会指出增材制造技术及其能力的转变最终将如何改变经济格局和竞争的性质。这一部分将介绍那些我们可以预想到的不同种类的泛工业实体以及每种实体的特征，并阐释它们将以何种方式出现和演化。这一部分还会解释将新制造业时代最强大的公司与过去几十年中占主导地位的公司区分开来的显著特征。

　　这一部分将会告诉读者，为什么在经历了一段"超级竞争"的时期之后，"可持续竞争优势"的固有概念近乎绝迹，而现在可能会重新出现"可持续优势"的各种新形式。我会分析在未来几十年将占据主导地位的巨型泛工业企业，以及在其阴影下努力生存的其他公司将会采取哪些新的竞争方式。我还将说明"超级融合"这一新现象将如何迅速侵蚀企业功能、单个公司、市场和整个行业之间的界限。实际上，"超级融合"将把世界经济变成一个单一的无垠海洋，只有泛工业企业才能在其中自由遨游。

　　最后，这一部分将指出泛工业企业将如何给民主政府带来新的挑战——美国退回到镀金时代，托拉斯建立者和托拉斯破坏者之间为财富和政治权力而斗争。泛工业化将驱动难以想象的巨大变化，如失业率达到前所未有的水平、全球贸易模式的震荡变化。我们将会看到许多输家，以及少数非常大的赢家。我将一一讨论这些挑战，同时揭示出泛工业巨头时代可能带给普通消费者的巨大潜在利益。

新角色：透视泛工业企业的世界

THE
PAN-INDUSTRIAL
REVOLUTION

How New Manufacturing Titans Will
Transform the World

2027 年 4 月 2 日，星期四，清晨 6 点。一如每个工作日，玛丽·拉米雷斯（Mary Ramirez）的智能枕头开始轻轻地振动。它没有发出什么声音，甚至连玛丽的猫也不理会这安静的嗡嗡声。但这足以唤醒玛丽，她一直睡得很浅。就像每个工作日一样，她在 60 秒内翻身下床，走向厨房，准备投入新一天的工作。她是通用金属公司的首席平台官，该公司是一家发展速度世界排名第三的泛工业企业。

给自己倒第二杯咖啡的时候，玛丽轻拍了一下摆在厨房台面上的金银双色圆顶数字助理。这个小东西是通用金属公司生产的产品。"早上好，特雷莎！"她说道，"今天有什么安排？"

"早上好，玛丽！"一个友好的、略带意大利口音的声音应道。"今天是 4 月 2 日，你到通用金属公司工作 5 年了。周年纪念日快乐！今天你有以下安排：日常业务回顾；10 点钟与设计管理人员开会，审查第三代创成式设计的实施情况；与彼得·金（Peter Kim）共进午餐，讨论其公司加入通用金属平台事宜；参加关于进军水处理设备行业可能性的战略会议，以及为下个月在日内瓦的立法听证会做准备的辅导课程。"在一阵短暂的停顿之后，像往常一样，特雷莎做出总结性发言："即使按照你的标准看，玛丽，今天也会是非常充实的一天。最好把第二杯咖啡喝完！"

玛丽笑了。"谢谢，特雷莎。回头再聊！"她朝公寓门外走去。

5周年纪念日——她几乎忘记了！当坐电梯下楼时，玛丽回想起自己刚进入通用金属公司时的那几个星期。她还记得自己走到哪里都能看到通用金属的标识。这些标识早就被安置在那些地方，只是她以前没注意而已。她公寓里到处都是这个标识。从厨房里的咖啡机到电压力锅，从墙上的组灯到每个房间的显示屏，它几乎遍及每个角落。出了家门，她发现它出现在电梯的控制面板上、街道对面的广告亭外框上，甚至在她叫来的无人驾驶出租车的铭牌上，那块铭牌上写着"通用金属旗下品牌 Zephyr 汽车"的字样。她想起当时自己心中暗暗对成为这一组织的成员而感到自豪。通用金属公司在全球拥有超过 100 万名员工，生产了许多人们日常生活所必需的产品。

玛丽来到自己的工作场所，那是一座由金属、玻璃和混凝土构成的、嵌有通用金属公司标志的流线型建筑，只有两层楼高，在科罗拉多州丹佛市中心占据了不到半个街区的面积。对于这样一家强大且影响力无处不在的公司来说，这幢建筑算不上一个令人印象深刻的存在，它只是通用金属公司在丹佛地区的 8 000 来名员工所使用的 78 处设施之一。作为公司级别最高的 20 名高管之一，玛丽可以自由决定在任何她认为符合自己生活方式的地方工作。作为狂热的滑雪爱好者和徒步旅行者，她选择了丹佛。当然，她几乎一半的时间都花在访问通用金属公司世界各地业务点的路上。她还要定期和行政团队其他成员一起参加在威斯康星州密尔沃基市郊的公司总部举行的会议。与美国从前"铁锈地带"的其他城市一样，密尔沃基正感受着这一场泛工业革命带来的复兴，这场革命将制造业从一个奄奄一息的行业转变为蓬勃发展的新兴经济部门。

7 点 20 分，玛丽已经在自己的办公室里安顿下来，窗外是巍峨的群山。通过桌上的发射器，她与特雷莎再次联系。前一天晚上离开办公室时，玛丽已经打开了制造执行系统，在夜间将全球生产系统设置为完全自动的状态，由智能机器运行基于人工智能和物联网传感器的智能 3D 打印机。整个流程就像关掉她办公室的灯一样简单。

现在，玛丽像往常一样，通过登录通用金属公司的全球活动平台（Global Activities Platform，GAP），开始了一天的工作。该平台的摘要页面显示在占据了玛丽办公室整整一面墙的大屏幕上，它展示的是一幅有着鲜艳色彩的世界地图。大约 1 100 个闪烁的光点代表着通用金属公司在 140 个国家的生产设施，而连接这些光点的、不断闪烁跳动的线条则代表着原材料、在制品和制成品正从一处向另一处转移。仪表板上密密麻麻的刻度盘展示着这个制造生态系统的当前状态，以及它在过去 24 小时内的表现。

玛丽刚从一家较小的制造公司转入通用金属公司时，花了几周时间才掌握了屏幕上各种颜色、符号和图案的含义，但她现在已经能够非常熟练地接收和解释这些视觉信息了。登录后，她只要花几秒钟时间就能发现其中潜在的问题和机会。今天早上，她按部就班地先花 15 分钟查看了公司最大的几十个供应中心的利用率和效率评级。那些闪烁着的绿色、黄色、橙色和红色的光点，让她从视觉上即刻觉察到哪些工厂正在满负荷运转，哪些没有。就今天而言，只有 3 家工厂需要关注，代表它们的光点正闪着红光。玛丽迅速锁定它们，简要地诊断了明显的症结，诸如工人短缺、停电之类的原因，并向当地经理口述了简短的指令，给出改善建议。她满意地注意到，这方面没有什么棘手的困难。

"特雷莎，"她说，"请给我看看夜间的生产调整。"

屏幕突然变了。大多数光点和线条都消失了，取而代之的是一个简单的图像，其中大约 90 个发光点代表了过去 10 小时内生产计划发生过变更的地点。玛丽可以通过点击其中一个地点或向特雷莎说出该地点的名称及编号来调取详情。大多数变更只是稍作调整，是由 GAP 根据市场波动、生产问题或经济变化自动实施的。举例来说，位于西非的 38 家工厂中有 6 家得到指示，要将生产从拖拉机和其他农用设备转向运动型自动驾驶汽车，因为通用金属公司本周推出的新型跑车，意外地获得了强劲的需求。而在雅加达，反政府示威者的街头抗议延缓了 7 家通用金属公司工厂的运输物流，因此它们的生产配额被转移到了附近的工厂。

最令玛丽痛心的是，她得知加利福尼亚州北部的一场泥石流严重破坏了一家生产飞机零件、汽车发动机、洗衣机和其他商品的工厂，并至少摧毁了 12 名通用金属公司员工的住房。当然，生产已被迅速转移到当地附近的工厂，但玛丽还有其他要关注的事。"特雷莎，请确保我们正在向该地区运送食物、水、药品和其他物资，以及我们已经为任何有需要的人提供了临时住所，"玛丽说，"要把我们的员工及其家属放到优先项的最高级。如果需要，就切换到另一个仓库，但要确保将库存重新分配到最具经济性的地点。"

"已经完成，"停顿片刻后，特雷莎回答道，"货运无人机已经向当地一所高中运送了 3.6 吨物资。这所高中由我们的'加利福尼亚州社区委托'非营利性子公司管理。6.4 千米外的一座通用金属公司的仓库被临时设置为提供床位、淋浴设施和食物的庇护所。入住的成员包括成人 27 名、儿童 13 名、狗 6 只、猫 4 只，以及鹦鹉 1 只。"墙上的显示屏展示了身穿印有通用金属公司标志的黄色连体服的工人的照片。他们正在搭建帆布床，卸下成箱的食物，向脸上还带着泪痕的孩子们分发毯子和毛绒玩具。

玛丽满意地说："谢谢，特雷莎。请在今天晚些时候继续更新。"

整个上午，GAP 显示屏只突出显示了一个需要玛丽注意的拟议生产变更。屏幕上跳出这样一幅画面：一个身穿亮绿色尼龙运动衫和短裤、充满力量感的少女，在一个坡度很大的陡坡上滑着 3D 打印的电动滑板。旁边的解释文字是，在首届"通用金属公司竞技滑板挑战赛"中，安杰利娜·杰奥尔杰斯库（Angelina Georgescu）目前领先 29 分，赛事将在两小时内结束。如果安杰利娜如愿以偿地赢得比赛，她的胜利很可能会带动市场上对她所用的这款全新电动滑板的需求。那是通用金属公司的创成式设计团队 11 天前发布的一款双轴超柔性滑板。GAP 平台建议墨西哥和加拿大的 6 家工厂在未来 3 天内向零售店交付 5 万块新滑板。"如果这些滑板卖完了，"特雷莎接着说，"我们可以调动全球产能，在下周这个时候再交付 10 万块 3D 打印滑板。你要这样做吗？"

玛丽沉思着。安杰利娜的名字听起来很熟悉，于是她点击了这位选手的照片。屏幕上亮起了十几张年轻的安杰利娜在布加勒斯特、维也纳和布拉格参加电影首映式和艺术晚会的照片。她披着一头蓬乱的螺丝卷发，头发染成了令人惊异的紫罗兰色。一段文字说明指出，这个罗马尼亚女孩已经在本国青少年中吸引了一批崇拜者。玛丽对特雷莎说："在计划中增加 3 家东欧工厂，并将产量再增加 2.5 万块。加好这些变动，该计划就获得批准。"

在玛丽工间休息的 5 分钟里，GAP 平台的数字信息画面逐渐消失，取而代之的是落基山脉一条小径的全景图。她坐了下来，深深地叹了一口气，回想自己竟然已经加入通用金属公司这么久了。她之前在位于中国台湾的奇真构件公司（Qijan Components）担任生产经理，在大部分工作时间里，她都在想办法提高单个工厂内部的效率，例如为机器、装配线和供应路线开发更好的布局。不过，在通用金属公司，这类问题几乎都是在嵌入 GAP 平台的系统优化 AI 工具的帮助下解决的。现在，玛丽要以更大的格局关注如何使分布在全球各大洲的 1 000 多家工厂提升性能。这个工厂名单甚至包括了她此前任职的奇真构件公司旗下的 3 家工厂。它们在两年前加入了通用金属公司的平台。

10 点，当地设计管理团队的 3 名成员来到玛丽的办公室，参加她今天的第一场重要会议。公司正在全球平台上实施第三代创成式设计，玛丽称之为"创三代"。他们今天将在会议上审查它的进展情况。另外 6 位经理使用微软的全息眼镜登录一个虚拟现实房间，分别在波士顿、巴塞罗那、开罗、安卡拉、悉尼和上海参会。玛丽知道这次会谈可能需要小心处理。全公司的设计师们都理解并欣赏创成式设计带来的好处。借助只有增材制造才具备的独特的分子级制造能力，这些新设计违反常规，超出常人想象，堪称奇思妙想。正在帮助安杰利娜·杰奥尔杰斯库即将取得胜利、获得世界赞誉的新滑板就是最新的范例。与地球上任何一家公司一样，通用金属公司的成员有理由为他们能够迅速而巧妙地创新滑板的色彩设计和轻质耐用的蜂窝结构而感到自豪。而且，他们知道创成式设计是其中发挥了重要作用的一个因素。

但是，"创三代"计划的实施，不仅仅是零件或组件，而是整个新产品及其生产计划，都将由配备人工智能和机器学习的计算机及打印机组合来构思、设计和制造……这个想法甚至让通用金属公司的资深设计师们感到担忧。这一举措是否最终会使具有创造性的人类设计师变得多余？

玛丽仔细听着团队的每个成员提交的进度报告。正如她所料，目前的进展是好坏参半。虽然没有一个管理人员坦率地谈到当地设计师的消极态度，但玛丽感觉到，"创三代"全面实施过程中的一些延误正是源于这种阻力。在半小时之内，会议室里的不确定和焦虑的气氛悄然产生。

玛丽在连线通用金属公司埃及研究小组负责人哈尼·奥兹曼（Hany

Ozman）的时候，事情取得了突破。她知道哈尼是"创三代"最热情的支持者之一。她一直希望他的团队能做这场实验的先锋，向公司里的每个人展示它能带来的好处。现在哈尼成功地做到了这一点。

哈尼用 10 分钟描述了他和设计团队在过去两个月里如何在所有业务中全面实施了"创三代"。"结果是惊人的，"哈尼说，"新应用将我们的创新力提高了 40%。在去年 2 月至 3 月，我们推出了 478 种新产品。但今年，在同样的时段里，我们推出了 669 种新产品，而且品质更佳！其中 127 种新产品成为同类市场中最畅销的产品，如新款浴室橱柜、改良版家用垃圾压缩器、飞机货运存储系统等。"伴随着他的讲话，在他身旁的屏幕上跳出了一个又一个突破人类想象的 3D 打印设计。

"最重要的是，我的员工喜欢它。3 个月前，我这里最好的设计师麦格迪，你知道的，那个在麻省理工学院获得所有奖项的聪明孩子，威胁说如果我们坚持使用'创三代'，他就会辞职。现在他每天都在黄色便签本上罗列出各种创意，想出各种疯狂又富有想象力的挑战让计算机来做。他非常感谢我迫使他将这些升级到'创三代'的设计框架里！"

哈尼的报告立即扭转了会议室里的气氛。玛丽看到团队成员脸上的怀疑和焦虑渐渐消失。她对着屏幕上哈尼的头像感激地笑了。"谢谢你的报告，"她说。

"不客气，玛丽，"哈尼回答说，还向她眨了眨眼，好像在说，"你欠我一个人情。"玛丽点了点头，并在心里默默记下，下次去开罗的时候，一定要请哈尼出去吃顿大餐。

会议继续进行，但气氛变得欢快了很多。玛丽发现自己的思绪飘向了今天接下来的行程。她将与彼得·金共进午餐，游说他带领其公司加入通用金属的商业联盟。她已经计划把彼得介绍给她在奇真构件公司的几位前同事，他们可以告诉他在加入通用金属公司平台后，他们的公司在生产力、速度和灵活性方面如何实现了飞速的发展。现在她又在考虑，她是否应该让彼得联系在开罗的哈尼·奥兹曼，因为哈尼不但可以让彼得对"创三代"的潜力感到兴奋，同时也能让他了解通用金属在实施"创三代"这一方面大大领先于其他泛工业企业。

午餐后，玛丽要与一个执行团队讨论如何进入一个新市场，即水处理设备市场，销售对象一般是市政当局和大型公用事业公司。与 Additive BioTech、Omnium Engineering、Local Globalistics、MacroNanoBuild 和 Synthesis 等大型泛工业企业一样，通用金属公司也要无休无止地辩论应用多元化策略的合理范围。玛丽要负责对某个新行业是否符合公司现有资产的范围机制发表意见。玛丽已经通过通用金属平台采集的数据了解到一些很有见地的用户观点和预测分析。但正确的答案可能只有通过反复试错才能找到。

玛丽见过相当多的过度扩张的案例，这使她对扩张采取相当审慎的态度，特别是在新客户群与公司现有客户群存在显著差异的情况下。不过通用金属公司一直以来都在为地方政府和大型公用事业公司提供服务，销售的产品包括车队车辆、道路建设和维护工具、发电机械等。平台数据使她感到销售水处理设备会是公司业务的自然延伸。对于 GAP 平台的了解也使她坚信，GAP 平台和增材制造设备能够轻松应对与新产品线相关的任何设计、生产和物流上的挑战。玛丽以及执行团队当天下午的讨论将会很有趣。

这一天最终以玛丽最不喜欢的一项活动来宣告结束。由于即将于明年 3

月在世界立法大会经济活动委员会作证，她要参加特意为此准备的辅导课程。玛丽在读研究生时选择以运营管理作为自己的研究领域，但完全没有料到有一天要涉足政治。与其他泛工业企业一样，通用金属公司的规模已经变得如此之大，影响力如此深远，世界各国政府不可避免地感到压力，认为要对其活动进行监督、管理乃至在必要的时候加以控制。反过来，泛工业企业也感到有必要进行广泛的游说活动，以维护其特权，并试图影响对商业利益特别是泛工业企业的利益较为友好的立法。

因此，在玛丽受邀加入通用金属公司的管理团队时，首席执行官费利克斯·格兰凯利（Felix Granchelli）不经意地提到："当然，我们也希望你能把自己当成公司的形象代言人之一，特别是在需要解释我们的日常运营对当地经济产生的影响的时候。我也要在我们最大的国际市场里履行同样的职责。"

在随后的5年里，玛丽明白了作为公司的代言人意味着什么。她必须定期应邀在国家、地区和全球级别的政府机构面前就即将出台的立法提供证词。这意味着她要花大量时间预先准备和出差。立法者总是喜欢当面质询这些有权势的企业高管，而不是通过视频会议的方式来取得证词。当然，大多数的这类工作只是在演戏，为了向国内的选民展示这些民选官员在"强硬"地捍卫公众利益并对抗强大的泛工业巨头。鉴于泛工业企业掌握着堪与许多国家相比的经济、社会和政治权力，这一切只是它们必须为之付出的代价。

在"创三代"会议接近尾声的时候，玛丽飘走的思绪再度被拉回了现实。"感谢大家的精彩报告，"玛丽说，"我们下个月还是这个时间开会。我期待听到更大的进展。"

抢在参会的成员退出之前，特雷莎的声音插了进来。"抱歉，玛丽，"它说，"但我必须介绍一位惊喜嘉宾——我们的首席执行官。"

这时，屏幕上突然浮现了费利克斯·格兰凯利的笑脸，他是会议室里每个人的终极汇报对象。费利克斯的履历非常出色，他不但是化学和材料科学的双料博士，还精通4种语言——英语、德语、意大利语和西班牙语。透过他的左肩，可以看到在他的办公室的窗前，摇曳的树枝上布满了淡粉色的花蕾，威斯康星州的春天已经来临。

"早上好，玛丽！"费利克斯说，"很抱歉打断你的会议，但我想你和你的团队今天早上或许能给我一分钟时间。"

玛丽定了定神，说："当然可以，费利克斯。我想你会想知道我们在'创三代'方面的最新进展。"

"当然！"费利克斯回答说："不过，我们改天再谈这个。现在，我有一件更重要的事情要处理。特雷莎，你已经做了必要的安排吗？"

"是的，先生。"特雷莎回答说。这时，办公室的门被推开了，一个面带微笑、身穿白夹克、戴着厨师帽的服务员推着一辆小车走进来，车上放着一个3D打印的数字5形状的粉色大蛋糕。

玛丽团队的3位成员咧嘴笑了起来。"周年纪念日快乐，玛丽！祝你年年快乐！"费利克斯表达祝福。服务员开始切分蛋糕，递给大家。

玛丽既高兴又有点尴尬。她假装沮丧地喊道："费利克斯，你最坏了！这会彻底毁掉我的午餐。"然后她挖了一大块蛋糕塞进嘴里。

泛工业企业拓展的 3 种模式

在第 6 章，我介绍了泛工业企业，并说明了它们为何如此重要。通过了解通用金属公司的首席平台官玛丽·拉米雷斯的一天，读者可以从企业内部的视角初步了解泛工业企业的运营方式。现在，让我们后退一步，来认识一下泛工业企业的本质特征，以及它与其他类型的大型公司的区别。

泛工业企业有 3 个关键特征：

- 它的经营横跨不同行业，生产的产品也能覆盖多个行业。
- 它的大部分生产依靠增材制造技术，充分利用了增材制造带来的范围经济和规模经济的优势。
- 它使用工业平台来连接和优化其运营的跨行业工厂。

这 3 个要素使泛工业企业在向多种商务活动扩张的同时，特别善于通过共享工业平台、增材制造生产中心和关键供应商，达成多个产品和业务之间非同寻常的运营协同效应。

相比之下，业务集中的传统企业不具备这 3 个特征。企业集团虽然是跨行业经营的，但不一定会应用增材制造技术，也没有平台来优化跨部门的生产。企业集团曾尝试协调其跨行业的生产，但结果要么是彻底失败，要么是发现为此付出的成本远远大于收益。

投资工业 4.0 并采用人工智能、万能机器人和物联网等新技术的企业，有可能使用也可能不使用增材制造技术，而且它们很可能还不具备开发数字平台来优化生产的能力。如今，几乎所有有一定规模的制造商都在用复杂的信息系统来监测和调整其运营，但这些系统缺乏真正的优化跨行业运营的能力，也无法同时实现范围经济和规模经济所带来的好处。

平台当然是苹果、亚马逊、Alphabet 和 Facebook 等大型科技巨头的一个核心特征，但这些公司仅利用平台优化销售和营销工作，而非生产能力。你可以认为这些公司用平台创造了有价值的服务，如 Facebook 推出的用户生成新闻推送，但这些服务更多地是基于信息，而不是基于物理产品。

想必你一定会发现，上述科技巨头都不是泛工业企业，因为没有一家公司同时具备泛工业企业所特有的 3 个基本特征。

泛工业企业的运营将处于多元化的最佳区域。为了充分利用范围经济，它们一定不会仅局限于一些相关的产业。泛工业企业将专注于制造业，而不是信息类的产品和服务，并以相关类别的物理产品为基础进行不同的专业化经营。某个泛工业企业可能会专注于消费电器，另一个泛工业企业则可能会专注于高科技电子产品或 B2B 市场的重型设备。一些泛工业企业甚至是以只使用特定类型材料为特征的。前面虚构的通用金属公司就属于后一种情况。

截至 2018 年，一些公司已经开始着手落实定义未来泛工业企业的 3 个关键特征。但到目前为止，还没有一家公司能够充分利用它们来创造范围经济和规模经济，从而推动泛工业企业的经济主导地位。不过，支撑泛工业企业的经济逻辑和战略逻辑已经逐渐清晰。该逻辑的一个关键因素就是打破曾经被认为是界定和限制公司性质的那些障碍。

就许多人对商业世界的简单直接的看法来说，大多数公司都可以由一个品牌外加一种产品来代表。在这个被简化的商业世界里，福特等于汽车，星巴克等于咖啡，匡威等于运动鞋，乐高则等于玩具积木。如果将这个定义的条件放宽一些，一些公司也可以由一组密切相关、在同一个基础市场进行销售的产品来代表。宝洁的标签是在超市出售的肥皂和其他生活必需品；科勒只出售建筑或装修用的水槽、马桶、龙头和其他厨卫用品；索尼的标准产品是娱乐化的电视、游戏机、相机等电子设备。许多伟大的企业都是以这种线性的、易于理解的模式成长起来的。

然而，今天越来越多地主导商业世界的那些公司，其产品、市场和活动无法被如此简单地定义。市场、产品类别和公司类型之间的边界正在迅速变得模糊。现在的企业往往很随意地进入曾经让它们犹豫不决的竞争领域。

在网络世界可以看到一些典型案例。亚马逊不但进化为"销售万物的商店"，还成为电子设备和企业云计算服务等业务的主要参与者；Alphabet 最初以谷歌搜索引擎为核心，但现在业务已扩展到无人机送货服务、自动驾驶汽车等多个领域。

THE PAN-INDUSTRIAL
REVOLUTION
翻转世界的超级制造

一些不可思议的跨界行为

模糊边界的行为并不限于以网络为其业务方向的公司。越来越多不那么显眼的突破边界的企业正在涌现。其中有许多工业企业，它们正在通过建立由联盟、投资和伙伴关系组成的复杂生态系统，获得以其他方式难以取得的资源、信息和市场。正如前文提到过的，捷普是一个突出的范例。它正在努力与越来越多的公司合作，以便将自己的业务扩展到新的地域、技术领域、工艺、商务活动和市场。

　　另一些企业的跨界行为，可能会更让你感到惊讶。例如，你可能习惯于将老牌制造公司康宁与一项相对简单的业务联系在一起，即康宁以生产玻璃闻名。康宁最早成立于 1851 年，当时的名字是海湾州立玻璃公司（Bay State Glass Company），在接下来的一个多世纪里，康宁玻璃厂（Corning Glass Works，此名一直被沿用到 1989 年）因研发出多种特种玻璃而闻名，从爱迪生最早发明的灯泡、玻璃－陶瓷性质的派热克斯耐热玻璃到康宁餐具所使用的玻璃都是康宁玻璃厂生产的。

　　然而，今天的康宁透过合资、合作和投资关系正在向催化转换器、光缆、干细胞研究用玻璃、无线网络天线和战术导弹弹头等领域扩张其影响力。与此同时，康宁仍在涉足与玻璃有关的行业，例如担任苹果的 iPhone 触摸屏的主要供应商。因此，康宁仍然在生产玻璃，但它的触角也伸向了许多其他的行业。

　　类似地，你可能认为莱德系统是一个业务相对简单的公司，将莱德系统与运送业务画等号。但目前，莱德系统已经与德尔福汽车系统、丰田通商（Toyota Tsusho America）、Frigidaire 和曼斯菲尔德清洁能源（Mansfield Clean Energy）等公司建立了合作关系。它们正在共同开发技术和管理解决方案，以应对物流、仓储、能源效率和车辆自动驾驶方面的挑战。莱德系统依然主打运送服务，但它正在迅速突破以往的界限，提供更多其他类型的服务。

　　一些公司利用突破界限的联盟来克服实质的地理界限以及行业界限。以日本领先的移动电话运营商 NTT DoCoMo 为例。在传统观念中，DoCoMo 的名字等同于日本电信业务。现在，DoCoMo 开始与许多公司建立合作，比如与谷歌合作，为 DoCoMo 客户观看 YouTube 提供便利；与任天堂联手开发和发行视频游戏；与通用电气一起开发一项结合两家公司技术的新物联网工具。此外，DoCoMo 还组建了一个国际电信公司网络，包括位于中国台湾的

KG 电信、位于巴西的 Tele-Sudeste、位于马来西亚的 U Mobile
和位于印度的 Tata Teleservices。在这个边界模糊的新世界里，
DoCoMo 不会受到国境线的限制。

这些突破边界的企业代表着未来，而下面要介绍的一些技术将推
动它的实现。新的增材制造系统和新兴工业平台的力量将使捷普、康
宁、莱德和 DoCoMo 之类行动迅速且掌握大量信息的公司更有机会
成长为泛工业企业。

泛工业企业将管理由用户、供应商、分销商构成的生态系统以及其他与
其内部的公司有关联的企业，提供对制造系统的接入、消费者服务以及针对
内部公司的服务和信息。这些泛工业企业将专注于发展配备有由中央驱动的
指挥和控制型平台且有着紧密联系的组织。它们会有中央集权式组织通常表
现出的缺点，容易因总部的短视或对控制企业的团队的错误判断而受蒙蔽。
但是，它们也具有许多巨大的优势，其中最重要的是具有很高的协调性，能
够基于市场变化迅速、灵活地调整方向。

未来几十年里，新兴的泛工业企业可能会采取 3 种形式：

- **泛工业公司**——基于工业平台建立灵活的供应链和强大的商业生
态系统的单一公司，能够实现比当下任何公司更大规模的产品多
样化。
- **泛工业联盟**——由独立公司组成的松散网络，这些公司共享一个
工业平台以及市场数据和金融资源等精选的附加资产。
- **泛工业集团**——一个紧密联系的企业集团实体，其中的会员企业
共享一个工业平台，由一个核心机构负责协调整个集团的整体战
略、市场目标和财务目标。

现在，让我们来逐一了解这些组织形式。

泛工业公司

随着企业开始紧密整合它们现有的商业生态系统，"泛工业公司"在近期将分阶段地出现。当单个的公司采用增材制造技术、数字化的控制工具以及其他技术创新，以一些长期以来被认为不切实际的方式扩大其制造能力时，第一阶段就开始了。所谓的"泛工业公司"随之涌现，即单一公司利用增材制造和工业平台能力，实现当今任何一家公司都做不到的、更广泛的产品多元化。

在泛工业公司中，大多数传统企业中的竖井式结构①将基本消失，取而代之的是合并职能部门的趋势。例如，研发、营销和产品发布部门可能会融合成一个单独的运营单位，因为对产品的微小调整将会以持续的实时方式进行，而不是被列入不同的"季度"或开发周期。泛工业公司在设计新产品时不再需要几个独立团队同时参与，依次移交设计工作，而是更倾向于雇用一个由具有多种才能和职责的人员组成的团队。艺术家、工程师、程序员、用户界面专家、营销人员、销售代表、服务专员等将利用联网的软件工具一起工作，协同制作新的产品设计，并迅速建立多个测试原型和样本。

耗时几个月、要借助大量管理程序以确保部门之间有效交接的产品开发过程，在泛工业公司被简化到只需几天甚至几小时就可完成。因此，新产品可以前所未有的速度被推向市场。同理，一些目前需要单独组织、运行的相关职能也可以经过紧密地整合而有效地形成一个单一部门。

---

① 指企业的各部门之间没有联系。——编者注

通过了解全球供应商捷普提供的数千种产品和道地的服务，我们已经可以依稀看到正在兴起的泛工业企业模式。美国的通用电气和联合技术、日本的住友重工和德国的西门子等世界各地的工业巨头，也正在采取行动，这显示出它们计划要走同样的路。它们正投资于 3D 打印和其他对未来制造业至关重要的技术，如机器人技术、传感器和物联网。它们也在为建立能够连接、组织和协调众多远端生产设施运作的工业平台研发必需的工具和系统。而且，正如我们所看到的，一些硅谷巨头尽管正在以 21 世纪版的加强版集团企业的模式运作，现在却跃跃欲试地要投入泛工业化的竞技场。

正如谚语所说，创造未来是预测未来的最好方式。不准备创造未来的人只能接受由竞争对手所创造的世界。当今最具影响力的商业巨头们决心由它们来创造未来。它们预见到了被我称为"超级融合"的未来。在这场大融合中，市场和行业壁垒是非常容易渗透的，而拥有强大分析和数据处理能力的公司可以在广泛的业务范围内运营。这充分解释了为什么它们一个接一个地准备投身于这场竞争，努力使自己成为率先成功的泛工业企业之一。

泛工业联盟

泛工业公司的出现可能只标志着泛工业企业发展的第一阶段。在第二阶段，泛工业公司将在它们周围聚集起一些由独立公司组成的松散组合，这些独立公司共享同一个工业平台以及市场数据和金融资源等精选的附加资产。平台所有者的目标是将平台向其直接生态系统以外的公司出售。这么做将带来收入，并减少开发和升级所有者使用这一平台的成本。这样出现的企业组合就构成了我所说的"泛工业联盟"。

泛工业联盟包括一家拥有和主导该平台的公司，以及一小群使用该平台的制造公司，其中有的拥有优选资格，有的受邀而来，还有的经过筛选。拥有平台的公司可以邀请或拒绝用户加入联盟。用户相互独立，而且只将选择的权力委托给平台所有者。它们享有相当程度的自主行动权，不受平台所有者和其他公司的影响，因为它们不但有独立的所有权和经营权，还有各自的管理层和独立的董事会。

这些用户公司将从访问该平台中获得极大收益。创建、运行和持续更新一个强大的工业平台并非一件易事。对许多制造业企业来说，将这项工作外包会是一个有吸引力的、成本效益高的选项。

泛工业联盟可以在某种程度上成为平台拥有者的试验场。一般来说，它必须投资建立一个能将所有用户公司无缝连接的"系统中的系统"。随着时间的推移，平台拥有者将致力于增强"系统中的系统"的实力和灵活性，从而构建起一个令用户觉得越来越有用的平台。无论是对拥有它的公司还是有访问权限的用户公司来说，这个平台能做的事情越多，它的价值就越大。

平台拥有者可以出售或出租平台软件的访问权，从交易中收费，或向其基础版和高级版的服务及软件的使用者收取订阅费。它可以设立专利库或设计图库，以换取额外的收费。平台所有者将拥有一个核心软件平台。它可能还可以向用户公司提供可应用的增材制造设施、质量标准和技术知识。用户公司通常会收到一个列有不同软件和服务的清单，根据需要进行选择。例如，用户公司可以选择是否利用平台的人工智能和机器学习能力，平台拥有者则可能会为此收取额外的服务费。

除了与用户公司建立战略性的"优选用户"或"优选供应商"关系之外，泛工业联盟还将包含更多创造价值的联系。例如，平台拥有者将有机会获得关于用户公司的大量信息流。这些数据具有巨大的潜在价值，一如谷歌目前收集和转售的消费者数据那样。这种信息共享可能是联盟守则所确定的，也可能要受限于单个的用户合同。单个用户享有的保密度和数据访问权限将是联盟用户需要通过谈判解决的众多问题之一。

有些公司也可能以一种更受限的方式与该平台建立连接。例如，作为用户公司的供应商和分销商的那些公司可能只是将它们的信息系统与平台挂钩，以方便扩展后的供应链的管理。

读者想必已经发现，泛工业联盟并不是一个紧密联结的同盟。它没有共同目标，只是为了用户公司以及平台所有者的利益而共享平台资源。

一些平台所有者选择永久维持这种泛工业联盟的结构。但对另一些平台拥有者来说，联盟的模式只代表着一个过渡阶段，它们将逐步发展成为第三种的具有更紧密关系的泛工业组织形式。

泛工业集团

最终，一些泛工业联盟会演变成具有紧密联系的企业集团实体，我称之为"泛工业集团"。

泛工业集团将围绕一个核心公司建立。该公司拥有并管理一个工业平台，并通过该平台与其他众多公司相连接。这个核心公司将拥有比泛工业联盟中的平台所有者更大的权限。它负责为整个集团制定总体战略、市场和财务目标，并发挥中央机构的作用。它拥有工业平台的所有权，邀请外部公司成为集团成员，并为其成员提供接入其增材制造供应链和其他增值服务的权利。它提供的增值服务包括采购协议、在线销售网站、联合营销工作、共享品牌、联合研发计划、共享融资机会等。

　　一些企业集团已经表现出了这些特征。通用电气建立了金融部门，而且通过克罗顿维尔中心和其他地方提供的培训项目与外部公司分享管理和技术战略。康宁投资初创企业，资助其研发项目，并与战略目标重叠的公司共享其他资源。它是当下可以被视为具备了泛工业集团雏形的另一家企业。

　　不过，当这些企业联盟进化为真正的泛工业集团时，它们的中央集权式的控制将远远高于现在的水平。由此，它们会享有今天无法想象的运营效率和其他优势。

　　泛工业集团的运作方式与泛工业联盟截然不同。泛工业集团会主动寻求那些愿意在共同事业和合资企业方面建立直接合作、利益高度趋同的成员。在这些成员公司有意愿的条件下，核心公司可以凭借增材制造能力和工业平台，承担其外包合同制造商的工作。核心公司将基于这一身份整合其主要成员公司之间的供应链和分销渠道，以获得范围经济和规模经济带来的收益，提升服务水平和质量控制水平，并取得定价优势等。

　　核心公司将控制集团中的成员资格，设定成员公司需要缴纳的费用，并认证成员公司产品和工艺的质量，以确保它们会持续使用平台。然而，核心公司对某一特定成员公司的权力并非不受任何制约。它可以基于许多因素而变化，例如成员公司的规模和声望、成员公司给集团带来的特殊价值、该成员公司与其他成员公司的相互联系、成员公司对核心公司服务的需求度等。

　　成员公司也可以脱离中央平台而进行互动，核心公司则可以通过减少运营摩擦和交易成本为这些互动增加价值。例如，核心公司将监控成员是否遵守交付标准、质量标准和其他标准。它也会提供一个快速解决冲突的论坛，通过建立更高程度的互信、简化合同、减少诉讼来降低成员之间的交易成本。现在美国运通公司在持卡人和供应商之间解决纠纷的方式与此有些类似。如果美国运通的会员在与供应商的交易中遇到问题，他可以在"核心公司"，即美国运通雇用的仲裁员指导下，通过预先商定的规则解决投诉。屡次违规的供应商可能会被美国运通的平台除名，这种处罚力度足以让大多数供应商遵守规则。同理，泛工业集团的成员公司在激励的作用下也可以做到公平竞争和对彼此负责，以维护自身的良好声誉，以及免费获取集团提供的高价值服务和信息的资格。

泛工业集团中的核心公司将为成员公司提供一系列的金融服务，如贷款、公开发行股票、股权注入等。核心公司能够获取大量关于集团成员的实时信息，如产能利用率、原材料持有量、零件和产品库存等，因此可以实现产品、零件、材料和产能的实时套利。核心公司可以根据这些信息提供衍生证券、期货、看跌期权及其他交易，帮助成员公司对冲风险或应对生产变化。核心公司还可以向经纪商收费，出售这些实时信息，从而在集团内部发展一个有限规模的金融市场。

核心公司有许多方式来提升集团的价值。例如，它可以充当协调者的角色，负责寻找商业机会以及将集团内部特定类型的供应链汇合到一起。在意大利的产业集群中这样的协调者已经出现了。在意大利的一些地区，许多有着密切联系的公司一起合作生产某个特定的产品类别中大量的各种细分产品，通常主导着意大利境内对应该产品类别的整个产业。核心公司还可以利用自有资金、成员公司的资金乃至外部投资者的资金，成立一个风险投资委员会。该委员会将投资有利于集团的各种项目，例如针对集团成员生产的产品制定新标准、开发成员公司可以使用的新技术，以及综合多个成员公司的技术来发明新产品。

最重要、但也最难定义的一点或许是，核心公司将成为泛工业集团一些活动的重心。核心公司负责执行任何关系到集团的生存和成功的任务。在集团的某几个成员公司所依赖的独特资源出现短缺时，核心公司要寻找替代来源或发明替代品。在某个关键的分销渠道因政治动荡或暴力活动而受到威胁时，核心公司将采取措施，以确保它的安全。在出现有可能损害集团品牌价值的危机时，核心公司要发动公关攻势来保护集团的品牌。

何种模式最好

上述分类法也许能够说明，泛工业企业的组织方式各有利弊，同时针对旗下公司提供的服务也表现出各自独特的优势和劣势。

泛工业公司能够最有效地控制和协调自身的活动，因为它的所有关键部门都处于单一公司所有权的控制之下。但这种一元企业结构也有其固有的弱点。例如，企业的产品范围和规模可能都受制于这样一个事实，即它的投资资本只能源自一家公司，尽管它可能是一个非常大的公司。

泛工业联盟的组织方式由于相对自由，会对许多公司产生吸引力。接受联盟管理原则的某个特定工业平台的用户可以选择它们想要购买的服务和愿意参与的活动。这种灵活性能够吸引那些重视其独立性的用户公司。不过，这种灵活性会限制联盟在其用户群体中协调多个公司活动的能力，也不利于联盟在主要泛工业市场上取得经济主导地位。它还会限制联盟的政治和社会影响力。由共享一个工业平台的多家公司组成的松散集团，在发声时却表达出多种声音，它所享有的权利当然远远比不上一个身份认同和愿景规划都高度统一的单一实体。

泛工业集团将比泛工业联盟享有更高的统一度。集团具备相当的范围经济和规模经济，包括一定的金融影响力，从而能在巨大的泛工业市场里行使巨大的权力。由于核心公司将为整个集团制定广泛的商业和金融战略，该集团将能够建立起强大的品牌形象和强有力的政治存在。

由于这些原因，未来几十年里，正在兴起的泛工业集团很可能成长为世界舞台上一些最强大的实体，对之后全球经济和社会的发展趋势产生深远影响。

对平台所有者来说，管理泛工业集团会有很大难度。让多个公司协调彼此的行动就像赶一群猫一样困难。因此，需要强有力的激励来促成合作。当某个集团成员的利益与平台所有者或集团其他成员的利益发生冲突时，平台在保持各方权力平衡的同时还要去调和这些分歧，这将会是一件非常耗时的工作。

在我描绘的这个泛工业世界中，并非每一家公司都会进化成泛工业企业。一些公司将保留今天在大多数企业中常见的特征。它们会继续为缝隙市场提供专门设计的产品，通过传统渠道进行生产和销售。然而，随着时间的推移，这些公司中的大多数或相当一部分要面临的结局是走向消亡、被泛工业公司收购，或者加入泛工业联盟或泛工业集团。被迫在其中选择一项将越来越成为企业在新时代生存下去的代价。由于泛工业企业规模和实力的增长，许多传统企业只能专注于如何使自己在一家处于领先地位的泛工业企业眼中具有吸引力，而在这之后，则要专注于如何在泛工业体系中获得尽可能多的权力。

鉴于通用电气等企业现在正面临着来自华尔街、大投资者和商业分析师的压力，后者要求它们缩小体量、集中优势，以便获得管理上的便利和取得更多利润，而我却在预测一大批做法正好与之相反的企业的崛起，这听上去不免有些奇怪。为什么泛工业企业在变得超越想象的巨大、复杂和多元化的同时，还能保持可控性和高额利润？答案要从以下几个方面来得出。

首先，得益于强大灵活的新工具，如增材制造、大数据、人工智能、机器学习、物联网，特别是工业平台，泛工业企业才能实现对规模更大、更复杂的企业组合的管理。在这些创新的支持下，企业领导人有可能以比以往快得多的速度和效率来监测、分析、协调和控制其运营。

第二，参与更广泛市场的能力将为泛工业企业打开范围经济的大门。企业集团所享有的财务协同，使它们实现了较低的资金成本，而管理协同则使它们获得了基础广泛的战略和预算规划工具及程序，泛工业企业却会在这个基础上体验到老牌企业集团无法实现的、真正的运营协同。泛工业企业所具有的灵活性、速度和广泛的市场渗透力将提升它们的盈利能力，并帮助它们进一步发展壮大。

第三，泛工业企业因参与众多市场而获得大量信息流，这本身就将产生巨大的价值，这些数据通过当下不断改进的数字工具用各种方法被剖析、研究、联结和货币化之后，它的价值就更为可观。泛工业企业收集的有关市场、价格、供应、需求和资源的数据将使它们成为具有极快反应速度的商品交易商，从而获得传统企业无法得到的利润来源。类似地，泛工业企业在风险投资、套利、货币市场投资和其他金融领域也较容易获得成功。

随着泛工业企业的种种优势开始加速匹配，美国和世界经济中的其他利益相关者将会注意到泛工业企业。大投资者和华尔街的公司将逐渐丢掉怀疑心态，加入泛工业这辆战车。分析师将认识到泛工业企业能直接从它们介入的大规模跨市场活动中收割信息优势等好处，因此他们会抑制向泛工业企业施压的冲动，不再要求它们通过拆分或资产剥离来缩小商务活动的范围。

上述因素中的任何一个或许都不足以使泛工业企业克服当下世界上最强大的多元化公司所面临的挑战。但是，它们的总和却可以做到这一点。

泛工业组织会是 21 世纪的财阀吗

读者可以看到，未来十几年发展起来的泛工业企业将是结构复杂和多元化的，而且最重要的是，它们的规模极其巨大。泛工业公司将利用增材制造和工业平台的力量，以前所未有的效率和灵活性，生产种类丰富的产品，服务各式各样的客户。泛工业联盟将把更多的制造商连接到一个单一的工业平台上，进一步扩大潜在的产品和客户范围。泛工业集团则将在一个单一的主导战略的指引下统一许多公司的活动，并通过提供高价值的财务、行政、营销、协调等服务来提升这些公司的能力。

有了这些强大的武器，上述 3 种泛工业企业的组织形式，尤其是泛工业集团，将进行令人难以置信的扩张。伴随着泛工业企业的成形，增材制造与工业平台的结合所带来的良性循环增长将进入高速发展阶段。

随着不断发展壮大，泛工业企业，尤其是其中的泛工业公司，将越来越像历史上一度主导日本经济的财阀以及地位与之相近但不太知名的韩国财阀。三井集团、三菱集团、安田集团和住友集团等二战前的日本财阀，在运作方式上与即将出现的泛工业公司很相似。每个财阀都是一家由多家公司构成的企业集团，这些公司通过互相持股而被关联在一起，共享资源和雇员，并建立了共同的战略。财阀集团中的成员资格是排他性的，由在势力盘根错结的公司董事会中占据主导地位的超级富豪家族控制。

财阀们不会彼此竞争，而是采取寡头垄断的策略，旨在使其对市场的控制、稳定度和固定的利润流都达到最大。每个财阀都通过自设的银行来提供资本和金融服务，以及向形形色色的行业开拓业务。三井财阀曾经广泛涉足采矿、纺织品制造、食品加工和生产、机械制造、进口和出口、航运等多种业务。在巨大的规模、多样性以及对业务的严格控制方面，泛工业公司与财阀十分类似。

这是否意味着泛工业企业有可能无限制地发展成为泛工业集团？很可能不会。它们继续扩大规模和产品范围的能力会受到 4 个主要因素的限制。

- **资本约束。**泛工业公司演变为泛工业联盟乃至泛工业集团的部分原因是对更多资本的渴求。一旦达到泛工业集团的阶段，泛工业企业将会建立自己的金融公司，有能力在没有外部帮助的情况下筹集投资资金。可以肯定的是，它们会有很多钱。一些企业也可以通过兼并和收购来实现规模的进一步扩大。但是，即使是最大的泛工业集团，最终也会因为继续扩张所需的天量成本而面临规模限制。一段时间之后，随着最大的泛工业集团逐渐吞并比它小的企业，世界经济很可能达到这样一个临界点，即主要由 5 个到 10 个超级巨大的泛工业集团主导。这个数字是否会进一步缩小，比如说缩小到 2 个到 3 个泛工业集团？很可能不会，因为这 10 个巨头中的每一个都过于巨大且价值不菲，单独一个与其体量相当的竞争对手也无法吞并它。
- **成员公司的抵制。**第二个限制因素是泛工业集团挽留其成员的需要。成员离开集团的权力会从内部限制集团为所欲为的行为。例如，一些成员公司可能会抵制希望加入该集团的对手或潜在对手，而集团或平台所有者可能没有能力强行批准新成员的加入。
- **政治限制。**泛工业企业无法控制的政治力量会是第三个限制因素。政府可能试图通过许可证、反垄断和其他法规来限制泛工业公司、泛工业联盟和泛工业集团的权力。我曾经说过实施这种限制并不容易，但来自政府监管部门的阻力肯定会对泛工业企业的增长前景产生一些影响。

- **技术限制。**第四个限制因素是泛工业集团增材制造资产的技术性限制。一些集团可能只具备金属打印的能力，但无法打印电子电路，另一些集团可能了解与医疗植入物有关的设计和用户知识，却不了解人体组织的生物打印。因此，泛工业企业的领导者将不得不回答以下这个世纪难题：我们是应该利用自己的核心竞争力和相关资产进入力所能及的市场，还是应该找到最好的市场机会，再聚集所需的资产和能力来把握机会？

诸如此类制约因素的存在意味着泛工业企业不可能实现无止境的增长。整个行业不会被一个单一的泛工业集团吞噬掉，而多个相互竞争的泛工业集团将建立起一些由相互关联的公司组成的不断扩张的帝国，彼此争夺影响力范围。这种持续的竞争是泛工业企业增长的又一个抑制因素。我们不太可能看到泛工业企业整合的终极阶段，即一个单一的巨型泛工业集团组织和经营整个国家经济中的所有商务活动，一如美国科幻作家爱德华·贝拉米（Edward Bellamy）在其颇具影响力的小说《回顾》（*Looking Backward*）中所设想的那样。

无论如何，泛工业企业享有的众多经济和管理优势将使它们的规模比今天最大的公司还大得多。这意味着它们将会获得超出经济领域之外的权力和影响力。

我们还是可以从日本财阀那里借鉴一些有用的经验。20世纪二三十年代，上述巨型商业集团在日本获得了巨大的政治、社会及经济影响力。举例来说，三井集团与日本陆军和"立宪政友会"（Rikken Seiyukai）关系密切，而三菱集团则大力支持日本海军和"立宪民政党"（Rikken Mitsubishi）。尽管每个政党的政治立场会随时间而改变，但日本财阀总体上利用其影响力推动了大政府计划、保守的社会政策以及以帮助财阀获得所需的资源和市场为目的的军国主义外交政策。许多历史学家认为日本财阀促成了国内以对外侵略为主张的军国主义的兴起，而这正是导致第二次世界大战爆发的因素之一。

美国将军麦克阿瑟在战后占领期间接管了日本。他把解散16个财阀列为日本经济和文化现代化总体计划的一部分。但他发现财阀制度深深植根于日本经济，很难将它们彻底拆散。更重要的是，随着战后东西方之间迅速形成冷战的局面，美国决定让日本迅速"再工业化"。考虑到这一目标，美国行政官员撤销了解散日本财阀的命令。相反，他们致力于将日本财阀和平转型为联系更为松散的商业集团。一些最强大的权贵家族被没收了资产，一些重要的控股公司被分拆，互兼董事和相互持股作为统一公司控制权的手段被宣布为非法。

于是，财阀制度让位于所谓的"经连会"（keiretsu），即一种以更松散的网络将关联企业连接起来的形式。这些在第二次世界大战后出现的新型公司集合体，允许旗下公司拥有独立所有权，但会协调它们的大部分战略并共享多项服务，如由半官方性质的银行提供的金融服务。

不管是老式财阀还是现代"经连会"，这种由密如蛛网的公司构成的体系是一种新的经济结构，西方人很少了解，也鲜有万全之策应对。正如一位学者所说，"西方企业高管常常见到的情况是，卡特尔作为公司之间非正式的甚至非法的协议，是为了控制价格和遏制彼此之间的竞争。但在日本，卡特尔是一种生活方式，经连会则是确保其持续成功的结构性工具"。

这种观点把"经连会"描述为日本文化的产物,基本上难以被嵌入西方思想的框架。然而,现在我们正站在新时代的门槛上,新的技术形式有机会在企业之间进行基本上自动、即时的协调,而且比任何产业的准卡特尔所用的协调手段都强大得多。仅仅靠文化的力量似乎不太可能阻挡这一趋势。21 世纪的泛工业企业很有可能积聚起强大的力量,堪比 20 世纪 30 年代日本财阀在日本所享有的巨大权力,而且由于泛工业企业的运营是跨越国界的,所以它们的影响力将远远超出任何一个国家的管辖。事实上,在今天技术手段的武装下,泛工业企业会像是服用了类固醇后被急速强化的财阀。

因此,全世界人民面临的最大挑战之一将是如何应对泛工业巨头的巨大影响。我们的目标不是放任泛工业巨头加剧经济不平等、环境恶化和政治权力集中等问题,而是鼓励它们利用自己的权力,实现一个更公平、更绿色、更自由、更繁荣的世界。

本章回顾

THE PAN-INDUSTRIAL REVOLUTION

泛工业时代的 3 种组织形式

泛工业企业的 3 个关键特征：

- 它的经营横跨不同行业，生产的产品也能覆盖多个行业
- 它的大部分生产依靠增材制造技术，充分利用了增材制造带来的
- 范围经济和规模经济的优势
- 它使用工业平台来连接和优化其运营的跨行业工厂

未来几十年里，新兴的泛工业企业可能会采取 3 种组织形式：

- 泛工业公司
- 泛工业联盟
- 泛工业集团

为什么泛工业企业在变得超越想象的巨大、复杂和多元化的同时，还能保持可控性和高额利润？

- 借助强大灵活的新工具，企业领导人有可能以比以往快得多的速度和效率来监测、分析、协调和控制其运营
- 泛工业企业所具有的灵活性、速度和广泛的市场渗透力将提升盈利能力，并帮助它们进一步发展壮大
- 泛工业企业因参与众多市场而获得大量信息流，从而获得传统企

业无法得到的利润来源

泛工业企业继续扩大规模和产品范围的能力会受到 4 个主要因素的限制：

- 资本约束
- 成员公司的抵制
- 政治限制
- 技术限制

我们的目标不是放任泛工业巨头加剧经济不平等、环境恶化和政治权力集中等问题，而是鼓励它们利用自己的权力，实现一个更公平、更绿色、更自由、更繁荣的世界。

08

新市场：超级融合带来持久成功

THE
PAN-INDUSTRIAL
REVOLUTION

How New Manufacturing Titans Will
Transform the World

　　商业领域的学者见证企业竞争性质的重大变化并身临其境地描述它的机会并不常见。我很幸运地在职业生涯中有机会研究这样的转变，而且不止一次，而是两次。

　　在《超级竞争》（*Hypercompetition*）一书中，我说明了全国性垄断寡头如何被颠覆性的商业模式和技术所摧毁。我还解释了那种常常与迈克尔·波特（Michael Porter）的著作联系在一起、曾被广为接受的竞争模式为何正在变得过时。波特的竞争模式基于这样的理念：公司能够创造出可持续的竞争模式，从而在几十年甚至上百年的时间里保持领先地位。然而，我认为在新兴的超级竞争时代，基于产品地位、专有技术和资源、准入门槛和财富实力而建立起来的这 4 种可持续竞争优势将以前所未有的速度被削弱。我预测，在可预见的未来，由于能力破坏式的颠覆性业务模式、组织形式和技术频繁出现，任何现有企业都无法感到安全。

　　随后几年里，我预测的大部分事情都变成了现实。许多强大而富有的老牌公司发现自己被新贵们从市场主宰者的宝座上赶走了，新贵们利用新的商业模式和彻底变革的技术，摧毁了现有公司曾经依赖的保护墙。许多成功的新贵随之发现它们自己也被新一代的市场进入者所包围。在这个颠覆和动荡的时代，只有那些将一系列暂时优势串联起来的公司才取得了持久的成功，它们采用的是不断创新的理念，这一点隐含在英特尔公司安德鲁·格鲁夫

（Andrew Grove）的名言"只有偏执狂才能生存"里。

许多公司成功地适应了超级竞争时代。另一些公司则未能成功完成转向，其中一部分公司已经不复存在，另有一部分公司仍在努力寻找出路。

现在看来，一场新的重大转变正走在路上。超级竞争的时代即将结束。可持续竞争优势的概念正在卷土重来，但换成了一种新的形式。波特式的四大竞争优势一度被认为适用于在长期竞争中取得成功，而且坚不可摧，但人们不再这样想了。基于增材制造和数字增材制造平台的新型可持续优势正在崭露头角。

如图 8-1 所示，在这个新的环境中，市场扰断的性质和频率将发生巨大变化。在波特式的旧世界里，掌握了可持续发展优势的强大公司可以强制性地维持一种平衡状态。这个世界里，市场基本是稳定的，小规模扰断虽然可以动摇市场，但基本上无法削弱领先公司所依赖的核心竞争力。

图 8-1 中上方的两张图片捕捉到的正是旧世界中扰断的本质。它们解释了通用汽车、西尔斯、IBM、AT&T、美国钢铁等大企业为何能在几十年甚至上百年的时间里一直保持行业领先地位。

20 世纪 80 年代，商界大体上跨入了超级竞争的时代，如图 8-1 中右下角的图片所示。能够摧毁大企业核心竞争力的扰断开始频繁出现。在这个变幻莫测的世界里，没有一家公司能长期处于安全状态。

图 8-1 中左下角的图片代表着我们现在进入的新阶段。我称之为"间隔均衡"，这个名词取自进化生物学家斯蒂芬·杰伊·古尔德（Stephen Jay Gould）和奈尔斯·埃尔德雷奇（Niles Eldredge）的著作。

所谓"间隔均衡"指的是在这样的时代里，稳定期不时被能力破坏式的重大干扰所打断，然后扰断将重新让位于新的稳定期。与超级竞争时代不同，运营良好、有实力的企业有时会在相当长的时间里实现并维持对泛工业市场的控制，尽管不能完全忽略它们被一场灾难性的剧变击倒的可能性。

旧的竞争模式并不会完全消失。在少数市场中，频繁的颠覆性变化仍然可能发生，正如波特式的垄断寡头仍然可以存在于某些少数市场一样。但是，不可否认的趋势是，越来越多的市场正在朝着间隔均衡的模式发展。

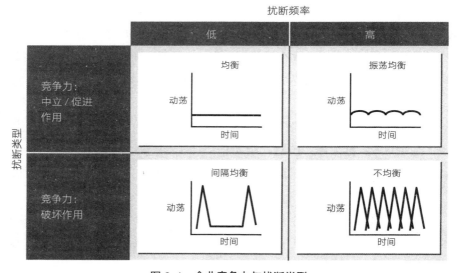

图 8-1　企业竞争力与扰断类型

注：商业世界的大部分领域现在正从右下角以超级竞争造成的不均衡为特征的市场类型，转向左下角稳定的市场被定期爆发的扰断打破为特征的间隔均衡市场类型。

资料来源：RICHARD D'AVENI. *SLOAN MANAGEMENT REVIEW*.

4 种可持续优势，企业长期成功的关键

在这个间隔均衡的新时代，由于新技术能力所提供的一系列运营和竞争优势，泛工业企业将逐渐获得越来越有权力的市场地位。屈指可数的泛工业组织将变得特别庞大、富有且实力雄厚。与超级竞争时代不同的是，这些冠军企业所享有的优势不会是短暂的，它们很有可能在长达几十年的时间里一直保持这样的领导地位。

我认为以下 4 种可持续优势将成为企业长期成功的关键。

- **先发优势。** 以最快的速度开发、部署、掌握和学习强大的新制造技术的泛工业企业，将获得压倒那些坚持传统生产方式的竞争对手的优势。它们将有机会通过与 3D 打印公司和平台软件开发商等供应商建立独家合作关系，将新技术率先上市的短期利益转化为长期优势。它们不但在技术学习曲线上提升得比其他公司更早、更快，而且更善于利用机器学习和人工智能发现如何在特定生产工艺、材料、产品类型和市场等环节高效使用新数字工具，因而得以维持甚至扩大它们的领先地位。

- **范围经济和规模经济的优势。** 利用新技术把制造能力发展到最大限度的公司，能够借助自身更高的灵活性、速度和敏捷性，超越行业内的竞争对手。一家泛工业企业利用自己的工业平台、3D 打印机"农场"组合和其他先进制造设施，服务各种各样的产业，从中获得巨大的经济利益。当经济状况发生变化，一个市场机会涌现而其他市场出现停滞时，拥有更广泛业务基础的泛工业企业将进入收获期。在增材制造和工业平台的加持下，泛工业企业拥有将范围经济与规模经济结合起来的能力，这使它们几乎不可能被竞争淘汰。

● **网络效应的优势**。建立起性能最佳的产业平台，进而吸引最多成
   员公司的泛工业企业，将享受到由巨大体量和网络规模带来的好
   处。这就是回馈给最有吸引力的平台的网络效应。在早期竞争中
   被评为性能最佳的工业平台会吸引到数量最多、规模最大、最富
   有和声誉最高的制造公司。这将引发网络效应的累积效应：其他
   公司会认为，拥有大量优秀企业用户的平台 A，很可能比拥有较
   少和较不知名企业用户的平台 B，掌握了更丰富的信息、技能、
   专业知识和共享信息。在其他条件相同的情况下，这将使平台 A
   进一步增长和扩大，从而为拥有和管理该平台的泛工业企业创造
   可持续的竞争优势。

● **整合与协调的优势**。与竞争对手相比，更善于在自身工业平台的
   帮助下对有效利用资源快速做出明智决策的泛工业企业，将能够
   赚取更多的利润。它们会更快认识到变化的市场环境中隐含的机
   会。当原材料、产品或服务在不同市场的定价出现差异时，它们
   能够更充分地利用这种套利机会。它们也更懂得如何与生态系统
   中的其他公司合作，将工厂有效产能等资源分配到最有利润前景
   和最急迫的地方。随着时间的推移，在这些技能领域里，最不起
   眼但稳定的优势也会累积得越来越大，使享有这一优势的泛工业
   企业稳步超越其竞争对手。

基于这 4 种可持续优势，规模最大、实力最强的泛工业企业将在全球经
济中占据并保持主导地位。

但是，不要误会我的意思，间隔均衡的新时代并不意味着重返波特时
代。读者可能还记得，波特的竞争观是全国性或地区性的垄断寡头，如底特
律的汽车制造商、匹兹堡的钢铁公司和罗切斯特的光学公司，它们长期占据
市场，而且通过阻止潜在对手的进入，大大减少了某一行业内的竞争。不

过，这一类的垄断寡头不会成为未来几十年的发展趋势。事实上，随着行业门槛的降低，这些企业甚至不再将自己定位为汽车制造商、钢铁公司或光学公司。相反，它们将成为泛工业企业，跨越旧有的行业边界，制造多种产品并服务于不同的用户群体。

再者，这4种可持续优势与波特所描述的旧行业壁垒在实质上并无相似之处。相反，新优势的特征是成本高昂和难以复制。作为新优势的基础，增材制造和工业平台的技术不会破坏泛工业企业的基本竞争优势，因而可以被持续地升级和改进。

随着时间的推移，企业个体将承受越来越大的压力，为了生存，它们不得不加入泛工业公司、泛工业联盟或泛工业集团中的一个。用科技作家克里斯托弗·米姆斯（Christopher Mims）的话来说，就是"现有企业如果不能自己成为科技公司，就会被收购或压垮，权力和财富将以镀金时代①以来前所未有的方式集中到少数公司手中"。

最终，大部分工业经济将落入有着无比巨大体量的泛工业企业的掌控之中。工业平台所有者会施加同样的影响力，并像拥有10多亿用户的Facebook那样招致批评，而且对它的批评只会更严重，这是因为泛工业企业将会比Facebook更深入地影响大众生活。泛工业企业将加剧现有的不平等，并不断巩固企业权力。政府很难阻止它们，就像以往无法阻止谷歌一样。这些平台最后会变得非常强大，以至于科幻迷们会开始把它们与《终结者》系列电影中肆虐的天网系统相提并论。

---

① 指从南北战争结束到20世纪初的美国经济历史阶段，这一时期美国的经济快速发展，但同时也存在着政治腐败、贫富差距加大、工人权益受损等严重问题。——编者注

4 类最大输家，源于无知与错判

如果享受可持续新优势的巨型泛工业企业是泛工业市场的大赢家，那么谁会是输家？

当然，最大的输家将是那些未能认识或未能理解这场正在席卷经济世界的变革的公司。由于无知，它们自然无法及时地对这场变革做出反应。

除此之外，一些特定类型的市场参与者的重要性和影响力预计将在未来几年被大幅削弱。以下是其中最重要的 4 种。

资本密集型巨大制造设施的所有者和经营者。在泛工业时代，增材制造技术的灵活特性有利于生产的高度分散化和本地化。制造业企业会经历程度不等的分散化过程。许多因素会影响特定公司就其生产设施分散程度做出的决策，例如机器、房地产等资金成本与仓储和运输成本之间的关系，以及客户本身的聚集或分散程度。但是，有利的趋势将从资本密集型的工厂转向更小、更本地化的生产设施。

因此，一段时间之后，为巨大的全国市场、地区市场乃至全球市场生产特定商品的大型集中式工厂，往往会被产品种类千变万化、主要面向当地消费者的小型生产设施所取代。如果企业管理者能够利用分散于客户群体附近的小型廉价工厂一次生产几百辆汽车，那他为什么还要在底特律的巨型工厂里生产出几十万辆汽车，然后再花费数万元把它们运到世界各地呢？通过分散化生产的新制度，企业将节省价值数百万元的运输和仓储成本，客户则会享受到更快的货物交付，而且这些货物可能经过特殊设计因而更能满足本地化的需求和偏好。

　　这一趋势下的输家是那些坚持旧模式的公司，即配备着难以移动的生产设备的大型专业化工厂、在全球范围内采购并在广泛的地理区域内运送货物的公司。它们中的大多数将发现更灵活的泛工业企业很快就会实现赶超。严重依赖传统的大型工厂来推动当地经济发展，并为成千上万的工人解决就业的城市和地区也同样可能成为输家。随着大型工厂被淘汰，由它们支撑起的社群将经历财富的缩水，除非它们认识到世界已经发生了变化，并愿意迅速采取行动来调整其经济发展战略。

　　依赖进出口市场的企业。 本地化生产趋势的一个副作用是进出口货物量的相对减少。更多的本地生产意味着更大比例的国内采购和生产，以及数量更少的在制品和成品跨境运输。数字化制造过程需要更少人力的事实只会加强这一趋势，即由低收入国家作为制造中心为高收入国家的消费者生产商品的动力将会下降，因为人力成本在生产总费用中的占比越来越不重要。因此，那些将自己定位为面向外国市场的低成本产品集中出口商的企业，可能会发现自己正面临困境。同样的情况也适用于像中国这样经济增长依赖于庞大而充满活力的出口市场的国家。这一趋势对国际贸易平衡的影响可能十分深远。

　　依靠自由、原子化的开放市场的中小型公司。 大多数纵向一体化企业和企业集团消失后的副产品之一，是提供几乎所有商品和服务的自由开放的市场变得越来越强大。眼下，绝大多数公司都在不受控制、没有限制的市场上购买原材料、零件、资本货物和商业服务，这些市场里有大量独立的供应商在凭借价格、质量和其他优势竞争市场份额。

　　古典经济学理论认为，这是最有效的经济运行方式，因为市场力量可以推动竞争、降低价格、提高质量、鼓励创新。自由开放的市场的蓬勃发展为数以千计的中小型公司提供了成长空间，它们可以作为大企业的商品和服务供应商来赢取长期的市场成功。

随着泛工业公司、泛工业联盟和泛工业集团的数量倍增和不断发展，这些自由开放的市场，将让位于由核心公司及其平台管理的相对有限、受控和封闭的市场。基于一个特定泛工业企业的主导原则，成员公司可能被要求从其他成员公司那里购买商品和服务，或者在不同程度的激励下做出这种选择。如果一家公司始终在自己所处的数字商业生态系统中进行采购，它将以各种方式受益，例如价格优惠、服务提升、短缺时的优先访问权、更快更容易的流程协调，以及可靠且无痛苦的争端解决方式。此外，用电算化的方式在集团成员之间分配商品，将原材料和制成品输送给能够创造最大价值的成员，这可能会有利于建立一个更有效的市场。电算化的市场能比所谓"开放市场"运作得更好，特别是在市场流动性低、不对称信息泛滥或条件不明确的情况下造成人类大脑难以制定正确战略的时候。

因此，在泛工业经济中，贸易将逐渐从自由开放的市场转入由特定的泛工业企业管理的相对封闭的生态系统。这个结果有利亦有弊。从较好的一面来说，封闭、受保护的市场可能会降低公司在开放和无约束的竞争中所面临的不确定性和风险水平。封闭市场也将消除许多自由市场中特有的摩擦。当你与来自同一个泛工业集团的可靠的伙伴合作时，搜索、匹配、签约、监督和执行等环节的成本都会相应减少。

但是封闭市场不够理想的一面是，它可能还欠缺一些开放市场所具有的活力和创造力。由于增材制造技术在设计和上市时间上的优势，泛工业世界的灵活性和创新能力或许不会下降，但创新的动力可能大体上只来自泛工业生态系统顶端的领导层，而不是来自渗透到这些生态系统所有层面的创造冲动。设计或创意设计软件的众包有可能会缓解这一类与较封闭的市场有关的问题。

无论如何，开放市场的衰落将迫使现在正作为供应商而蓬勃发展的数千家中小型公司寻找新的生存方式。大多数公司会发现，最好的选择是与一家成长中的泛工业企业联合起来，将自己出售给一家泛工业公司，或者成为泛工业联盟中的用户公司，又或者成为泛工业集团的成员。

公司控制权市场上的积极投资者。当今经济中的一个活跃要素是存在着一个很有活力的企业控制权市场。这个市场是由许多独立参与者驱动的，从引发代理权之争的激进投资者，到对冲基金经理、私募股权公司和投资银行，他们一旦发现在其看来管理不善的公司，就会发起收购要约。有些时候，当公司为支付自己的收购款项而背负巨额债务或者新的所有者不想投资于公司的长期增长而仅为了榨取其利润时，这个市场会导致公司控制权的滥用。最常见的情况是，公司控制权市场迫使董事会和高管们为绿色勒索支付赎金，即回购股票以保持其价格上涨。由于害怕失去公司控制权，管理层通常会持续高度关注股东的持股价值，以规避被收购的风险，有时甚至会以牺牲工人、退休人员、当地社区和公司的长期市场地位为代价。

随着大型泛工业集团的规模、财富和权力的增长，公司控制权市场将失去其大部分影响力。泛工业集团会将众多公司，即使不是大多数，招至麾下，而且集团内部有自己的金融机构，例如银行、投资银行、共同基金、风险投资公司等。这些金融公司控制的财富将展示出强大的威慑力，使成员公司不必担心被恶意收购。当企业需要注入现金时，它们会求助于"家族银行家"，而不是任何外部来源。这将大大减少企业为换取资金而修改公司战略或政策的压力。

超级融合，从产业到泛工业市场

"融合"这个词最近被频繁使用，而且用法五花八门。我们在谈论从增材制造到无人驾驶汽车等话题时听到过"数字与实体融合",也听到过"产业融合",即随着产品或地域之间的边界逐渐消失,企业会突然受到不知从何而来的竞争对手的打击,还听到过企业的团队和部门因即时通信和数字协作工具达成合并而带来的"职能融合"。

现在即将带给我们又一轮冲击的"泛工业超级融合"表面上看起来或许与这些人们常见的融合形式有些相似。它会让人联想起 20 世纪 90 年代的产业融合,消费电子、计算机和电话等产业的融合促成了当时所谓的"新经济"。

但是,即将到来的超级融合将产生更深远的影响,改变人们对经济的传统看法。增材制造和工业平台将允许企业在同一家工厂乃至在同一批机器上制造汽车、玩具、飞机、军事设备、发电设备、建筑材料、微电子元件和其他一系列产品的零件。与"企业集团时代"一同结束的"多元化主导时代",将以一种完全不同的形式重新出现。在这个过程中,市场可能会失去它的边界,演变成没有固定壁垒的泛工业市场。

在新的泛工业经济中,不仅各个产业和市场会趋于融合,制造业与服务业之间的界限也会变得模糊,直至最终消失。在某些产业里,制造过程将成为其中的一项服务。产品将按订单生产,如同由裁缝定制的西装一样。而在另外一些产业,制造商将从所在的平台上收集大量信息,从而演化出金融服务的职能,如生成商业信用评级、发放贷款,以及将私募股权投资和养老金注入其生态系统的成员企业等。

职能部门的融合是企业内部竖井式结构瓦解的产物。例如,新产品的开发和销售将不再被整齐地划分为明确的阶段——研发、工程化、设计、营销、销售、分销等。相反,所有这些职能将同时推进,由拥有多方面才能的员工团队共同工作,利用灵活多样、不断变化的设计、生产和分销工具,生产响应消费者需求的商品，并将其迅速推向市场。产品研发团队可能会接管生产计划的事项，因为它会生成大量新产品供市场测试。反之，生产团队可能会利用嵌入 3D 打印机的创成式设计软件而接管各类型的产品设计工作。在这样一个超级融合的世界里，许多公司现在被外包的职能活动有可能会被重新迁回公司内部。

在某些情况下，制造、仓储、配送、销售和营销可能发生在同一个空间里。不难想象这样一家电子产品商店：它的前部设有一个展厅，顾客可以在展厅里设计自己的智能手机，挑选组件、应用程序、配件、材料乃至喜欢的颜色。生产设施可能就在几米之外，与展厅仅仅一墙之隔。那里存放着一些特制的零件，成排的 3D 打印机正在按需生产智能手机的各个主要构件，有的负责生产定制手机壳，有的在打印电子元件，还有的在制作 LED 屏幕。客户可以选择稍作等候，以便当场把手机拿回家，也可以让商店第二天送货上门。这样来看，产品和服务之间的区别远不像过去那么清晰明确。

不过，**最引人注目的超级融合模式会将整个行业合并成一个巨大的新组合，我称之为"泛工业市场"。** 在接下来的几十年里，我们有望看到一些泛工业市场的出现。

- **家庭控制器市场。** 当中央计算机有能力控制安全、供暖 / 制冷、照明、主要电器、有线电视和互联网、娱乐等多个系统之后，一个涵盖上述所有产品的新泛工业市场将随之诞生。网络连接、传感器和人工智能控制等技术将被嵌入家电、灯具、摄像头、清洁设备、洒水器、热水器以及健康监测设备等。
- **农业设备市场。** 给常见的拖拉机、耕作机和收割机安装上自动驾驶功能、GPS、卫星通信等高科技工具，然后再为它们加入分析和应对多种自然环境的能力，如对天气、土壤化学、虫害、枯萎病做出判断，甚至掌握农业市场趋势。这将形成一个新的泛工业集成设备市场，它使得人们可以用最低限度的人工干预运营一家有利可图的高产农场。有些农业设备可能看上去更像一台火星车，而不是传统的农业设备。

- **销售点信息市场。**将街角的 ATM 机与一系列有用的新服务组合起来，例如为驾照和护照续期、购买剧院演出和体育比赛门票、订购房屋清洁服务或投资共同基金。一个将当前各自独立的产业组合起来的新的泛工业市场，将出售诸如此类的服务以及提供服务的设备。

- **机械增强的劳动者市场。**将机器人技术、增材制造技术、数字传感器、医用假肢、认知计算、人工智能以及最新的人机接口、外骨骼组合到一起，这将建立一个新的工具和系统市场。它可以修复和替换受损或缺失的人体部件，或者通过增强人体的力量、灵活性或速度，使人类工人能够媲美工厂中的机器。当下，假肢和人造关节已得到广泛应用。当将这些人造部件直接连接到神经系统的强化系统被开发出来，人们不想成为"赛博人"的心理障碍将会逐渐消失。一个主打人体增强工具的泛工业市场将会兴起。

在超级融合的世界里，很少有企业能够在它们目前所熟悉的、狭义的产业里继续竞争。绝大多数企业会发现自己被推入了一个更为广袤也更加复杂的世界。在这个世界里，当下构成许多独立产业一部分的产品、服务、工艺和活动全都被联结起来，为获得关注而展开争夺。

在威胁与机会兼具的汪洋中航行

即将到来的超级融合显然需要商界领袖在深思熟虑之后给予回应。但是，融合往往像天气一样，每个人都在谈论它，却没有人知道该拿它怎么办。传统的商业战略一般假定产业和经济是稳定的。在商业转型的过程中，人们往往会陷入旧的思维定式，把企业想象成应用于有明确边界的特定业务的工具组合，就像守卫领地的狼群那样。随着边界的坍塌，我们应该换用一个新的比喻，我最想把未来的企业比作一群在无垠海洋中游动的鱼。

按照这个比喻，每条鱼都是一个半自治的生命体。它们汇聚成群，以便更好地觅食和抵御捕食者。每条鱼都在不断观察同伴，以决定自身的行动。鱼群有一些基本的准则，如"跟随大众路线""像成功或强壮的鱼那样行动"。负责侦察的鱼停留在鱼群的边缘，寻找来自外界的威胁和机会，在对外界做出反应时，它们经常会改变游动的方向。鱼群有时会分散开来，但一旦危险过去，很快就会再次重组。当捕食者威胁到鱼群时，落后者，也即行动较慢和较弱的鱼，会被牺牲掉，从而保证了最强壮的鱼的生存。在这个无边界的世界里，当侦察鱼发现新线索并吸引其他鱼跟随而上的时候，鱼群的移动方向就会逐渐改变。

把任何一个泛工业企业想象成鱼群，由每条鱼代表一个业务方向。由于融合的模式，每条鱼都可以在多个方向上自由地游动。但是，当它们彼此合作并彼此有松散的影响时，它们就形成了使大多数鱼得以幸存和发展的集体运动。这种灵活性和自主性产生了所谓"群体智慧"，使它们可以更好地应对产业和部门之间不断坍陷的边界。

鱼群的比喻可以帮助我们形象地理解泛工业组织的运作方式。我们可以用鱼群来解释一些关于组织运作的商业名词：

- **无边界竞争空间**：鱼群要探索的不是一系列截然不同的独立市场，它们要在开放的空间中寻找更优质的客户群或一片没有竞争对手的区域。传统商业开拓新市场的方法与此截然不同，这项任务往往是由一条鱼来承担的。整个鱼群在探索时从集体上说是自我组织的，但也要平衡因改变路径而产生的风险和机会。一些鱼会游离鱼群，然而不会游得太远。如果它们发现了大量食物，附近的鱼就会跟上。随后，这个信息将在鱼群中传播开来，使整个鱼群朝着食物更丰富的生态系统的方向游去。

- **自由流动的组织和集团**：每条鱼都可以在鱼群里自由行动，以便更靠近那些可以提供最大帮助的鱼，同时也更接近外部机会。但是，由于位于鱼群外围的鱼容易被鲨鱼吃掉，每一条鱼也会希望与整个鱼群保持同样的步调。鱼儿们待在一起并且不会发生碰撞，不是因为有总部发出的明确指示，而是因为有一套严格的文化规范或规则。这些规则越有效，这个组织或集团就越能偏离所有其他鱼群正在做的事情，去追求更有利可图的机会。

- **迁移战略**：鱼群最大的挑战是决定向哪里游动。它不能在一个位置停留太久，因为这会耗尽食物或者把捕食者吸引过来，但它也很难理性分析应该去往哪里。有些鱼发现了较温暖的水域，于是带领鱼群朝那个方向前进，另一些鱼探测到洋流和潮汐，便引导鱼群逐流而去。商业组织同样需要启用更多狂想家，这些人对哪里可能出现机会或威胁有非常好的直觉。商业组织需要更多的达·芬奇，更少的分析家，尤其是在后者可以被计算机取代之后。达·芬奇可以今天画蒙娜丽莎，明天为直升机设计草图。商业组织要在开放、不断变化的市场中生存，就需要这种敏锐的灵活性。它应该启用更多能够迅速抢占有前途领域的大胆侦察兵。毕竟，没人能提前预测"蓝海"，"蓝海"只能被发现。

- **新的领导方式**：以前用来控制一切的时间，现在可以用来更好地探索各种可能性。领导者应该派出更多的侦察兵去搜寻潜在的机会或威胁。他们应该进行立体广泛的调查，而不是常规的战略分析。而且，领导者要为鱼群里不同类型的鱼的角色和互动设定简单的规则。在超级融合的泛工业世界里，狂想家是最受欢迎的。

在超级融合的世界里，每一种商业都会被看成鱼群。它们游荡在广阔无垠的海洋中，在每一轮周期中都要面对无数的捕食者和各种有趣的机会。

THE PAN-INDUSTRIAL REVOLUTION

可持续优势与失败的线索

以下 4 种可持续优势将成为企业长期成功的关键：

- 先发优势
- 范围经济和规模经济的优势
- 网络效应的优势
- 整合与协调的优势

一些特定类型的市场参与者的重要性和影响力预计将在未来几年被大幅削弱，以下是其中最重要的 4 种：

- 资本密集型巨大制造设施的所有者和经营者
- 依赖进出口市场的企业
- 依靠自由、原子化的开放市场的中小型公司
- 公司控制权市场上的积极投资者

最引人注目的超级融合模式会将整个行业合并成一个巨大的新组合，我称之为"泛工业市场"。在接下来的几十年里，我们有望看到一些泛工业市场的出现：

- 家庭控制器市场
- 农业设备市场

- 销售点信息市场
- 机械增强的劳动力市场

如果将未来的企业比作一群在无垠海洋中游动的鱼，请读者运用"鱼群"这一比喻，解释以下关于组织运作的商业名词：

- 无边界竞争空间
- 自由流动的组织和集团
- 迁移战略
- 新的领导方式

新规则：集体竞争与影响力范围之战

THE
PAN-INDUSTRIAL
REVOLUTION

How New Manufacturing Titans Will
Transform the World

在新的超级融合泛工业市场中，竞争的焦点将从公司之间的竞争转移到大型公司的泛工业生态系统之间的竞争。泛工业企业将通过竞争来主导那些融合产业，这些产业服务于众多市场，基本上通过共享制造材料、工艺和生产方法而相互关联。

因此，泛工业市场的特征将是集体竞争。专注于特定产品和特定市场的公司之间的竞争将会被泛工业企业之间的竞争所取代，这些企业积累了供求、制造技术、经济趋势、消费者偏好以及分析式智能等市场信息，能够利用独特的信息能力竞争市场的主导地位。

举例来说，在泛工业世界中，大众、通用和丰田这3家汽车制造商之间的传统竞争将退居次要地位，让位于它们所属的大型泛工业集团之间更加激烈的竞争。对市场演变和经济趋势有着最深刻理解的泛工业企业有可能会在这些新的宏观战争中获胜。现在，汽车制造商将大部分精力集中在创造最具广泛吸引力的新车设计上，以便从竞争对手那里抢夺市场份额。未来，这种形式的竞争仍将存在，但将以泛工业巨头之间更广泛的竞争为背景。泛工业巨头不仅要设计和销售汽车，还要重新思考当地和区域的交通系统，甚至要制定全国性的基础设施计划。

一部分规模最大的泛工业企业将极其庞大、富有和多元化，甚至它们中的任何一家都不可能被对手的行动严重削弱或击垮。因此，泛工业企业之间的竞争可能会类似于历史上世界各地政治帝国之间那种长达数十年的缠斗，例如 19 世纪英国与俄国为争夺中亚控制权而进行的旷日持久的"大博弈"。

如同历史上的大帝国一样，每一个泛工业巨头都将有一个强大的核心，这个核心的周围则环绕着它的重要合作者。帝国时代的核心及其附庸国由各个国家组成，而在泛工业时代，它们将不再是一个个国家，而是拥有强大生态系统以及控制这些生态系统的工业平台的泛工业公司。在距离核心更远的外围，有一些前沿阵地，被用来向目前仍由竞争对手控制的泛工业市场发起攻击。在帝国时代，这些前沿阵地和中立地带是一些地理区域。而在泛工业时代，它们将是以不同技术、客户类型、地理位置、人口、产品类型、分销渠道、供应链以及这些要素的组合为特征的竞争激烈的泛工业市场。单纯的地理－产品型市场，如荷兰的自行车市场，将不再适合展开这类竞争。

今天，我们可以看到影响力之战已经开始成形。产业的融合以及全球市场边界的崩溃正在创造具有核心区、缓冲区和前沿阵地的大型企业实体，而这些企业实体正在其中展开控制广大领土的斗争。例如，通用电气和西门子这两大工业帝国涉足许多同样正处于快速融合阶段的产业。它们在寻求长期主导权的过程中相互争斗，各自建立了一系列不同的核心优势。它们的核心优势一部分基于地理起源，如通用电气在美国成立，而西门子在德国成立，也有一部分基于成长历史和工业专长。

即将涉足旷日持久的影响力之战的公司还包括线上零售领域的巨头亚马逊、阿里巴巴和 eBay，以及增材制造平台架构方向上的捷普、IBM 和思爱普。

实时竞争与对 SWOT 的重新诠释

在泛工业市场的竞争中，大规模扰断比较罕见，因为主导市场的巨型企业组合是如此富有、强大和多元化，以至于不会因遭受致命打击而出现全面崩溃的结果。相反，各个泛工业巨头会不断争夺边际优势。

更重要的是，增材制造与数字化增材制造平台的结合改变了竞技博弈的规则，使周期性比赛变为连续性比赛，加快了行动速度，使竞争更具攻击性。这个过程大致相当于从美式橄榄球比赛转为英式橄榄球比赛，并且比赛没有任何间断或进攻间的短暂停顿。

同时在许多产业中进行实时的竞争，必然会带来一种迥然不同的战略思维。先来看一下 SWOT 分析。它是传统制造时代最基本的战略思维工具，一般由优势、劣势、机会和威胁 4 个部分组成，并给出两个战略准则和一个行动计划。但是，在泛工业市场中，这 3 者的适用性都是有限的（见表 9-1）。因此，超级融合和泛工业市场的时代要求对 SWOT 分析进行重新解释。

先来回顾图 8-1 所示内容，超级竞争的消亡导致了一个由间隔均衡主导的世界。当泛工业企业利用当下有效的新的可持续优势时，巨大的竞争性变化的高峰不时地打断相对的稳定期。在稳定期，SWOT 分析的旧原则仍然适用，如表 9-1 的左栏所示。但在不时出现的扰断中，新的战略原则更加适用，如表 9-1 的右栏所示。

正如表 9-1 所示，泛工业市场中关键的战略挑战是准确定位当前企业在间隔均衡周期中的位置。那些试图在动荡时期应用不那么激进的 SWOT 原则的公司，将无法充分利用实时学习、大幅提升的速度和灵活性，以及机动地控制或包围对手核心泛工业市场的潜力等现实中的力量，因此很可能在争夺优势的竞争中落后。它们将错失对其商业生态系统产生更大影响力以及扩大企业影响范围的机会。

表 9-1　泛工业市场的 SWOT 分析

	传统的 SWOT 分析	泛工业扰断时期的 SWOT 分析
准则 1	充分利用你的核心竞争力。利用现有优势比建立新优势所需的成本更低，并能最大限度地提升企业的胜算。摘取唾手可得的果实，从中获得的利润可以为进一步的市场渗透提供资金，产生更多的利润	将商业活动的新领域转化为竞争力。泛工业企业会传递从各个行业获得的知识，创造下一代的竞争力，将弱点转化为优势，并改变游戏的规则
准则 2	用优点对抗弱点。企业利用自己的优点来攻击对手的弱点。这种策略可以获得速胜，同时避免代价高昂的消耗战	攻击对手的优点和弱点。多元化的泛工业企业既可以攻击对手的优点，也可以攻击对手的弱点，从而为决定性的对抗扫清道路
行动计划	寻求稳定，而不是决定性的胜利。避免激进的战争，而寻求建立稳定的产业结构。利用缓冲区来进行防御，而且作为边缘化玩家时，企业最好留在属于自己的缝隙市场	不断向竞争对手施压，制造混乱、干扰和一个扩大的影响力范围。利用前沿阵地攻击对手的核心区或夺取关键区域。安全的缝隙市场已不复存在

巨头对弈：柔道战略 vs. 相扑战略 vs. 避免冲突战略

泛工业企业将与许多对手作战，但它们不可能在所有时间、所有地点与所有对手作战。每个泛工业企业将不得不专注于影响力范围与其目标领域有重叠的少数竞争对手。为了在泛工业市场中拥有最大的影响力，泛工业企业必须占领这个市场中最大和最有利可图的部分，同时削弱所选定竞争对手的影响力范围。与此同时，泛工业企业还不得不建立与其他对手之间的缓冲区或相互谅解的关系，让那些不太重要的竞争对手在次一级的利润池里游动，从而建立一种于己有利的权力平衡。

　　一个特定的泛工业企业会想办法收编那些不太重要的对手，也会试图让盟友或对手与它决定在短期内避开的其他对手展开对决。此外，泛工业企业还可能会寻求与其他企业结盟，以共同对付某个特定的竞争对手。它的目标是：与盟友一起包围对手的影响力范围，从而阻止其扩张，或者进一步夺取其影响力范围的控制权，并与盟友共同分享战果。

　　泛工业巨头们在相互斗争时还会使用其他各种战略。有些企业会采用所谓"柔道战略"的各种变体。这种战略是指快速灵活的竞争者利用对手的体量、力量和影响力来对抗其自身。举例来说，柔道型竞争者会通过迅速进入未被占领的市场或创新产品和服务以重塑市场空间来避免直接冲突。

　　另一些企业则会使用"相扑战略"，即一种让自身的体量、力量和影响力发挥决定性的积极作用的战略。相扑型竞争者喜欢并寻求直接冲突，因为它们知道可以通过纯粹的武力压倒对手。它们部署大量资源来控制巨大且利润丰厚的市场空间，希望削弱竞争对手的影响力范围并从竞争对手那里夺取主动权。在某些情况下，竞争对手可能会被削弱到只能束手待毙的程度，相扑型竞争者最有可能采取的方式是收购。

　　"柔道战略"和"相扑战略"对泛工业组织都有吸引力。请记住，泛工业企业可以同时享有范围经济和规模经济的好处。因此，它们可以在保持以往只有小公司才能达到的速度和灵活性的同时，实现巨大的增长。一个既定的泛工业企业既可以选择利用灵活性和快速变化（柔道战略）来对抗某个主要对手，也可以利用规模和资源（相扑战略）来对抗另一个对手。事实上，在不久的将来，泛工业市场很可能会展示出两种竞争风格叠加后的任意一种组合：柔道战略对柔道战略、相扑战略对相扑战略和柔道战略对相扑战略。更重要的是，考虑到泛工业企业的灵活性，我们很可能会看到旷日持久的竞争战，其中的竞争者会不时地转换策略，就像一个身材修长的柔道选手可以在战斗中蜕变成一个身强力壮的相扑战士那样，反之亦然。

一些在泛工业市场上争夺地位的企业还可能会选择第三种可能——避免冲突战略，即竞争者在一个其他公司不太可能占领的缝隙市场上寻求一个安全的避难所。倾向于避免冲突的公司可能会试图与竞争对手达成默契，将泛工业市场划分为不重叠的影响力范围，或者限制它们在重叠的泛工业市场中的争夺力度。

机器大战与平台大战

为了实现新的可持续竞争优势以及着手建立广阔的影响力范围，许多公司已经开启了在泛工业市场中争夺排名的征程。这些公司中的大多数已经被迫卷入两场同时进行的竞争。但到目前为止，商业媒体基本上没有注意到这些争夺主导权的战争。

其中一场竞争的重点是改进增材制造、混合制造系统和相关技术，我把这个方向上的竞争称为"机器大战"。另一场竞争则聚焦于开发最好的工业平台，我因此称之为"平台大战"。

机器大战和平台大战是泛工业企业为获取网络效应、信息优势以及跨行业的规模经济和范围经济而进行战争的具体体现。这些战争的成本很高，因此将成本分摊到多个产品和泛工业市场之中——规模经济的另一种表现，将是取得胜利的关键。

为了使读者更好地理解这些战争，我将提供一些来自现实世界的案例。

机器大战

争夺增材制造领域技术领导地位的战争已经在各条战线上展开。随着 3D 打印和相关技术的迅速发展，数十家公司正在竞相开发或夺取它们认为最有前途的技术。机器大战的结果可能有助于确定哪些企业在启动第一批强大的泛工业公司方面初战告捷，战果最大。

鉴于我们仍处于机器大战的早期阶段，胜利者和失败者要在几年后才能分出高下，这里有几条来自战场的消息有助于一窥竞争的本质。

2015 年，Alphabet 和福特汽车分别下注支持一项名为 CLIP 的新技术（我在本书第 1 章曾提到过它）。这项技术现在正在彻底改变 3D 打印技术，并且很可能在将这两家企业转变为以强大的新制造技术为核心的真正的泛工业企业方面发挥重要作用。

众所周知，Alphabet 作为谷歌的母公司，是一家市值达 750 亿美元的多元化企业，正在大力发展围绕其搜索引擎、电子邮件等应用程序以及网络防御和云计算能力而建立的软件平台。它同时也深入参与开发可能与其软件平台相关的硬件。它支持的硬件项目包括自动驾驶汽车、机器人、光纤网络、电信设备、用于衰老和老年疾病的药品、包括送货无人机在内的飞行器、互联网组网气球以及城市基础设施和能源设备。它还在研发应用于生命科学、医疗保健、运输和农业等产业的硬件，以及增强现实头盔、手机和可穿戴计算工具等电子设备。

市值达 1 500 亿美元的福特汽车似乎也正准备将增材制造置于其业务中心，尽管它在这场竞赛中的起点明显不同于 Alphabet。福特汽车的产品主要是轿车、载货汽车、轻型客车、汽车零件以及许多其他受益于增材制造技术的产品，如电动汽车、工业发动机以及联合轻型战术车、坦克、半履带式装甲运兵车和装甲车等军用车辆的零件。

"机器大战"：利用新技术抢占先机

Alphabet 和福特汽车都与一家名为 Carbon3D 的 3D 打印初创公司建立了合作关系，这家公司现已更名为恺奔。过去，3D 打印一直依靠在多个分层上重复进行 2D 打印来生产零件和产品。但是恺奔的创始人乔·德西蒙（Joe DeSimone）和其共同发明人、恺奔首席技术官亚历克斯·叶尔莫什金（Alex Ermoshkin）以及北卡罗来纳大学化学教授爱德华·T. 萨穆尔斯基（Edward T. Samulski）找到了一种不使用分层方法的 3D 打印技术。这种新技术几乎不间断地向盛有液态光敏树脂的容器底部喷射光和氧气。被喷射出的光线看上去像高速播放的动画电影那样，放映一连串为产品定形且有硬化树脂作用的横切面影像。与此同时，注入的氧气可以防止树脂硬化并粘在容器底部。通过同时控制光和氧气的喷射量，3D 打印可以一次性制成精密形状的产品，而不必像以往那样采用逐层打印的方式。在生产过程中引入氧气使 3D 打印转化为可调节的光化学过程，极大地减少了生产时间，消除了分层效应，并将 3D 打印的速度、强度和整体质量提升到一个新的高度。德西蒙和他的合作伙伴将这项新技术命名为连续液面生产，简称 CLIP。

在第一台 3D 打印机上市销售之前，恺奔采取了许多措施来完善其在该领域的技术。2016 年初，恺奔与强生的医疗设备及诊断全球服务部合作，生产定制的 3D 打印手术设备。宝马也开始使用恺奔的技术。与此同时，为使其技术商业化，恺奔宣布与 Sculpteo、CIDEAS、The Technology House、WestStar Precision 这 4 家 3D 打印服务机构开展合作。

在 2016 年年中，恺奔推出了第一台商业打印机 M1。M1 既能生产功能原型，也能生产满足大多数应用所需解析度、表面粗糙度和机械属性的产品级零件。它可以生产最大尺寸为 144 毫米 ×81 毫米 ×330 毫米的小型物品。M1 使用机器学习，每天可从每一台在用打印机上收集 100 万个数据点，从而对影响生产过程的因素做出判断，即如何设定材料、打印机设置、设计几何、速度、生产区内的堆叠和指向以及后处理方法的组合，才能得到缺陷最少、最标准化和成本最低的零件。

虽然 CLIP 技术现在只适用于树脂和橡胶类的弹性体物质，但恺奔已经在尝试将该项工艺扩展至硅酮橡胶、环氧树脂和尼龙类物质等酯类材料，并努力使其与陶瓷和可生物降解材料兼容。

2017 年，恺奔推出了 M2 打印机，M2 可打印的最大尺寸是 M1 的两倍。恺奔还引入了 SpeedCell 系统，该系统可以将 M2 与自动后化处理工作站结合起来，以实现任何规模的可重复终端用途生产。

可以说，Alphabet、福特汽车以及正在测试 CLIP 技术的各家公司，现在都已全力投身于机器大战的前沿阵地。它们面临的第一个挑战是抢在其他公司之前，将 CLIP 技术用于大规模生产；第二个挑战则是在更好的替代技术出现之前，全面部署 CLIP 技术并使之盈利。

在竞争对手利用这项新技术抢占先机之前，加强、丰富和完善 CLIP 技术的竞争只是机器大战的一隅。其他一些为泛工业化的前景所鼓舞的大公司也在向各种前沿制造技术投入资金，寻求可以超越竞争对手的技术优势。例如我在第 5 章提到过的住友重工对增材制造领域的先锋 Persimmon 公司的收购。

CLIP 技术展示出使增材制造设备变得更快、更便宜、更有效、更敏捷、品质更高的一些方向。但它还没有在这场竞赛中拔得头筹。3D Systems 公司的连续立体光刻等技术在竞逐优胜地位的进程中正紧随 CIIP 技术之后。

同时，提高其他增材制造技术方法的速度和质量的方法也层出不穷。3D 打印机制造商 Stratasys 的联合创始人兼首席信息官斯科特·克伦普（Scott Crump）在接受我的采访时，一口气说出不少方法，例如缩短后处理时间，减少向新产品和不同材料转换的设备重置时间，将产品分割成较厚的分层，减少打印过程中对人工干预的需求，改进计算机辅助设计以克服传统的制造限制，以及提高控制质量和成品率的系统运算能力。其中一些改进方法听起来不起眼，但把它们组合起来将会带来巨大的收益。

除了 3D 打印机制造商，增材制造设备的用户也在努力寻求对整个制造系统的提升。事实上，3D 打印机的用户现在取得的、与增材制造技术有关的创新专利比 3D 打印机制造商还要多。用户越来越需要为调整或改进他们购买的 3D 打印机而负责。借助机器学习和人工智能技术，增材制造系统已经能够自行运转，从经验中学习，并且只需最少的人为干预就能实现有效的相互竞争。

为进一步提高增材制造技术的效率和能力，人们正在以下 5 个科学领域展开探索：

- **应用化学科学**，即在增材制造技术过程中利用化学反应来创造、定制或改进主材料。例如，通过添加化学品来加速材料硬化、防止开裂或调节空气滞留时间。

- **电磁科学**，即利用电场或磁场来实现创新几何形状的 3D 打印或改变零件和产品的形状。

- **高级材料科学**，即使用在打印后会发生形状改变的"记忆材料"，如纳米材料、合金、碳纤维和纳米管复合材料，以及巧克力、陶瓷或纤维素等不同寻常的材料。

- **计算机前沿科学**，即以人工智能、预测算法、创成式设计和虚拟现实或增强现实为工具，改进产品设计、材料性能或打印机性能。

- **其他机械科学**，即使用微型机器人、微型打印机、混合制造系统、传送带、机械臂、四旋翼飞机和远程控制或远程测量设备。

制造业企业将根据其业务性质、产品以及它们感知到的超越对手的机会来决定专注于上述哪些科学领域。读者将会看到，未来几年，机器大战将在许多前沿领域持续进行。

平台大战

就在制造业企业为机器大战打得热火朝天的同时，另外一些公司却在着手参与平台大战，以决定哪些数字增材制造平台可以在未来占据主导地位。

揭示平台大战即将展开的一个先兆是，企业竞相创建受到认可的数字公用事业设备，即一项基于云的业务，它旨在向尽可能多的公司提供硬件管理服务和软件，以形成规模经济。规模最大的数字公用事业设备提供商包括亚马逊、微软、谷歌、IBM，以及甲骨文、Adobe、Salesforce 和 SAP 等一些相对较小的公司。亚马逊是其中规模最大的，它比其他竞争者更早地进入了云管理市场，亚马逊现在的数字公用事业设备业务的规模相当于微软、谷歌和 IBM 这 3 家的总和。

不过，数字公用事业设备已不再是平台大战的前沿阵地。由于数字公用事业设备市场的商品化，价格和利润都随着时间的推移而缩水，这些公司正在一点点地转向增材制造平台，向各自的平台加入越来越多的业务功能。IBM 和微软在向工业平台类功能的转变上可能是进度最快的。IBM 的沃森部门已经开发了自己的工业物联网平台，该平台能够进行高级分析和使用人工智能解决棘手的管理问题，而微软则开发了 Microsoft Hololens 设备，并将其用于产品设计和商务会议等基于 3D 增强现实的活动。

至于创建一个能够确保第一批真正的泛工业企业出现的工业平台，该方向上的进展还是兼有制造业务和制造业软件的公司更胜一筹。捷普、通用电气和西门子是该领域的领先者。联合技术和住友重工等具有多元化业务的制造商也开始走上这条路。平台大战的核心是业务集成功能，即保证不同的业务软件包具有互操作性和兼容性。这场比赛已经开始，参与者正争相创建并集成各种实时应用程序于一个包罗万象的平台，这些应用程序将涵盖供应链管理、资产管理、产品生命周期管理、生产和物流调度、设施管理、企业范围内的资源规划、产品设计、企业会计、合规报告等诸多环节。

THE PAN-INDUSTRIAL REVOLUTION
翻转世界的超级制造

"平台大战"：工程巨头西门子的新思路

西门子旗下的数字工厂部门正在努力将现实的硬件世界与虚拟的软件世界融合起来。西门子宣称，创建工厂的"数字孪生"所需的工具和系统已经到位，这意味着它可以"在制造工厂建成之前，就兴建自动化生产线并实施设计流程"。首席执行官约瑟夫·凯瑟（Josef Kaeser）解释道："我们把实时制造过程复制到虚拟世界中，以优化生产工程、加工质量、正常运行时间和加载时间，然后再把优化后的成果复制回现实的制造世界。这非常酷！"

这的确很酷，而且这些尝试表明，随着平台大战的持续展开，西门子决心夺取市场主导权中利润丰厚的一大块份额。在这一系列的战争中，硬件是重要的因素，但前沿软件及其所控制和分析的信息具有更重大的意义。正如凯瑟所说，"我们的用户关心生产和工程数据以及知识产权，因为此类数据是创新最重要的源头"。西门子已开始在德国和中国成都运营由"数字孪生"新型控制平台管理的工厂。

当然，在快速发展的增材制造软件世界中，好的思路总是传播得很迅速。其他公司很快开始打造自己的"数字孪生"概念。达索系统以近乎相同的方式运用模拟技术，以便找出在制零件或在制机器中的机械问题和结构问题。同时，GE Additive 的专家们把自研的"数字孪生"当作实时机器学习方法的一部分，期望它可以使工程师对生产过程进行实时调整，实现"100% 产出率"，即超高效、零浪费的生产。

随着捷普、通用电气和西门子等公司转型为初露雏形的泛工业企业，它们将逐步向其平台中吸收创造规模经济和范围经济的成员公司。假以时日，它们将成长为泛工业联盟和泛工业集团，并且在成员公司结构、成员行为准则、成员之间的独立性或互动性、共同目标和共同项目、治理结构、资源共享安排、信息所有权规则、经纪服务等多个方面表现出各自的特点。

但是，在核心公司发展出尽善尽美的、可为潜在的制造业客户增加巨大价值的数字增材制造平台之前，上述一切都不可能发生。正因如此，我们提到的这些公司以及其他一些公司将数十亿美元的资金投入了这场竞逐，期望自己成为其中首家拥有最强大平台的公司。

泛工业企业与强大对手

我曾提出，由于泛工业企业掌握着如此强大的战略工具和经济工具，它们将逐渐主宰商业世界。但历史告诉我们，没有任何特定的结果是注定的。体量巨大、有实力的对手会对泛工业企业进行反击，甚至可能威胁到它们的控制权。不难想象，在某些情境里，我所描述的这些泛工业企业将不得不与其他类型的商业巨头分享权力。

未来几十年，我们有可能会看到以下的主导权之争。我尽最大的可能对这些竞争的结果做出预测。

泛工业企业与恐龙级企业的较量。这是两个类型的制造业企业的对决。在拳台一角的是泛工业公司、泛工业联盟和泛工业集团，它们使用增材制造技术、其他数字制造工具和工业平台建立起能够在巨大、多层面的跨境泛工业市场里相互竞争的大型组织。在拳台另一角的是"恐龙级企业"，即财力雄厚且仍在使用和改进传统制造系统的老牌公司。

尽管越来越多的泛工业企业进驻其固有的市场，但有些恐龙级企业暂时还不会退场。它们拥有一些明显的优势：与供应商、分销商、零售商以及价值链上下游其他公司的长期关系，由众人皆知、口碑良好的品牌保证的销售和营销优势，从银行和投资者获得资本的渠道，以及几十年来斥巨资建造的工厂、仓库、配送中心、办公大楼等大型设施。最聪明和经营最得力的恐龙级企业将投资于技术升级，以便努力赶上泛工业企业的步伐。它们在工厂里安装机器人，甚至有限度地使用 3D 打印机为传统装配线输送零件。

但在接下来的几十年里，恐龙级企业的传统优势将逐渐转化为昂贵的负担，不但不能对它们有所助益，反而会拖垮它们。而泛工业企业将利用增材制造和工业平台的速度、敏捷性、效率以及范围经济和规模经济等优势持续胜出。最终，恐龙级企业将会难以避免灭绝的命运，要么产品组合和品牌名称被泛工业公司兼并，要么悄然倒闭。

泛工业企业与美国西海岸科技巨头的对决。这是泛工业企业与近几十年来发展最快的一些高科技公司的对决。这类竞争者不仅包括著名的"四大"公司——Alphabet、苹果、亚马逊和 Facebook，还包括甲骨文、IBM 和 Salesforce 等基于信息技术的科技公司。正如我介绍过的，其中一些企业已经在尝试收购和进行与制造业和工业平台有关的实验。因此，二者之间某种形式的对决似乎将会成为现实，并且可能会演变成以制造业为基础的泛工业企业与硅谷一带商业巨头之间争夺控制权的全面战争。

在这种情况下，如果美国西海岸的这些科技巨头们能够做到：保留并使用它们掌握到的客户数据；收购或开发工业平台；利用它们的创新能力开发专门的软件以改善商务运作，例如服务于语音识别、自然语言处理、图像识别和深度学习等的工具，那么它们将会取得这场战争的胜利。

泛工业企业取胜的机会在于吸引大量消费者使用它们的泛工业平台，并由此获得消费者数据。如果能够从科技巨头那里购买消费者数据，泛工业企业也有获胜的可能。在这种情况下，胜利的天平向泛工业企业一边倾斜，因为它们可以创造一个统一的价值链，将制造企业和其他关联企业与消费者直接联系起来。从本质上讲，它们可以淘汰亚马逊之类的中间商，因为泛工业企业不需要再使用亚马逊网站来销售它们的产品。

泛工业企业与电信大王的比拼。AT&T 和威瑞森（Verizon）之类的电信公司可以成为潜在的"黑骑士"，即有机会撼动泛工业战场且带来惊喜的"战斗人员"。它们负责提供 IT 公司、社交媒体公司、制造业企业和消费者之间的所有通信服务，而这意味着只要政府法规不阻止，它们就能够获得大量的消费者数据。

在与泛工业企业的战争中，电信大王们享有一些真正的优势。一个最大的优势是在物理通信网络上的重大投入，其他公司很难复制这一点。由于5G 网络的推行，所有智能设备都可接入这个高效可靠的可扩展网络，消费者能够获得真正意义上的人工智能服务。

如果电信大王们利用它们所掌握的消费者数据来创造个性化的定制产品和服务，它们将在泛工业战争中获胜。至于泛工业企业，如果它们能保持自身巨大的优势，即对电信大王们尚不具备的制造系统和基础设施的控制，它们就将战胜对方。

问题的关键在于网络中立性以及电信公司运用它的方式。如果电信巨头成为工业平台和 B2C 平台上信息传递的瓶颈，那么所有的预测结果都会落空。这意味着，电信巨头会有能力决定科技巨头和泛工业企业的命运，或者迫使二者去寻找不使用互联网或电信网络与客户和供应商沟通的方法。

在争取超级融合新市场的主导地位时，泛工业企业肯定会与一些意志坚定的强大对手发生面对面的对抗。但最终，它们很可能会战胜其他类型的公司，因为后者不能像它们那样利用增材制造技术与工业平台所提供的无与伦比的力量。

泛工业企业的品牌互斗

泛工业企业还将通过实施多种品牌战略而相互竞争。有些企业可能会选择围绕一个单一的强大品牌建立有明确定义的技术和市场核心，例如汽车巨头福特用同一个品牌名称来推销它的轿车、载货汽车和其他产品。有些企业可能会选择开发一个强大的品牌，将一套松散定义的技术集合起来，服务于多个市场，就像英国亿万富豪理查德·布兰森（Richard Branson）名下的维珍集团在旅游、餐旅管理、媒体、金融和医疗等不同领域开展业务那样。有些企业可能会采取强调统一的技术主线的战略，从而将一系列本不相同的品牌标识联系起来并增加其价值，例如"Intel Inside"（内含英特尔）品牌推广方法。有些企业则可能会试图抓住一个特定的市场定位，就像古驰和宝格丽等品牌努力为它们销售的每一件产品贴上高端奢侈品的标签那样。

无论如何，所有泛工业企业都必须解决的一个核心问题是，在一个产品不断被重新设计的时代，一家公司或一个由公司组成的集团要用极其多变而丰富的产品来满足复杂多样的市场，当这些产品缺乏明显的统一主题或风格时，品牌到底意味着什么？

对于这个问题，每一个泛工业企业都会找到属于自己的答案。它们对于这个问题的理解将决定谁会在这个日趋统一的巨大商业棋盘上取胜。

泛工业企业即将面临的 3 大对决

那些试图在动荡时期应用不那么激进的 SWOT 原则的公司，将无法充分利用实时学习、大幅提升的速度和灵活性，以及机动地控制或包围对手核心泛工业市场的潜力等现实中的力量，因此很可能在争夺优势的竞争中落后。

"柔道战略"：柔道型竞争者会通过迅速进入未被占领的市场或创新产品和服务，以重塑市场空间来避免直接冲突。

"相扑战略"：相扑型竞争者喜欢并寻求直接冲突，因为它们知道可以通过纯粹的武力压倒对手。它们部署大量资源来控制巨大且利润丰厚的市场空间，希望削弱竞争对手的影响力范围并从竞争对手那里夺取主动权。

事实上，在不久的将来，泛工业市场很可能会展示出两种竞争风格叠加后的任意一种组合：柔道战略对柔道战略、相扑战略对相扑战略和柔道战略对相扑战略。

"机器大战"：重点是改进增材制造、混合制造系统和相关技术。

"平台大战"：聚焦于开发最好的工业平台。

为进一步提高增材制造技术的效率和能力，人们正在以下 5 个科学领域展开探索：

- 应用化学科学
- 电磁科学
- 高级材料科学
- 计算机前沿科学
- 其他机械科学

泛工业企业有可能面临的对决：

- 与恐龙级企业的较量
- 与美国西海岸科技巨头的对决
- 与电信大王的比拼

10

新秩序：经济将被推向更高阶的繁荣

THE
PAN-INDUSTRIAL
REVOLUTION

How New Manufacturing Titans Will
Transform the World

东莞是中国广东省下属的一个城市。得益于中国庞大的劳动力储备，作为工业产业聚集地之一，东莞近几十年来得以与中国经济体中的其他城市一起联动增长。

矛盾的是，东莞也是世界上首批"无人工厂"的所在地之一。无人工厂的装配团队由 60 个机器人组成，每月能生产数十万个手机零件。机器人由与计算机相连接的传感器和控制装置引导，全自动载货汽车和仓储设备将产品从装配线运往仓库和运输设施，整个生产过程不需要任何人接触任何组件（见图 10-1）。

图 10-1　在中国东莞的一家"无人工厂"里，装配线上的机器人正在操作

实际上，"无人"这个形容词略显夸张。由长盈精密技术公司管理的这家"无人"工厂实际上雇用了大约 60 名员工，他们通过计算机屏幕监控 10 条生产线，偶尔亲自到工厂车间查看。这家工厂 2015 年初雇用了 650 名工人，与之相比，60 人只占到其中很小的比例。时任该公司总经理助理的罗卫强说，他们的员工人数很快会减少到 20 人。更重要的是，由于机器人取代了工人，这家工厂的产量激增了 250%，而产品缺陷率从超过 25% 下降到不足 5%。

鉴于这样的现实，很难想象长盈精密技术公司有什么理由要考虑雇用此前的数百名员工，厂里已经没有需要他们的工作岗位了。这个例子生动地说明了技术变革将如何对经济、社会和人类产生巨大影响。未来几年，我们会见证一系列由泛工业革命带来的类似冲击。

新技术造成大量失业

众所周知，美国等工业化国家的制造业工作岗位数量在持续下降。这个现象受到了非常广泛的关注，在 2016 年美国总统大选时曾经被视为重要的政治议题。把制造业外包到亚洲和拉丁美洲的一些低收入国家是造成美国就业机会减少的原因之一，但更重要的原因是技术进步及其所带来的生产率的提高。那些还留在美国的工厂，现在可以用更少的员工生产与过去一样多甚至更多的产品。而正在进行的制造业革命以及增材制造和工业平台的出现，只会加速这一趋势。

值得注意的是，一些商界领袖认为，制造业就业人数下降的趋势既是数字革命的原因，也是它的结果。从这个角度来看，美国企业之所以特别渴望将生产方式数字化，正是因为招聘和留住企业生产所需的各类技术人才的难度越来越大。台式打印机制造商 Airwolf 3D 的联合创始人兼董事长埃里克·沃尔夫（Erick Wolf）这样说："由于知道如何操作计算机数控机、注塑机和激光切割机等设备的工人越来越少，最终美国制造业不得不转向一种更复杂的自动化技术，在不需要增加人力的情况下提高生产率。这种技术就是 3D 打印。"

如果这一理论是正确的，而且有些历史证据表明劳动力短缺的确有助于刺激技术发展，那么就业人数下降的趋势似乎就更加不可阻挡了。

随着数据分析能力和准确性的提高，以及现在许多由白领员工做出的运营决策实现自动化，传统的中层管理人员也将变得多余。

最终，自动化的数字代理人会接管那些我们一直认为只有高技能、有经验的人类才能完成的任务。这一幕会成为现实吗？这一变化很可能发生得比你想象的更快。大量证据表明，人工智能的发展最近跃过了一个临界点，它的各项能力正在进一步加速发展。

THE PAN-INDUSTRIAL REVOLUTION
翻转世界的超级制造

如何应对"失控"的聊天机器人

以 Facebook 所做的实验为例。它训练聊天机器人进行多议题谈判，目标是在两个具有不同议程和优先事项的行动者之间达成可以接受的协议。2017 年，聊天机器人很快学会了处理谈判的全过程，并取得了满意的结果。更重要的是，研究人员观察到它们发展出自己独特的、外人无法理解的简单语言，从而提高了谈判的效率。有一个聊天机器人曾经使用"Balls have zero to me to me to me to me to me to me to me to me to me to"这个"句子"来指代交易决策过程中的多轮"标记"。

Facebook 的研究人员中止了这项实验，并称这一结果表明实验过程无法被控制，而且它使人们对聊天机器人在失控或研究人员无法理解的情况下的行为感到担忧。研究人员的决定不无道理，但这个事件也说明当下的智能数字代理人能够在人类老师最低限度的指导下，飞速地开发出自己的工具和方法来处理和解决问题。

对这一发展的反应是振奋还是忧虑，取决于读者自身的哲学观和信念。但现实是这个变化正在发生，而且毫无疑问，它意味着自动化数字实体很快就有能力完成目前由人类执行的诸多任务。能够相互协商并达成令人满意的交易的聊天机器人，与能够管理仓库、安排服务事项、组织生产计划、监控库存水平、安排运输以及根据产品需求变化订购供应品的聊天机器人之间并无太大区别。当上述每一项工作都实现了自动化之后，从前一家大型企业雇用上万名工人的现象将不复存在。

如何应对失业挑战

增材制造的普及会带来一些补偿性的就业趋势。现在车间和装配线上的常规制造工作将被取代，而适应增材制造、创成式设计、产品模块化和其他具有创造性挑战的技术工作会相应增加。对一些人来说，这种转变会带来更大的好处。训练有素的工人将不再受困于在既不卫生又危险，有时甚至让人精疲力竭的工厂中进行重复乏味的工作。在接下来的十几年里，从事制造业的工人人数可能会减少，但与过去的同行相比，他们将享有更好的工作条件和更丰厚的薪水。

此外，企业仍然需要管理人员来处理人际关系和沟通问题，特别是当庞大的泛工业组织通过工业平台把来自多个行业和市场的公司联系起来的时候。一些泛工业企业将发现它们越来越需要人类在这些企业之间建立和维持最高层级的联系。

这些人类"连接者"和"沟通者"要处理的，不再是重要但相对日常化的运营问题，而是更深远的战略问题，这些问题需要综合不同背景和身份的人员的专业知识。专注于这类挑战的高级人力团队，很可能在帮助未来的泛工业企业维持最佳运行状态方面发挥重要的作用。

至少在一段时间内，对程序员等数字专家的需求还将继续增长。"重工业"制造时代涌现的企业巨头，正在以相当于整个软件公司的规模吸纳该领域的人才。

THE PAN-INDUSTRIAL
REVOLUTION
翻转世界的超级制造

持续增长的"码农"大军

拥有 170 多年历史的西门子，雇用了超过 24 500 名软件工程师，从事平台工具、应用程序、网站和其他数字数据测控系统方面的工作。西门子所雇用的软件工程师的人数超过了许多软件公司。

这支"码农"大军开发出的应用程序已经在助力世界上一些最先进的新制造项目。计算机辅助设计软件包 Solid Edge 是令西门子引以为傲的一项"同步技术"，允许世界各地的合作者共同参与设计过程。洛克汽车一直在其创新性的众包汽车开发过程中使用该软件包。2018 年 3 月，西门子与创业公司 Hackrod 建立了合作伙伴关系，其提供的软件工具将允许任何人使用创成式设计、虚拟现实、人工智能和 3D 打印来设计一款定制汽车。

连接者、沟通者和编程者所创造的新工作岗位在数量上是否能弥补传统工厂工人失去的工作岗位？可能不会。除了在未来几十年里寻找工作的人与现有工作岗位存在技能不匹配的问题以外，与劳动年龄人口的增长相比，空缺职位的数量也可能是严重不足的。在接下来的十几年里，增材制造、工业平台、人工智能、云计算和超高效数字企业网络的综合效应将会淘汰数百万个工作岗位。而且，随着这些技术工具的不断成熟，许多连接者、沟通者和编程者也会发现自己的工作正在被机器夺走。

如果即将到来的制造业革命造成许多专家预测的大规模失业成为现实，那么解决它带来的经济和社会影响其实并不容易。大规模失业与健康状况下降、毒品使用增加、心理健康出问题、家庭破裂和犯罪率上升都有关系。一些政府项目会试图解决这些问题。但是，当人们意识到在一个连有知识的熟练工人也基本不需要的世界里，就业培训计划可能根本没有什么用的时候，罗斯福新政时期推行的工程项目管理局（Works Projects Administration）和平民保护团（Civilian Conservation Corps）一类的福利项目就会被再次提出。以提供营利性部门不感兴趣的服务为目标的政府项目，如照顾儿童、老人和弱者，可得会被进一步推广。全民医疗、大学免费教育和保障性年收入等概念将会变得越来越受欢迎。

显然，在数百万人失去工作的同时，在很大程度上推动这一趋势的泛工业公司、泛工业联盟和泛工业集团将变得规模庞大、财力雄厚，且在政治领域享有举足轻重的影响力。由泛工业界支持的、为公职候选人筹集资金的企业类政治行动委员会所具有的财力，可能会使公众乃至亿万富翁的捐款相形见绌。富有而强大的泛工业企业以及作为实际所有者的、富裕的股东们将成为政治权力的中心，就像 19 世纪 90 年代及 20 世纪初 J. P. 摩根这类"镀金时代大亨"（Gilded Age tycoons）那样。这些人可能会抵制政府为缓解失业影响所实施的慷慨的救助计划，特别是为资助这些计划而增加的公司税。

所有这些事态的发展，可能会开启一个危机四伏、社会动荡的新时代。如果政府实施的改善措施被证明不够有效，而事实很可能正是如此，那么流离失所的群体的愤怒很可能会引发表现形式难以预测的民粹主义运动。一面是企业权力，另一面是民怨沸腾、内乱甚至叛乱的威胁，政府将会被夹在中间，左右为难。

激愤的民众是否会要求政府遏制泛工业企业并采取接管生产资料和大刀阔斧的财富再分配计划等措施？政治家和煽动家又是否会鼓动群众将自己的经济问题归咎于"他人"，从而使社会压力和国际关系更加恶化？无论现实走向哪种情况，政府能顶得住这样的压力吗？正如我接下来要在本章讨论的那样，人类社会的未来在很大程度上取决于泛工业企业领袖和影响政府行动的政治家的决定。

信息霸主，数据就是经济武器

泛工业企业由于能够获得有关制造商、消费者、投资者、工人、市场乃至国家的大量信息而掌握的巨大权力，将是社会冲突和政治冲突的另一个潜在来源。

一个活跃在金融、重工业、消费品、服务业、社交媒体和其他业务领域的泛工业组织将有机会获得各种各样的数据，而且它有巨大的动力汇集并分析这些数据，并利用它们取得相对于正与之竞争的泛工业企业、企业高管和政府官员的优势。这种获取数据的内在动力将引发一系列需要企业高管、政府监管者和普通公民努力解决的复杂问题。

- 如何监管泛工业企业对数据的使用？这些数据能否被用来指导股票交易，或者此类行为是否构成非法内幕交易？
- 由泛工业企业控制的公司信息是否可以被卖给任何能从中获利的人或实体，如供应商、竞争对手、股票分析师、记者、政府监管机构、外国企业等？
- 如何定义和控制数据所有权？它们是否可以被拍卖，或者像商品一样在"数据交易所"进行交易？
- 数据本身是否会成为资产，从而被计入公开在证券交易所交易的上市公司的核心资产？
- 来自华尔街的激进投资者和企业拆分专家是否会迫使泛工业企业剥离其数据，以此实现价值的最大化？
- 泛工业企业是否能够利用投资银行家策划敌意收购，并且以将公司与其数据分离的方式来削弱对手？
- 政府如何防止私人企业数据被用于勒索、欺诈、操纵选举、虚假新闻以及其他邪恶目的？

以上每一个问题都会引发一连串其他的问题，而由此带来的种种联想，时而引人入胜，时而令人不寒而栗。想想看，如果一家将触角伸向众多行业的泛工业企业所拥有的数据中隐藏的不光彩的内幕被曝光，这将会引发怎样的混乱？再试想一下，要是这些数据落入正在起诉某家公司的原告、以反商业斗士形象示人的地区检察官、调查记者、维基解密一类的组织、敌对的外国势力乃至恐怖分子的手中，结果又会怎样？

全球企业版图上的权力将会转移

随着时间的推移，泛工业企业所累积的经济实力将超过许多国家。由于在世界各国都有组织生产、销售的基地，而且既不会受到政治倾向和爱国情怀的约束，也没有能够控制它们的国际法庭或机构，泛工业企业将自由地把它们投资的业务从一个国家转移到另一个国家。当然，这种资本转移今天已经在发生，但泛工业企业的巨大规模将极大地增加未来资本转移的幅度和影响力。

泛工业巨头崛起所带来的全球影响很难被精准地预测。现在许多美国人关心全球化将对美国的未来产生怎样的影响。他们想知道美国将来是否还会是世界上的超级大国，而其他国家的日益崛起是否意味着从长期来看，美国可能会失去全球的领导地位。

诚然，美国在制造业革命引发的新一轮竞争中享有一些独特的优势。美国的公司在创造和应用新的增材制造和数字制造技术方面处于领先地位。它们将是首批找到办法使用人工智能进行跨公司协调的企业，这种协调能力将被泛工业企业用来重组自身和全球经济。在其他国家，泛工业企业的发展可能不会特别顺利。

多个因素的组合使得美国在建设未来泛工业企业的竞赛中占据优势。然而，它的优势不见得会一直持续下去。

无论未来会发生什么，很明显，一些国家将成为经济上的赢家，另一些国家则是输家。全球贸易格局和地缘政治力量也将随之改变。伴随内部稳定局面的瓦解和硬资本通量的枯竭，一些国家将会崛起，另一些国家则会走向衰落。增材制造将推动生产本地化，企业将供应链缩短至贸易集团内部或单一国家境内，以规避保护主义。出口大国的力量将被削弱。由于增材制造和数字制造消除了组装产品的需求，以低成本劳动力为特征的国家的实力也将被削弱。

技术性失业的蔓延、供应链的缩短、本地化生产的增多以及产品仿制速度的加快，可能会对将自己定位为"世界工厂"的发展中国家造成严重的影响。一些国家在经济建设中一直仰赖的劳动力成本优势已经开始消失。正如《经济学人》所指出的，由于劳动力成本的重要性不断下降，早在 2012 年，将生产外包给发展中国家的趋势已经发生逆转。例如，在第一代 iPad 499 美元的售价里，制造业劳动力成本的价值仅占 33 美元。正在推进制造业革命的增材制造及相关技术，只会加速这一趋势。

泛工业企业的发展还可能带来其他影响。例如，国际贸易的减少和各国经济独立性的提升，以及后果难以预测的国家间权力平衡的改变。世界上最贫穷的国家，由于被剥夺了以低成本劳动力为优势的发展途径，可能会发现自己沦为世界经济最底层的一员，永远也看不到希望，而资本主义世界对此也无能为力。北卡罗来纳大学教堂山分校凯南－弗拉格勒（Kenan-Flagler）商学院教授扬－本尼迪克特·斯廷坎普（Jan-Benedict Steenkamp）描绘了这种力量将如何发生作用：

> 很多人在谈论印度有机会从其人口增长中获得的人口红利。那么要不要看一下撒哈拉以南的非洲呢？预计未来 50 年内，那里的人口将增加 2 倍，达到 27 亿左右。所有这些新增人口都需要工作，而随着低技能岗位自动化进程加快，新兴市场通过制造业提升价值

链的传统模式正在瓦解。如果数以百万计的低技能人员无法找到生产性工作，社会动荡和大规模移民几乎是必然的。

发展中国家有希望面对另一种局面，它们在经济上越来越自力更生，通过对增材制造和其他新技术的运用，用当地的原料、人才和资本，生产自身所需的一切。

正如斯廷坎普所言，东南亚、中东和非洲等地区之间经济一体化的加强可以帮助推进同样的转型，因为"如果国家间的区域性贸易增加，它们就会减少对西方的依赖"。与其被迫在全球贸易体系的最底层维持生计，这些地区的国家还不如通过打造自己的梯子来找到独立的财源。

一些发展中国家可能会成为技术革命的领导者。一些专家认为，**中国可能已经在为实现这样的超越做准备**。风险投资机构负责人李开复曾表示，目前在人工智能应用领域处于世界领先地位的 7 家公司来自 2 个国家——美国和中国。他所列出的 7 家一流的人工智能公司分别是谷歌、Facebook、微软、亚马逊、百度、阿里巴巴和腾讯。基于这一评估，李开复认为，未来几年，美国的公司可能会主导人工智能在各个发达国家的扩张，而中国的公司将在发展中国家扮演同样的角色。李开复的预测是否可信？俄罗斯又将扮演什么角色？未来，所有这些预测都会得到检验。

正如上述简短总结所说，我们不太可能精确地预知制造业革命将如何改变全球力量平衡。泛工业化的新兴趋势将如何影响崛起中的大国是其中最大的问号。然而，美国目前仍在开发和应用推动这场革命的新技术的领域发挥着主导作用，这意味着美国的财富、权力和影响力可能不会发生大规模的崩溃。

更清洁、更健康、更繁荣的未来

如前所述，泛工业企业时代将带来一系列的社会、政治和经济问题。但我们绝不能因为关注即将面临的真正挑战，而忽略泛工业企业将为绝大多数人带来的巨大利益。

泛工业企业将极大地推动这些利益的实现。在 20 世纪上半叶，福特、通用、惠而浦、通用电气、通用食品、家乐氏、卡夫和西尔斯这样的大公司为数百万刚刚富裕起来的美国人带去了一系列前所未有、种类丰富且物美价廉的商品，而泛工业企业也将为接下来的几代消费者营造更丰富多彩的生活。

如果能够真正地建立起一种公平的社会和经济布局，让社会各界分享这场制造业革命的益处，那么未来的世界很可能会变得更加富有活力。这场制造业革命将会把经济推向更高阶的繁荣，人人都将负担得起难以计数的新产品或改进产品。以下五个原因我们已经讨论过。其一，拥有增材制造技术和工业平台的公司可以更接近客户，对需求的响应更积极，有能力比以往任何时候更快、更经济地开发新产品并将其推向市场。其二，与以往相比，大规模定制和大规模模块化等产品设计新模式可以使商品更精准地满足客户需求，从而提高市场效率和消费者满意度。其三，工业平台带来的增强型多向信息流同样会带来透明度更高、成本更低以及供应商、商业伙伴和客户之间的需求和资源匹配得更好等优势，从而使经济更加高效。其四，由于数字网络使新的商业生态系统相互连接，相比于今天，好的想法会更迅速地从一个行业传播到另一个行业，从一个地方传播到另一个地方。其五，新技术所带来的生产本地化、供应链缩短以及由数据驱动的生产、分销和物流系统将进一步减少经济中代价高昂的摩擦，为更具生产力的项目腾出资金。

简而言之，增材制造和数字平台带来的诸多好处将使企业更好地服务客

户，推动全球 GDP 增长和生活水平的提高。 从长远来看，泛工业经济产生的新财富应该能在经济中创造足够的价值，为一系列新的社会保障和福利措施提供资金，甚至可能最终实现全民基本收入以及人人都能负担得起的高水平的教育和医疗保健。

推动经济革命的技术变革不会是社会效益的唯一来源。尽管人们对泛工业企业所拥有的经济力量和政治权力提出了合理的质疑，但其庞大的体量也有可能为社会创造大量新的价值来源。巨型泛工业集团将拥有可观的财富、产品范围和规模，可以管理单个公司和大多数政府都没有能力处理的大型综合技术项目，如智能区域运输系统、新型能源电网、智能城市基础设施计划等。它们有能力创建大型的独立研究机构，并使这些机构致力于解决各种各样的科学挑战，这在某种程度上会让人想起以前的贝尔实验室和施乐帕洛阿尔托研究中心（Xerox PARC），二者曾开发出许多当今世界赖以生存的技术。而且，由于与金融公司的联盟，巨型泛工业集团会最大限度地减少对华尔街现金注入的需求，不容易受到短期利润预期的影响，也就可以自由地思考自身的未来和世界的未来。

与此同时，**这场制造业革命会让未来几代人享受到更清洁、更健康的环境，从而大幅提高人均生活水平。**

减少碳排放，使用 3D 打印实现可持续发展

举例来说，3D 打印将通过多种方式减少碳排放。首先，3D 打印带来的高精度可以降低无排放太阳能电池板和风力涡轮机的成本并提高其效率。一些使用增材制造方式生产的实验性电池板即使在阴天也能捕获大量的能量，这对位于北半球的地区来说是一个巨大的潜在利好。这些创新将加速产业能源从化石燃料向无碳能源的转变。

增材制造本身耗用的能量并不亚于传统制造，但前者排放的烟雾和其他有毒气体更少。通过过滤废气，这些排放物得到了更好的控制和净化。惠普新推出的多射流熔融打印机是一款"办公室即时打印"的机器，换句话说，它能够在职员的办公桌旁清洁而安全地打印新产品。

我们也曾指出，更加本地化的增材制造生产，将减少运输需求，从而减少碳排放。这已经成为事实。UPS 名下一项可观的业务是为工业客户提供仓库保管工作，然后再根据需要用飞机和载货汽车快速交付特定的零件。最近，它在美国肯塔基州路易斯维尔市的中心基地安装了 100 台大型 3D 打印机，目的是减少仓库空间和运输距离。越来越多的零件将完全按需生产。而且，随着 3D 打印机变得越来越易于使用，具有更好的兼容性，成本也更低，该公司很有可能会在其地区乃至所在地基地和仓库加设打印机。长期来看，进出路易斯维尔市的大型喷气式飞机将大大减少。正因如此，UPS 现在越来越强调自己是物流公司而不是托运商。

减少碳排放的另一个原因是 3D 打印机能够生产设计精巧的零件，使其用料更少而强度却与以传统方式制造的零件相同。例如，蜂窝式的结构由于比目前通用结构的质量轻得多，可能会被大量应用于喷气机、汽车和建筑物。蜂窝式的结构也被证明是一种良好的绝缘体，因为它可以将空气隔绝在其墙壁内部，就像多层玻璃那样。假以时日，经济流通领域的各种产品会越来越轻，那么移动它们所需的能源自然就会越来越少。

3D 打印技术所带来的好处远远不止于碳排放的减少。增材制造机器生产产品的方式是逐层或逐块地用材料准确地生成一个产品，制成的产品用到的材料恰好就是最终产品所需的材料。相比之下，如今大部分行业还在依赖数控铣削等减材制造的生产方法。传统机器先做出一个粗略的形状，再将它削成所需尺寸，并进行精加工。传统工艺产生了大量浪费，结果常常是丢弃的材料比最终实际用于产品的材料还要多。

THE PAN-INDUSTRIAL REVOLUTION
翻转世界的超级制造

按需打印，减少材料的浪费

upAM 系统这种新型的"循环经济"系统有可能进一步地减少材料的浪费。upAM 系统由卢森堡大学科学、技术与通信学院的两位研究人员克劳德·沃尔夫（Claude Wolf）和斯瓦沃米尔·肯齐奥拉（Slawomir Kedziora）设计，可以将 3D 打印与回收塑料废料的过程结合起来。废弃的塑料制品将由粉碎机磨碎，被重新制成新的聚合物长丝。研究人员指出，与全新材料制造的同等丝材相比，回收丝的质量与其相当或更好。他们解释说："这种工艺流程的目的是形成产品生命周期的封闭循环。"该大学的学生已经在小规模地使用 upAM 系统来回收不需要的塑料制品，再按需打印出新品。

3D 打印技术还有助于缓解气候变化带来的危害。传统方式制造的产品通常形状方正、表面平滑、直线多、曲线少。然而，自然界充满了不规则的线条，非 3D 打印不能模仿。因此，3D 打印技术可以更好地适应自然。正如我在第 1 章中提到的那样，它有机会被应用于人工珊瑚礁的建造。

防浪墙为 3D 打印技术提供了另一个发挥空间。由于海平面的上升，沿海城市将大量投资，以扩建和加强防浪墙和堤坝。3D 打印能够制造有着复杂形状的水泥表面，当波浪从四面八方击打到防浪墙上时，它复杂的表面能够将波浪中蕴藏的能量分散到多个方向上。以传统方法生产的有着平坦墙面的防波墙必须吸收更多来自海水的能量，而 3D 打印的防浪墙则可以不必制造得那么坚固厚实。因此，后者可以减少混凝土的运输和搅拌，同时减少化石燃料的消耗。

总而言之，与当今世界相比，一个制造业由 3D 打印和使之效率超高的全方位数字技术主导的世界，可能更具有环境可持续性，甚至有可能引发经济大繁荣，为全世界人民带来显著利益。

THE PAN-INDUSTRIAL REVOLUTION

未来触手可及，只要我们有足够的智慧并坚定地实现它

有迹象表明，我们可能即将迎来新的黄金时代，一个经济全面增长、社会进步、生活满意度高的世界，推动力都来自前文所述的各种技术发展，以及商业领袖和政治领导人所做的明智选择。

一些历史循环论者认为，这就是未来发展的趋势。这些分析专家指出，技术开发、投资和应用的周期往往会推动经济和社会发展。美国经济史可以被描述为一波又一波的浪潮，每一次浪潮都是由一项重大技术创新带来的，而且技术创新将催生新的商业帝国和商业模式。从本质上说，这些浪潮为推翻旧帝国或建立新帝国创造了机会。

19世纪末出现的新制造技术和新资本分配系统造成了颠覆性的结果，强盗大亨的商业帝国崛起，推翻了先前由铁路、纺织和农业设备大亨们建立起来的帝国。虽然每个帝国崛起的时代最初都以少数有创造力且幸运的商业领袖获得巨大的财富为特征，但通过创造就业机会、提供新产品和服务以及社会财富的整体激增，这些商业帝国最终也为数百万人带去了全方位的经济利益。

数字化新工具使商品生产具备了更高的效率、质量和灵活性，并使商品比历史上任何时候都更廉价易得，与此同时，它还减少了自然环境的压力。这些新工具使一个新的黄金时代成为可能。

当然，伟大的历史进步不会自发地出现。商业领袖和政治领导人有责任确保这场制造业革命的潜在利益得到了有效开发，并在全社会广泛分享。当然，他们也可能选择不与整个社会分享这些利益。

对于今天的我们来说，最重要的是，一些预言家所设想的近乎乌托邦式的未来，对数亿人来说，可能是未来几十年里触手可及的事情——只要我们有足够的智慧去筹划并坚定地实现它。

THE
PAN-INDUSTRIAL
REVOLUTION

第三部分

应席卷趋势之道，
为未来做好万全准备

How New Manufacturing Titans Will
Transform the World

在进入下一个部分之前，不妨先简单回顾一下。本书的第一部分介绍了正在改变制造业的各种新技术，并阐述了泛工业企业这种新型公司崛起的方式和原因。第二部分探讨了这些技术变化促成的竞争性结果，说明了泛工业革命将如何改变企业、企业发展战略以及竞争的性质。第二部分还详细描述了不同类型的泛工业企业及其通过竞争捍卫和扩大影响力范围的种种方式。最后，第二部分简要地讨论了泛工业市场将在全球范围引发的各种挑战。

在第三部分中，我将提供一些具体的建议，指导当下的企业家如何利用目前正席卷制造业世界的各种技术趋势，让企业为即将到来的巨大变化做好准备。我将逐一介绍增材制造技术等技术创新应用的 4 个阶段，说明企业家应该如何确定所在行业或企业所处的阶段，并对您所在的企业应采取的阶段管理战略提供建议。我还将提供其他有关增材制造技术应用的实用建议，如克服内部阻力并确保企业战略始终以客户为核心。另外，我还将解释企业为何要认真规划并确保充分利用增材制造所能带来的各种优势，并对具体规划方式给出建议。

开启你的增材制造创新之路

THE
PAN-INDUSTRIAL
REVOLUTION

How New Manufacturing Titans Will
Transform the World

　　如果你正参与经营一家制造公司，你很快就可以采取一种比以前更好、更快、更简单便宜和灵活高效的生产方式了。你将能够更迅速地实现创新，为不同市场提供更精细的产品、满足更广泛的需求。同时，你还将大量减少金钱、时间、能源和自然资源的浪费。

　　回想一下 20 世纪六七十年代没有台式计算机的时候，没有文字处理程序、电子表格工具、智能手机应用、社交媒体和互联网，人们是怎么处理工作的。再过 20 年，当我们回想眼下这段制造业革命尚未到来的日子，我们会惊叹于自己所经历的惊人进步，其中许多进步在那时已经变得稀松平常。

　　然而，请注意，并不是所有的公司都能从即将到来的转型中同等受益，特别是在转型的早期阶段。一些公司会由于保守、知识不足、惧怕变化或缺乏远见而落后。另一些公司将迎头赶上，比行业领袖晚一两年采用新技术。它们还来得及享受新技术提供的一些战略和经济优势，但已经无法在竞争中抢占高地。与此同时，一些在增材制造领域充当先锋的公司将创造条件和机会，比竞争对手更快地开发出独门绝技并获得实战经验。如果能够充分把握所获得的机会，它们就会跨越传统市场和行业的分隔，在不同的领域产生巨大影响力，并且在未来几十年里持续获得可观的额外收入及利润。

　　在 2015 年的一次采访中，时任通用电气首席执行官的杰夫·伊梅尔特巧妙地总结了企业领导者所面临的挑战和机遇：

> 现在标准普尔 500 指数估值的 15% 或 20% 是由互联网消费类股票提供的，但它们在 15 年或 20 年前还根本不存在。（现有的）消费品公司都达不到这么高的估值。你再到零售、银行、消费品公司中去寻找，一个也找不到。如果你展望未来 10 年或 15 年，并且认为工业互联网将会获得同样的估值，作为一家工业企业的领导者，你难道会只坐在那里说："我一点也不想要这样的估值，就让新公司或其他什么公司拿去吧。"你真的会甘于如此吗？

在采访中，伊梅尔特提到了"工业互联网"将要创造的价值。就像读者在前两个部分看到的那样，工业互联网、增材制造、工业平台以及在创造、生产和分销商品时相关技术的级联影响创造出了一个规模更加可观的价值流。这个宏大的现实使伊梅尔特关于选择紧迫性的观点变得更有说服力。讽刺的是，仅仅两年后，伊梅尔特本人就在一场有关公司战略方向的争论中被赶下了通用电气首席执行官的宝座。通用电气是否会偏离伊梅尔特为其设定的似乎指向泛工业革命的路线呢？它又是否会保持方向不变，向着那个方向加速前进呢？在华尔街、大投资者和不断变化的竞争现状带来的重重压力下，通用电气的现任领导正在努力寻找这些问题的答案。

与此同时，许多公司的领导者也开始关注增材制造技术和工业平台的潜力。对他们来说，认真筹划进入这个新领域后所要采取的最初几步行动非常重要。与此同时，他们还必须以未来的泛工业市场所带来的一些重大而深远的变化为背景来思考这些行动。在本章和下一章，我将讲述：为了迎接即将到来的泛工业革命并公平分享这场革命创造的利益，企业现在可以采取哪些关键的举措。

技术、组织、资金，为超级制造做好 3 大准备

企业领导者要决定如何积极地投资于增材制造技术以及自何时起实施新技术，必须先考虑现有的准备情况，具体有以下 3 种：

1. **技术准备情况**。摸清所在行业和所领导的公司内部应用增材制造技术的现状。例如，你的公司能利用现有增材制造技术和材料制造你们的产品吗？如果不能，你可能就需要与材料制造商合作，请对方生产与本公司产品最匹配的复合材料。此外，现有的增材制造设计工具是否适用于你的公司制造的各类产品？如果不适用，你就要面对新的困难，也就是说，你要做的首先是努力调整现有项目或创建新的设计工具来满足现有的需求。

2. **组织准备情况**。你的公司是否已经拥有或能够轻易招募到实施增材制造技术的工程专家和开发人才？公司员工和整体运营观念中固守传统生产方法的程度如何？员工是否愿意尝试增材制造技术？组织内部的竖井式结构严重吗？假以时日，增材制造技术可能会使职能部门之间的界限模糊化，从而改变组织形态，因此习惯跨部门合作的组织将比部门界限僵化的组织更轻松快速地转向增材制造技术。

3. **资金准备情况**。增材制造技术设备和工业平台的资金需求因市场和公司而异。充满竞争的现实很可能发挥关键作用，迫使你采取行动。例如，如果一个主要竞争对手迅速地转向了新技术，你就被迫要加速转型，以免落后于竞争对手。要想取得成功，你必须在投资时密切地关注当前和潜在的市场、你公司的能力以及当前技术和尚在开发的新工具所具有的优势。选择合适的商业模式将有助于你的公司专注于在新环境里争得所需的要素。

3 大死巷，不要走这几步

企业领导者如果希望充分利用泛工业革命所带来的潜在优势，则应该避免以下这些常见的错误。

陷入工业 4.0 的困境。现如今，工业 4.0 似乎是增材制造技术最流行的发展模式，在欧洲尤其受到追捧。工业 4.0 是指一揽子数字制造技术，其中除了增材制造技术，还包括机器人技术、人工智能、大数据、增强现实技术和物联网。它的愿景之一是提高制造过程的灵活性，这同时也是增材制造技术的一个关键优势。然而，在实践中，工业 4.0 这一发展路径并没有给增材制造技术提供太大的发展空间，该技术主要被应用于原型设计和扩展机器人的领域。工业 4.0 的发展路径延续了传统制造业的结构，特别是其中资本密集型的装配线以及漫长的供应链，所以它永远无法实现真正以增材制造技术为中心的经营灵活性。奇怪的是，今天的许多工程师似乎更喜欢这个路径，这也许是因为他们更愿意在一个熟悉的结构中试验新技术。但是，墨守成规不利于企业探索及在生产中应用增材制造技术的主要功能。工业 4.0 很可能是基于传统生产方法的旧生产模式的最后挣扎。

THE PAN-INDUSTRIAL REVOLUTION
翻转世界的超级制造

当 3D 打印遇上工业 4.0

这里需要注意术语的使用问题。阿迪达斯等制造商声称它们正在应用工业 4.0 的理念。然而，这些公司实际上正在有意识地向以增材制造技术为中心的全数字化制造过渡。由于某些产品线需要更复杂的设计，某些产品线需要采取定制模式，再加上某些部件需要标准化生产（如新推出的数字优化的跑鞋鞋底等），阿迪达斯不得不对传统的装配线进行彻底改造。

阿迪达斯的做法完全不同于大多数采用工业 4.0 理念的公司。这些公司大多试图保留传统生产方法，同时又坚称自己正在走向数字化。因此，这些公司在应用以增材制造技术为中心的商业模式时很可能会经历一段困难时期，因为它们在传统生产系统上投入了大量资金，并且需要在旧设备上加装工业 4.0 的功能。当市场竞争最终迫使它们向以增材制造技术和工业平台为核心的新系统跃迁时，这些公司将不得不把那些传统设备和工业 4.0 设备进行核销处理。

因此，对于计划进入增材制造技术世界的公司，我给出的第一条重要建议很简单：不要指望固守传统制造业熟悉的组织结构和方法。从一开始，就要认真对待真正的、以增材制造技术为中心的制造过程所能产生的更大影响，并着手考虑如何围绕增材制造技术带来的新能力重建整个业务模式。

试图将创新制造外包出去。另一条走不通的路是在增材制造的零件或产品的供应上试图依赖 3D 打印店之类的外部供应商。外包或许适合试验增材制造技术的初期，但最好尽快将大部分此类生产转入公司内部。只有这样，你的公司才能获得增材制造技术的专业知识，在行业环境中充分利用其功能，才能确保处理好质量控制、新产品上市前的竞争性保密和知识产权保护。当 3D 打印机越来越多地使用机器学习来发现最佳工艺之后，你的公司将从这些经验中找出使自身企业受益的方式。你的公司应建立基于整个供应链的一体化运营，从而在供应链内部实现更好地协调，并拥有更多的措施防御网络攻击。

少数公司或许会决定将其生产完全外包给合同制造商，这通常是因为受到资金的限制。这类公司可能会选择专注于产品开发、营销或销售，从而避免学习增材制造技术的麻烦。如果决定采取这一路线，你至少应该与合同制造商密切合作，以便了解增材制造技术所带来的能力及其对你的公司内部保留流程的潜在革命性影响。当泛工业集团出现时，你的公司可以选择加入其中，利用其提供的增材制造技术系统和工业平台能力，而不必自己从头做起。

只关注当前客户和产品。也许最危险的"死胡同"是只关注当前客户名单和产品清单。这个警告乍一看似乎有悖常理。难道不是每个聪明的商人都知道，最重要的事就是与客户保持密切联系并不断提供更好的商品和服务以满足他们的需求吗？

当然了，这千真万确。在泛工业市场时代，与客户建立亲密关系将比以往任何时候都更重要，也更具挑战性。普华永道会计师事务所的顾问诺伯特·施维特斯（Norbert Schwieters）和鲍勃·莫里茨（Bob Moritz）准确地描述了这一作用机制：

> 这一新的（数字）基础设施是人与人之间的连接网络，特别是生产者和消费者之间的连接会更加紧密。通过智能手机和社交媒体，消费者可以直接联系所购产品和服务的主要生产商。而通过传感器和数据分析，生产者完全可以满足产品和服务购买者的需求、习惯和长期利益。作为新平台的设计者或参与其中的企业领导，你将拥有前所未有的机会来打造一家以客户为中心的企业。它联系着人们对该企业的真正需求，从而建立起持续一生的忠诚关系。

随着制造业转型的推进，企业领导者可能会发现自己的公司需要重新思考并拓宽对客户的认知，甚至重新定义"客户"这个概念。例如，你可能习惯了和采购代理打交道，而他们的优先事项仅限于一些常见内容：产品规格、交货日期以及最重要的价格。很快你就会发现，新的工业网络让你可以联系客户公司内部的许多团队成员，其中既有设计师、生产经理，也有营销人员、销售人员、客户服务代表和下游消费者。

由于传统价值链正在重组，并允许网络中不同节点上的许多参与者建立多层次的互动，你可能要用不同的方式与一个全新且更加多样化的客户群体进行沟通、互动并据此做出决策和管理流程。

更重要的是，在寻找市场机会时，你不但要重点考虑一个多样化的客户群体，还要重视非客户群体。后者可能包含任何使用竞争对手产品的顾客以及那些从来没有购买过同类产品的顾客。

寻找和联系非客户群体的一个重要工具是流失分析（leakage analysis），即系统识别非客户群体及其流失原因。举例来说，当你的公司使用新技术为客户服务时，一些潜在客户可能会拒绝新变化，原因如下：

- 客户不知道如何使用新技术，觉得这个过程让人害怕或使人困惑。
- 没有清晰且令人信服地向客户展示新技术的用途及其带来的好处。
- 这项新技术的宣传看起来多少有些夸张，造成他们对此有所怀疑，甚至认为不可行。
- 从安全性、可靠性和价格等方面具体考虑，客户觉得坚持使用传统产品似乎要更容易，风险也更小。

一旦你开始采用流失分析确定哪些因素使你难以将非客户群体转化为客户群体，你就可以采取相应的措施消除这些因素。例如，如果一种新技术看上去令人生畏或让人困惑，为了减少客户焦虑，可以使产品控制自动化并改进其设计，使它看起来尽可能简单直观。如果客户担忧安全问题，可以通过增强安全功能，并在产品设计、营销、广告和促销中强调这些功能来解决客户的担忧。

制定工业平台策略

在投资增材制造的硬件之前，最好先把软件准备好。因此，在成为泛工业革命的参与者之前，一个关键性的准备步骤就是确定你的工业平台策略，并制定出步骤清晰的发展计划。

短期内，许多公司还只能使用他人开发的平台。然而，随着时间的推移，企业将因拥有一个自有平台而获得很多好处，甚至可以从中获得更丰富的信息流并凭借它得到更多赚钱的机会。

在设计自有的工业平台时，从具体应用方面入手是一个可行的思路。目前正在使用和正在开发的平台在特定业务功能上各有长短。认真观察现有这些平台的概况（见表 11-1），这将帮助你找出竞争机会以及目前尚未得到很好服务的功能性缝隙市场。

表 11-1 并没有全面涵盖所有可能的商业应用和工业平台功能，但它展示了平台所有者对现有平台服务多样性的思考，也列出了每个工业平台企业所提供的不同服务组合。

表 11-1　领先的工业平台在不同业务功能上的表现（截至 2017 年年底）

	供应链	产品生命周期	资产表现	制造过程执行力	产品设计	新产品介绍	商业生态系统	传统制造/增材制造
捷普 InControl 方案	●★		▲	▲	▲	▲		传统制造/增材制造
通用电气 Predix 平台	▲	▲	●★	■				传统制造
IBM 沃森	▲	■	■★	■				传统制造
西门子 MindSphere	●	■	●★	■	■	▲		传统制造/增材制造
博世物联网		■	■★	■				传统制造
日立 Lumata	▲	▲	▲	■★				传统制造
艾默生 Plantweb			▲★	▲				传统制造
Materialise Streamics 和其他软件		▲	▲	▲	■★	▲		增材制造
欧特克		▲	▲		●★	■		增材制造
SAP HANA			■★	▲				传统制造

▲ = 表现一般　■ = 表现良好　● = 表现杰出　★ = 核心应用

一些平台建立了非常强大的核心应用，而另一些平台则缺少这样的核心。一些平台以强大的核心应用为中心建立了一些功能较弱的其他应用，而另一些平台则由几个表现一般的应用程序建立了更为平衡的组合。

该表还告诉我们哪些领域的竞争是激烈的，哪些领域的竞争仍不充分。请注意，目前没有一家平台能够在生态系统管理这一项目上有所突破。要长期管理一个庞大而多样化的商业生态系统，面向众多的用户以及有着直接联系的消费者，平台就必须具有这一功能。只有一家企业在供应链管理方面实力突出，在产品设计方面，我们也只看到两个需要认真考虑的竞争者。有些应用是好几家企业同时在做的，但它们的表现都不够出类拔萃。

当然，找出现有平台的优势和劣势只是制定自有工业平台策略的步骤之一。作为企业领导者，你还有以下这些待解决的关键性问题：

- **建立自己的平台，还是想办法加入现有的平台？**如果有足够的资源、能力和愿景来创建一个成功的工业平台，你的公司将会享受到平台所有者与生俱来的巨大优势。但是，如果缺乏这些必要条件，你就应该寻找一个最合适的现有平台并尝试加入它。比起甘为平台用户这种次要角色，完全错过泛工业革命是更糟糕的选择。
- **如果选择建立自己的平台，是否应该尝试整合其他企业开发的应用？**你的公司不一定能具备建立一个成功的平台所需的全部技能，例如 IT 专业知识、制造业经验、3D 设计技能和软件开发人才。如果缺乏关键技能，你的公司或许可以通过与其他企业合作的方式来补充资源。请记住，你也可以陆续添加应用程序到平台上，这样你就有可以长期使用它们的机会。
- **如果建立自己的平台，它应该是开放平台还是封闭平台？**平台所有者可以决定让平台保持开放，以鼓励用户增加新功能、增强现有功能，甚至用改进的服务加以替代。开放平台可以吸引更多的用户，有助于保持它的灵活性和广泛的实用性。而封闭式平台则允许平台所有者保留系统控制权，避免对外部资源的依赖。封闭式平台还能确保平台所有者的数据访问权。

● **要优先考虑哪些平台目标？** 多花时间和精力思考平台可以实现的多种目标，例如降低成本、简化流程、促进创新、扩大市场覆盖率、提升产品质量、开辟新市场等。根据你的公司目前参与的业务类型以及你的平台未来可能服务的业务类型，思考哪些业务是最重要的目标，哪些是相对次要的目标。确定平台目标优先等级的原则应该是，它是否有助于平台的设计、运行及管理。

部署硬件的 4 种方法

当准备开始在现有的制造业务中实施增材制造时，企业领导者有许多方法可以选用。我将介绍其中 4 种最常见的方法，按照对现有传统制造工艺干扰程度从轻到重的顺序依次介绍。

并行式生产系统。 这是指针对新的细分市场的产品建立一条完全独立的、并行的增材制造生产线，产品使用新的品牌名称但与传统方法制造的产品共享一部分原材料。这种方法适合那些还没有准备好将增材制造技术引入其主营业务、但在缝隙市场看到巨大潜力的公司。

好时公司在巧克力糖果中端消费市场长期处于领先地位。但由于高端缝隙市场的竞争者不断吸引其高端客户，好时决定使用增材制造技术进行反击。它开发了一项独立业务，其产品品质足以吸引高端客户。好时建立了一条充分体现了增材制造技术所能实现的产品复杂性的生产线。它能够生产有着特定外形但内部中空、填入特别馅料的巧克力糖果。传统制造根本无法完成这么复杂的产品造型。好时建立的另一条生产线则以定制化为特征，通过线上下单，定制生产符合客户和场合的个性化巧克力；如果采用传统方法来生产，产品价格将足以劝退顾客。

由于这两条生产线大大偏离了好时的主营业务，而且必须完全基于增材制造技术运行，因此好时专门为它们成立了一个独立的组织机构。长期来看，好时希望将其打造为一项可以扩展至公司全部市场的全新业务。除了生产巧克力糖果，好时还希望将巧克力 3D 打印机卖给餐馆、面包店、巧克力专营店乃至家庭消费者，并向这些用户提供适于 3D 打印的特制原料。

一些传统制造商为了给偏远地区生产替换零件，在集装箱或载货汽车内建立经特殊设计的移动微型工厂。这些制造商仍然以传统制造为主要生产方式，但也利用增材制造技术来迅速满足分散的客户需求。

装配式供料系统。这是指增材制造技术只提供传统组装产品中的部分零件。最初，生产上唯一的变化是这些零件采取了不同的制造方式。然而，在完成转换后，企业就可以着手对整个产品进行调整，以便充分利用增材制造技术所提供的全新设计方案和产品功能等优势。

电子制造商 LG 在生产 OLED 电视时主要使用传统的制造方法，只有显示屏是以增材制造技术工艺生产的。OLED 电视的所有其他零件，如电子连接件和外壳，都是以传统方法制造的，整体组装也延用传统制造业的固有方法。不过，随着对增材制造技术工艺的不断学习，LG 可能逐步对其电视制造系统中其他零件的生产进行调整。最终，增材制造技术生产的零件很可能会取代更多的传统制造零件。

混合制造系统。这是指让增材制造与传统制造共同参与某个工作站或微型工厂的同一生产过程。目的是在保持传统制造现有优势的同时，也获得增材制造技术的灵活性和其他优势。在当下的技术发展条件下，增材制造技术在可以生产的零件和产品的种类上仍然存在一些限制，因此，与纯增材制造技术相比，二者的混合系统可以生产更多元化的产品系列。在许多情况下，这一混合系统还可以使后处理活动自动化，降低成本并提高生产率。

替代系统。愿意积极行动的公司可以使用增材制造技术系统取代整个传统制造系统。由于这么做困难大、风险高，大多数选择这一方法的公司都是初创公司，如艾利科技。艾利科技在 20 世纪 90 年代末开发了一种制造正畸牙套的增材制造技术。如果一家进入稳定期的公司走上替代系统的路径，它可能是从前 3 种方法之一进化到这一步的，也可能是收购了一家纯粹的增材制造技术公司。

克服内部阻力

早在 20 世纪 80 年代，摩托罗拉就在探索应用当时正在兴起的数字技术来制造手机。然而，摩托罗拉的工程师们抵制这种做法。他们对大部分由摩托罗拉自行开发的模拟技术情有独钟，看不到数字技术所能带来的优势，在吸收数字技术方面敷衍了事，最终导致摩托罗拉失去了市场霸主的地位。

今天，就增材制造、工业平台和其他技术创新而言，许多公司内部正在上演类似的路线之争。企业领导者在计划将 3D 打印和其他新兴制造技术纳入公司的工具包时，可能会发现面临来自工程师、经理和其他员工的巨大阻力，这些人在心理上或精神上仍固守着传统的生产方法。

一旦出现这种情况，企业领导者就特别需要制订一项具体计划来克服这种阻力并改变公司内部文化。

一种方法是"软接触法"。一家航空航天领域的巨型公司使用了以下的"五步法"来实现对 3D 打印技术的掌控：

第一步：将 3D 打印应用于所有部门的原型设计，让工程师和设计师逐渐熟悉其性能。

第二步：将 3D 打印用于加工和设计环节，对传统的生产方法进行渐进式改进。

第三步：建立一个 3D 打印实验室，与外部专家合作，以获得更多的知识和经验。

第四步：对 3D 打印的新材料进行实验，并着手推动生产方法的创新。

第五步：基于 3D 打印机现在可以应用的新材料来开发具有新功能和新性能的产品。

"五步法"提供了一种具体合理的方式，一步步地增强 3D 打印技术在企业内部所发挥的作用，让整个组织逐步了解和适应 3D 打印技术。实际上，推行这样的"软接触"计划是通过技术应用的 4 个阶段驱动公司向前发展的一种方式，而不是被动地顺应形势变化。"五步法"可以使企业内部文化适应变革的过程相对平缓和无痛。

通用电气等公司则正在采取"硬接触"方式。通用电气一直要求每个业务部门开发一个或多个试点项目，以试验新的制造技术，并为工程师、设计师和研究人员提供再培训场所。这样的举措可以帮助企业获得新的知识和经验，以克服来自内部的阻力，一些公司会因为这些阻力而无法赢得这场制造业革命带来的全部好处。由于向增材制造技术的转变是由企业的高层授权推动的，"硬接触"方式向整个公司发出了一个强烈的信号，即增材制造技术代表着拥抱未来的浪潮，每个人都需要做好准备去迎接它。

组织高层的领导是破除变革阻力的最重要因素。首席执行官和其他决策层领导人公开且看得见的支持是极其必要的，这有助于形成一种对即将到来的转型以及它的优势、战略和竞争意义建立迫切认知的心态。就像任何文化变革过程一样，企业领导者需要的是耐心、坚持和不忘初心。

克服阻力的具体策略还包括以下几种：

- **获取外部知识**。指派技术骨干与 3D 打印机公司、软件公司、大学和国家实验室合作，寻找新的应用方向并开发新材料。通过参加会议培养跨越传统行业和传统市场的人脉，从可能对公司有长期影响的各种业务中了解增材制造技术和工业平台应用。
- **在低阻力区域尝试使用增材制造技术**。许多公司的增材制造技术之旅始于将 3D 打印机用于简单项目，例如设计模型和工作原型、按需生产小批量或定制零件，以及制造传统制造系统所需的铸造模具、冲压模具、导柱和装配工具来改进传统工艺。当工程师和其他员工习惯于使用 3D 打印完成此类工作之后，他们对于 3D 打印技术的接受度和进一步发挥其潜力的热情必然会随之增加。
- **逐步采用 3D 打印技术**。准备好将增材制造作为常规生产工具后，先从小批量、非关键性的零件开始，再转向较重要的零件以及关键性的零件。在成功克服这些障碍之后，再转向各种组件，直至发展到完整打印整个产品。
- **训练员工评估所有相关经济因素**。工程师接受的传统培训是核查产品的直接成本，排除掉他们认为难以衡量的其他因素。确保团队成员了解 3D 打印所能提供的全部潜在收益和成本节约，以及他们在评估具体业务决策的经济意义和战略影响时考虑到所有这些因素。换句话说，避免本书第 3 章提到的"工程师的盲点"。

评估所有因素，避免"工程师的盲点"

德国铁路股份公司是一家客运和物流公司，其核心业务是运营德国的铁路系统。德国铁路股份公司在全世界 130 个国家开展业务，旗下运输车队总价值超过 10 亿美元。维护这项昂贵的资本投资自然是一件复杂的工作，这使该公司着手研究使用 3D 打印生产替换零件、工具和其他基础设备的可能性。于是，它开始与总部位于柏林的 3D 打印软件制造商 3YOURMIND 合作研究备选方案。

德国铁路股份公司的初步分析表明，3D 打印在经济上或许并不可行。该公司曾与 3YOURMIND 签订合同，生产一种用于电动火车的热交换器。但这次实验的结果令人沮丧，因为使用 3D 打印所需的成本比使用传统生产方法批量生产的成本更高。然而，只需再仔细看一下总体情况，人们就会发现其中的计算错误。

德国铁路股份公司进行的一项研究表明，这个交换器的年需求量只有 10 台……大规模生产虽然在一开始更具成本效益，但会造成后续的存储成本。消除这些成本并转向即时仓储式解决方案的应对之策是使用选择性激光烧结（SLS）3D 打印工艺制造该交换器。

工程师和管理人员更熟悉并适应传统制造技术，因而可能会对增材制造技术心存疑虑。他们往往只关注涉及拟议替代生产方法的显性成本差异，因此可能会忽视其他变化的影响，而那些变化只有从更全面的角度看才会被意识到。要避免这一错误，需要确保在负责实施增材制造工艺的团队中编入生产、维护、仓储、运输、客户服务等各个环节的专家。

- **争取开门红。**在着手实施增材制造项目之前，要确定一些能够降低成本并在短期内产生显著财务回报的项目。它们可以吸引更多关注，扭转怀疑论者的看法，创造向前的势能，并且生成可用于更具雄心的长期项目的资源。然后，你就可以以此为基础逐步构建整个商业生态系统。
- **不要冒进。**过于注重未来不仅会增加风险，还会使企业错失仅通过即时创新就能获得的短期利润。
- **不要让技术负责人单独推进转型工作。**技术转型的任务不能只交给专门负责制造或工程的团队。来自其他部门的管理人员必须与技术团队一起工作，以实现全面转型，而不仅仅是业务的某些部分转型。只有这样，才能实现成功的数字化转型。
- **摆脱竖井式思维。**增材制造技术将打破营销、研发、工程、设计和制造等职能部门之间以及产品部门与合作伙伴公司之间的壁垒。在打破传统的竖井式结构并使增材制造技术有效运作时，你需要展现你的领导力。

建立你的数字商业生态系统

在新兴的泛工业世界中，随着行业边界的消解，企业将越来越多地采用新技术，开发新型的产品和服务，迈入新市场，因此，企业领导者有必要将公司的业务视为动态数字商业生态系统的组成部分，并习惯于与一众合作伙伴一起工作，因为这些合作伙伴能够帮助你的企业最大限度地发挥优势并弥补一些不足。

希望加快向增材制造技术转化的企业可以通过发展商业生态系统来加速这一过程，因为这些系统会同时将其中的构成因素推动到适应的同一阶段。然后企业的领导者就可以对整个行业的适应阶段进行分类，各企业将能够真正协力采用增材制造技术以实现大部分附加值。

THE PAN-INDUSTRIAL
REVOLUTION
翻转世界的超级制造

"速度工厂"，大规模生产定制跑鞋

大多数涉足增材制造领域的企业已经在努力建立自己的商业生态系统，无论它们是否明确地使用这一术语。这里可以举一个典型的例子。我在第 3 章介绍过阿迪达斯建立了一系列的"速度工厂"，使用最新的 3D 打印技术来大规模生产定制跑鞋。由于这是一个开创性项目，涉及一系列复杂的技术和管理挑战，所需的技能和资源远远超出了阿迪达斯能够独自负担的程度。阿迪达斯为此招募了许多行业合作伙伴，助力"速度工厂"的愿景变为现实。

在这个过程中，最关键的两个合作伙伴是 3D 打印专家恺奔和工业巨头西门子。恺奔正在与阿迪达斯合作，努力使其连续液面生产打印技术适应大规模生产运动鞋中底的要求。这款中底在鞋底的不同位置表现出不同的性能，能够有效满足专业跑者所需的高性能。与此同时，西门子正在应用其基于云的 MindSphere 平台，为阿迪达斯连接设计、供应、制造和物流等流程，并利用大数据分析最大限度地提高效率、监测质量和控制成本。

"速度工厂"这一项目的其他合作伙伴还包括 Oechsler Motion 和化工企业巨头巴斯夫。前者是一家专业的塑料制品公司，目前正在建造其历史上最早的两家工厂，并将管理其日常运作。后者开发了作为跑鞋关键原料的专用弹性体。除此之外，阿迪达斯与一些供应机器人和其他生产系统的公司也建立了合作关系。

当然，多个公司合作开发耗资巨大的复杂项目并不罕见。但是，在这个由数字管理、数据驱动的工业生态系统的新世界中，企业之间的联系将变得极其紧密。明智地选择你的合作伙伴；与其持续密切合作，培养强烈的参与感和信任感；建立法规和管理体系，确保所有合作伙伴公平分担成本、责任和利益，所有这些挑战都将产生特别重要的意义。

如果你考虑到今天的结盟很可能是朝着建立泛工业联盟或泛工业集团迈出的第一步，而这个联盟或集团或许会引导你的公司未来的商业命运，这些挑战的意义就更不容忽视了。

在不断扩张的商业生态系统中，企业领导者还需要反复认真地思考如何准确定位自己与合作伙伴和竞争对手的关系。由于可能性的多种多样，要从中进行选择，就需要分析你的企业的现有能力，正面临哪些竞争威胁，能够争取哪些外部合作伙伴，以及如何最牢固地控制住你所占领的或希望占领的市场。

例如，企业领导者可能察觉到所在行业中的竞争对手的威胁越来越大，对方尝试使用 3D 打印技术来生产竞品。你可能会看到这样一种可能性，数字工厂将在未来几年内进入你的市场，为对手公司提供制造服务，从而抹去你的企业因专有打印技术、产品设计和其他制造方法而可能享有的优势。如果你认为确有这种可能，最好将所有 3D 打印能力保留在企业内部，并以竞争对手不具备的方式开发或调整自有的 3D 打印机。你可以选择专注于增材制造过程中某一种或多种选定的增值环节，如专有设计软件、混合制造系统或独特的材料工艺，并以之作为抵御竞争的堡垒。

不过，最重要的一点或许是，不要狭隘地关注增材制造技术能为你的公司现在的业务带来什么，而要关注你希望如何转变公司的业务。**一个以技术为中心的战略只有在嵌入公司最广泛的目标和价值观之后，才能充分发挥其潜力。**企业的高级管理人员及其他职员都必须在那些明显由技术变革直接驱动的机会之外探索更多的机会。最有价值的变革将来自重新定义市场、发现广大的新客户群、提高生产力、增加组织能力的一系列技术和管理决策。

THE PAN-INDUSTRIAL REVOLUTION

克服内部阻力的 10 个原则

要决定如何积极地投资于增材制造技术以及自何时起实施新技术，企业领导者必须先考虑现有的准备情况，具体有以下 3 种：

- 技术准备情况
- 组织准备情况
- 资金准备情况

企业领导者如果希望充分利用泛工业革命所带来的潜在优势，则应该避免以下这些常见的错误：

- 陷入工业 4.0 困境
- 试图将创新制造外包出去
- 只关注当前客户和产品

企业领导者在制定自有工业平台策略时，除了需要找出现有平台的优势和劣势，还有以下待解决的关键性问题：

- 建立自己的平台，还是想办法加入现有的平台？
- 如果选择建立自己的平台，是否应该尝试整合其他企业开发的应用？
- 如果建立自己的平台，它应该是开放平台还是封闭平台？

- 要为自己的平台优先考虑哪些目标?

部署硬件的 4 种方法:

- 并行式生产系统
- 装配式供料系统
- 混合制造系统
- 替代系统

克服内部阻力的方式:

- "软接触"
- "硬接触"
- 获取外部知识
- 在低阻力区域尝试使用增材制造技术
- 逐步采用 3D 打印技术
- 训练员工评估所有相关经济因素
- 争取开门红
- 不要冒进
- 不要让技术负责人单独推进转型工作
- 摆脱竖井式思维

　　一个以技术为中心的战略只有在嵌入公司最广泛的目标和价值观之后,才能充分发挥其潜力。最有价值的变革将来自重新定义市场、发现广大的新客户群、提高生产力、增加组织能力的一系列技术和管理决策。

12

4 个转型阶段，通往终极未来

**THE
PAN-INDUSTRIAL
REVOLUTION**

How New Manufacturing Titans Will
Transform the World

增材制造一类的新技术在航空航天、建筑、电子、服装等特定行业的应用通常分为 4 个阶段，即概念应用、早期应用、主流应用和普遍应用。正如前文所述，在不久的将来，泛工业革命将使不少传统上区分行业的边界模糊化。然而，在这一章，我将讨论未来几十年增材制造技术、工业平台和相关技术逐渐向商业世界渗透的过程。从这个角度来说，我需要暂时保留不同行业的概念。

历史经验表明，许多与 3D 打印相似的行业都经历过相同的 4 个阶段。其中影印机由于共享打印喷头技术，因而与某些形式的 3D 打印有一定的相似性；集成芯片制造使用与 3D 打印相同的集成制造技术，如要将多个部件的制造放入一个构建过程；计算机数控激光切割机则使用与 3D 打印机相同的支架和自动化软件来移动工具以完成产品的制造。上述技术推广的历史模式表明，我们有充分的理由相信，增材制造技术的应用过程将遵循与先前行业相同的 4 个阶段。

表 12-1 提供了适用于增材制造的 4 个应用阶段的概览。

让我们逐一浏览这 4 个阶段，看看技术的应用在每一个阶段有什么不同。

表12-1 增材制造的4个应用阶段

	1. 概念应用	2. 早期应用	3. 主流应用	4. 普遍应用
目标	• 将创意变为现实，以证明增材制造的优势	• 提升增材制造产品的质量	• 使增材制造更快、更便宜、更标准化	• 使增材制造设备广泛可用
新进展	• 3D打印功能的使用不再局限于模型和原型	• 产品质量更好 • 打印机控制软件有所改进 • 生产终端零件 • 新材料	• 出现能够协调和控制复杂制造和供应链的软件 • 工业平台的发展可以在企业和生态系统级别管理业务流程 • 人工智能机器学习	• 供专业人士和消费者使用的3D打印机随处可见
与传统制造的关系	• 增材制造是全新的且未经验证 • 由独立的个人测试该技术	• 增材制造为传统制造供应零件 • 增材制造负责制造小批量零件和产品	• 增材制造与传统制造的占比大致持平 • 混合系统增材制造与传统制造相结合 • 新的高速打印被开发出来	• 制造业走出工厂 • 分布式制造成为常态
软件和平台的开发	• 专为掌握一定高端技术的用户设计 • 由打印机驱动程序处理基本功能	• 易于使用的界面 • 打印机驱动程序提供复杂精细的质量控制	• 工厂控制系统实现了相互连接、自动化和优化 • 电算化和生成式设计 • 集成商务软件包 • 企业平台和供应链平台	• 全生态系统平台 • 易用性、安全性、可靠性、身份验证和IP保护成为关键要素
商业生态系统的开发	• 打印权限独立使用的技术 • 少数企业可以应用的技术	• 个人打印机变得性能更可靠，也更便宜 • 为更多用户提供服务	• 3D打印机网络 • 工厂控制系统在规模上与传统制造业匹敌	• 通过更广泛的生态系统，几乎所有人都能获得新技术

第一阶段"概念应用"解决的是概念验证和创意实现等问题，包括一次性生产、实验性生产，以及使用 3D 打印机改进传统制造。 在这个阶段，企业开始尝试使用增材制造。一些公司会将其应用于快速成型和工具制造等几项工艺，而另一些公司则保持着观望的态度。

首先，在这个阶段，3D 打印的用户是一些掌握了高级技术的企业，它们对尝试一种未经测试和证实的全新技术怀有渴望，也愿意接触尚不成熟、难以掌握的软件和机器控制系统。其次，这些 3D 打印机本身相对简单，只能实现基本的打印功能，其灵活性和产品范围都受到很大限制，比如说只能处理少数几种材料。最后，在这个阶段，3D 打印机只能独立工作，因此3D 打印基本上是个别工匠完成单一任务的一次性过程，而不是一个可以实际应用于大型项目的生产系统。

第二阶段"早期应用"是目前很多增材制造技术正处于的阶段。 它代表商业化的早期阶段，涉及工艺 / 产品质量改进、逐个零件的转换、使用增材制造技术的小批量制造、缝隙市场和增材制造技术专用材料的早期开发。此时，增材制造开始被用于制造小批量、高端定制或专用零件与设备。企业开始使用 3D 打印技术来制作新产品的原型，以及为现有设备制造一次性或专用替换零件。

在这个阶段，随着时间的推移，3D 打印技术开始逐渐向大众市场产品的制造渗透。在第二阶段，3D 打印机及其控制软件都开始出现明显的技术改进。技术扩散的速度和生产成本有所下降。新版 3D 打印机可以处理更广泛的材料，打印速度和准确性提高，而 3D 打印产品的质量也变得更精细、更标准化。

可用于控制 3D 打印机的设计工具这时变得更加复杂，而打印机和软件驱动提供的用户界面也变得更便于使用。由于所有这些变化，使用 3D 打印技术的个人和公司的数量不断增加，行业内部对该技术的普遍认识和兴趣也在不断提升。

在第三阶段，即"主流应用"阶段，增材制造技术已经实现了广泛的商业化，供应链和商业生态系统也正围绕该项技术陆续建立。增材制造技术的大规模商业模式在这时开始发挥作用，带来实时的改进、整合和优化。

3D 打印不再局限于制造原型、小批量产品或缝隙市场产品的零件，而是晋升为一般产品的常规生产方法，而且产量还在不断增长。在"主流应用"阶段的早期，使用增材制造技术生产的零件和产品的数量从 1 万个增加到 100 万个。在这一阶段的后期，产量可进一步达到数百万个。一段时间之后，传统的大规模生产方法开始让位于增材制造。随着 3D 打印机速度的提升以及购买成本和操作成本的持续下降，增材制造走入越来越多的公司，日益成为生产任务的承担者。

在这个阶段，使增材制造生成独特价值形式的专门技术开始变得流行，如大规模模块化和大规模细分。企业开始为其 3D 打印机组网，在一组设备之间共享软件控制，协调工作输出，以进一步提高效率并降低成本。它们也开始开发混合制造系统，通过将 3D 打印机与传统的装配线系统以及机械臂、电子传感器和监控器、激光器等技术工具相结合，来增强 3D 打印机的生产能力。

控制 3D 打印机的软件将逐渐与其他管理控制系统连接起来，包括仓储、运输、物流、库存、采购、客户服务、营销、调度等自动化系统。由于这些技术发展，越来越多的功能逐渐实现自动化，新技术引发的行业颠覆也变得更加普遍。

读者想必已经意识到，"主流应用"这一概念其实相当复杂。事实上，它不能被一个单一的定义所限定。这个词语可以用来指代技术开发和应用的多个领域，其中有些领域是相互重叠的。下面列出了有关"主流应用"的 7 个定义，排序方式是从最简单的定义到范围最广，因而也最难实现的定义：

- **主流定义 1**：特定市场中的增材制造技术及所生产的零件和产品已经达到了与传统制造同一水准的质量和性能标准。
- **主流定义 2**：市场上有大量零件和产品是由增材制造技术以小批量生产的方式制造的，尽管这种生产模式仅限于某些指定的公司。
- **主流定义 3**：生产率提升使市场上有更多的零件和产品可以使用增材制造技术制造，尽管它仍然无法实现真正的大规模生产。
- **主流定义 4**：市场上的大多数公司已经采用增材制造技术生产零件或产品，即使只将它的应用限于小批量生产。
- **主流定义 5**：某一特定市场、细分市场或缝隙市场的大多数客户或购买者已经接受、购买或使用过由增材制造技术制造的零件或产品。
- **主流定义 6**：增材制造零件和产品在某一特定市场、细分市场或缝隙市场中的市场份额、绝对收入或利润水平中占比可观，尽管就市场整体来说情况还不是这样。
- **主流定义 7**：增材制造零件和产品在本质上已经被市场内几乎所有制造商、消费者及终端用户普遍采用。

企业领导者可以自行决定这些定义中哪一个最适合你所在的行业。你很可能会发现，在某一特定市场中各个细分市场的发展速度并不相同。而且，你也可能意识到在某一特定市场，这些定义所描述的数种变化会同时出现。

在第四阶段，即"普遍应用"阶段，3D 打印机和增材制造就像电力一样已经渗透到社会各个角落。 随着泛工业市场成为主导，增材制造系统可被设立在世界各地，不再仅限于工厂和打印"农场"。分布式、本地化的制造成为市场常态。与此同时，供消费者使用的 3D 打印机会被安置在数百万个如餐馆、面包店、商场、学校、办公室和家庭一类的生活场所。由于民用和工业需要的普遍化，3D 打印产品的数量将达到以千万计的级别。

在"主流应用"和"普遍应用"阶段，增材制造已晋升为主导性的生产技术。数字化生产和工业平台支持实时控制，从而能最大限度地提高效率，提高整个企业的产能。这些平台不仅支持在企业内部众多部门之间建立联系，也支持企业与外部供应商、设计师、分销商和客户进行互动。全生态系统平台的强大功能使企业能够将越来越多的管理层战略决策自动化，实时优化运营。在这两个阶段，大量公司已经将 3D 打印和相关技术融入自身的核心竞争力。拒绝转向增材制造的极少数公司将不可避免地遭遇失败。只有进入"普遍应用"阶段之后，3D 打印机才会全方位地实现对社会的渗透。

在"主流应用"阶段拥有强大工业平台的泛工业公司或泛工业集团控制着由 3D 打印机构成的大型网络，有效地保证了生产中调度协调、标准化、质量、安全、知识产权保护等工作。

相对应地，"普遍应用"阶段的出现需要大型创客社区等场所中的 3D 打印机具备一定程度的自主性。然而，普遍应用阶段即使存在，在几十年之内也不可能在大多数产品市场实现。这一判断完全不同于早期广泛流传的 3D 打印未来愿景，在这一理想愿景中，小型企业或个人所有的公司化身为独立的创客。它们为世界带来更多的创造力，不再为所谓的老板打工，令制造业实现了"民主化"。根据这一被我称为"创客迷思"的愿景,"普遍应用"阶段是增材制造技术传播开来之后不可避免的远期结果。然而,正如我在本书中明确指出的那样,基本的经济逻辑和战略逻辑不太可能允许这种情况发生。

你的行业位居何处

新的时代将会到来,到那个时候,现在定义不同行业的界限将在很大程度上被遗忘。但是,截至目前,大多数公司仍被视为不同行业的参与者,而这些行业正在以不同的速度经历上述的 4 个阶段。从一个阶段过渡到下一个阶段的转折点实际上并不是一个特定的时间点,而是一个时间窗口,不同的应用或市场将会通过这个窗口移动。

许多行业在 2017 年末已经进入"早期应用"阶段,并用 2018 年这一年左右的时间杀入"主流应用"阶段。潜在的进入者目前正在"主流应用"阶段寻找定位,而已进入的公司在借助"早期应用"阶段的优势赚钱。无论如何,一些用户会领先或落后于这一曲线。

在图 12-1 至图 12-7 中,我将绘制一些重要行业的现状图,说明这些行业的细分领域正分别处于 4 个应用阶段中的哪一位置。

目前,电子行业的阶段性发展正在由使用喷墨打印技术的 OLED 显示器的大规模开发所引领。来自加利福尼亚州的初创公司 Kateeva 开发了"YIELDjet 工艺",利用增材制造来打印屏幕。包括三星和 LG 在内的一些公司也在采用这种制造工艺,并正处于从传统的 OLED 制造工艺中转换出来的过程中。

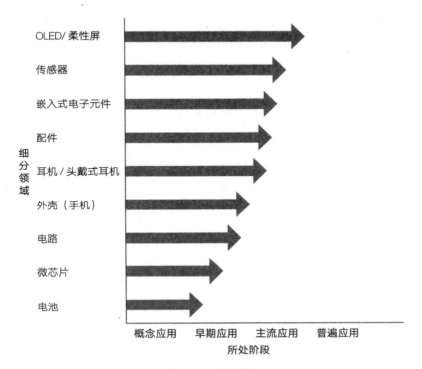

图 12-1　电子行业

　　许多公司正在推动增材制造技术向制造几乎不需要组装的全功能电子元件的方向发展。**Optomec** 公司正在利用其气溶胶喷射打印技术打印各种传感器和嵌入式电子元件。它与通用电气合作，将传感器打印到涡轮机叶片等物品上，也与光宝科技合作，将天线打印到数百万台智能手机上。在众多模块化电子公司中，**Nascent Objects** 公司在 2016 年被 Facebook 收购，使用该业务的具体计划仍不得而知。**Nano Dimension** 公司开发了一种喷墨工艺，用于生产多层印刷电路板和其他类型的电子电路，而 **Voxel8** 公司则在各种基板上打印合适的电子元件。美国国防部正在评估 MultiFab 的性能，这种 3D 打印机最多可以同时使用 10 种材料进行打印，将电路和传感器直接嵌入如导弹控制单元一类的产品中。

电池和芯片、存储设备、传感器等微电子领域，仍处于开发阶段。分布在世界各地的多所大学和研究机构正在研究不同类型的技术以实现这些产品的 3D 打印。

截至 2017 年年底，汽车行业基本上仍处于应用增材制造技术的"早期应用"阶段。虽然包括福特和通用汽车在内的一些大公司一直在使用增材制造生产数以千计的零件原型，但终端产品的生产还没有达到显著数量，仅局限于豪华车或概念车等缝隙市场。戴姆勒在使用增材制造技术为其载货汽车生产线生产备用件，而劳斯莱斯正在用这种技术打印内饰组件。

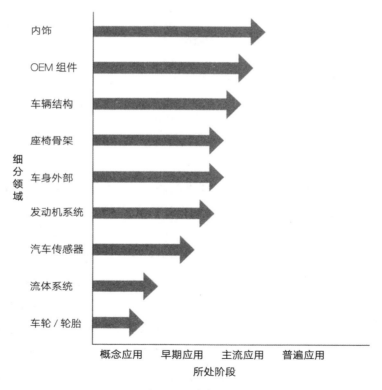

图 12-2　汽车行业

汽车行业里的一些初创公司正在推动进一步的发展。洛克汽车率先使用增材制造技术打印车体，再将发动机、变速箱和其他系统装配到汽车上。该公司目前将大部分注意力集中在 Olli 通勤车上，该车采用 3D 打印的外壳，并集成了基于物联网的应用程序，能够实现自动驾驶的功能。总部位于加利福尼亚州的初创公司 Divergent 3D 正在使用增材制造技术制造创建车辆框架所需的节点和杆件——类似美国著名的孩之宝公司推出的玩具"万能工匠"（Tinkertoys），但这些节点和杆件的体积更大、更结实，用复合材料而不是木头制成。孩之宝公司已与法国的 PSA 集团合作设计和开发新一代的汽车。

米其林和固特异等轮胎公司提出了革命性的未来轮胎和车轮的创意，但它们至少在未来 5 年到 10 年里不太可能实现商业化。与航空航天行业正在为发动机、涡轮机和燃油系统制造轻型、复杂结构的零件不同，汽车行业尚未意识到增材制造技术在类似应用中的优势。

各大鞋类制造商都在以不同方式应用增材制造技术。耐克、新百伦和安德玛都发布过含有一个或多个 3D 打印构件的运动鞋。捷普一直在测试下底、中底和外底的不同原型，并与多家公司合作开发鞋类构件。一些初创公司，如 Wiiv Wearables 和 Feetz，根据 3D 扫描的人体数据生产定制下底，并小批量地销售 3D 打印的鞋子。最值得注意的是，阿迪达斯计划与恺奔合作，为其新款鞋大规模生产中底。恺奔宣称，2019 年采用 3D 打印技术生产的鞋超过了 10 万双，而且这个数字仍在继续上升。

在时尚界，设计师正在用 3D 打印制作各种概念性的高跟鞋和塑料鞋。一家美国增材制造技术服务机构报告说，它在 2017 年得到了来自一家大型服装制造商的 30 万个中底订单，交货期限为当年年底。

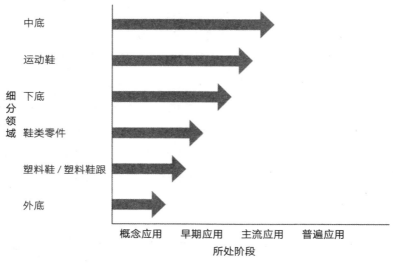

图 12-3　鞋业

增材制造领域中相当数量的技术发展源于医疗行业。像 Envision TEC 这样的公司已经能够使用一种被称为"数字外壳建模"的增材制造技术制造助听器外壳；艾利科技使用 SLA 3D 打印技术开发了透明的牙齿矫正器 Invisalign。这是医疗行业最早使用增材制造技术进行大规模定制的两个成功案例。

最近，Luxexcel 开发了 3D 打印的系列光学镜片，正在与实验室和零售商合作建立打印平台。Materialise 等 3D 打印服务商为打印由从塑料到钛合金等材料制成的眼镜框提供定制服务。史赛克骨科在 3D 打印方面投入巨资，并获得了美国食品和药物管理局对一系列钛合金植入物的许可。许多公司正在使用增材制造技术生产手术引导器和工具，世界各地的企业纷纷借助这项技术打印假肢。由 3D 打印的药品也正在慢慢为人们所接受，相信要不了多久就能获得美国食品药品监督管理局（FDA）的批准。

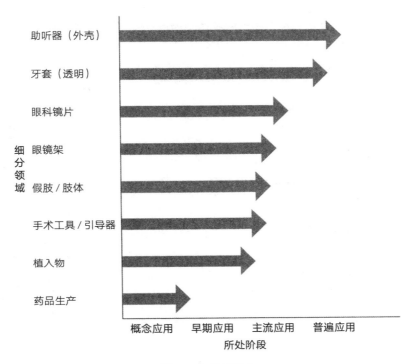

图 12-4　医疗行业

　　建筑行业被公认为是对增材制造技术应用有高接受度的行业。亭子、雕塑和桥梁等简单的室外设计现在可以用轮廓成型一类的技术以陶瓷和水泥等建筑材料进行 3D 打印。盈创已经将一种轮廓成型技术用于建造中国国内乃至世界各地的各式建筑。迪拜与盈创在办公室和住宅的 3D 打印项目上展开了合作，期望在 2030 年之前实现该市 30% 建筑由 3D 打印的目标。沙特阿拉伯也与盈创签订了合同，要求它用 3D 打印技术建造 150 多万套住宅。

　　俄罗斯建筑公司 Apis Cor 开发了一款移动式 3D 打印机，它可以在 24 小时内打造一栋房子。在另一个前沿领域，一些研究实验室和公司正在开发解决建筑维修的机器人方案，这些方案的核心可能是使用能够在建筑物上攀爬的迷你机器人或无人机，也可能是使用机械臂的大型 3D 打印机。

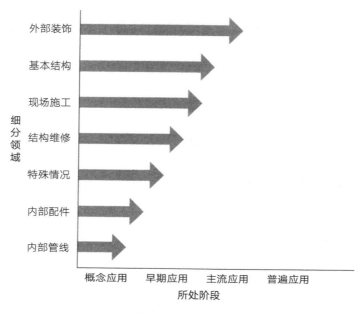

图 12-5　建筑行业

建筑行业中增材制造技术的主要优势在于速度、灵活性和低成本，因此它更多地被用于外部结构、装饰、维修，而较少被用于内部配件。目前 3D 打印技术在非装饰性的内部配件方面尚没有成功的案例，窗户、管道、门和电器等必要配件的生产仍要依靠传统制造方法。

航空航天、石油和天然气、核电和海事等重工业已进入或接近采用增材制造技术的主流阶段。由于对小批量、高复杂度零件的依赖，航空航天业是增材制造技术的最大投资者之一，通用电气、波音和空客等公司在其中的投资排名靠前。用增材制造技术生产航空零件的成功范例包括通用电气的燃料喷嘴和涡轮螺旋桨发动机、波音的大型机翼修整工具以及空客的发动机构件。

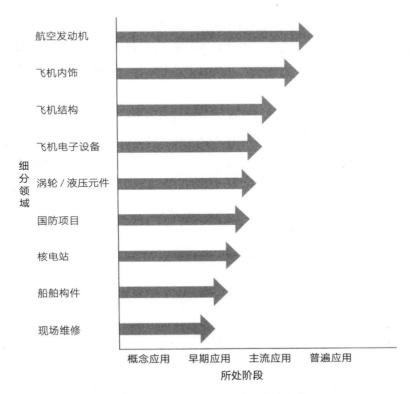

图 12-6　航空航天业、国防与海事行业

空客目前正与欧特克合作，利用增材制造技术打造下一代飞机内饰，包括机舱隔板、座椅和其他功能构件。Optomec 正在与通用电气密切合作，以集成 3D 打印的传感器和其他电子设备。它与通用电气合作的另一个项目是将这些微型传感器安装在涡轮叶片上。西门子宣布利用增材制造技术生产燃气轮机叶片，而欧特克正在与荷兰鹿特丹港合作进行船舶实时维修。

美国国防部正在大力投资增材制造技术，并参与多个相关项目，包括 3D 打印的机枪和潜艇船体、数字控制无人机乃至机器人士兵。这些机器人装置以无人化装备的形式被部署在战场上，目标是发现并摧毁敌人的炸弹、地雷及其他爆炸装置。其他具有不同性能的军用机器人项目也正在开发中，美国国防部官员已经开始为在战争中使用这些机器装置而制定指导原则。例如，明确规定自主战斗机器未经人类军官同意不得识别和攻击目标。

增材制造技术目前在食品行业的使用相对有限。用 3D 技术打印食品大致有两种方式。第一种是挤压或黏结剂喷射，可以打印出不同的配料并制备菜肴。第二种是创制可以直接接触食物的模具，再按照传统方法制作食品。

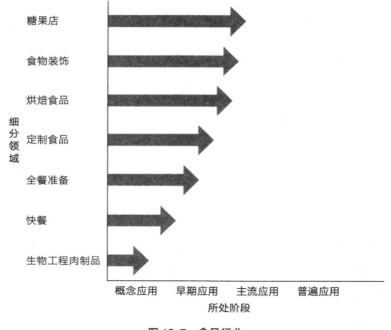

图 12-7　食品行业

正如前文提到的，好时公司正在使用增材制造技术定制生产独特的巧克力糖果。3D Systems 开发了 ChefJet Pro 打印机，用糖打印各种可食用的糖果。西班牙公司 Natural Machines 发布了名为 Foodini 的食品打印机，随机附带食物原料容器。这款食品打印机可以用预包装好的原料瓶打印意大利面、蛋糕等各种定制食品。纽约的一家比萨连锁店开发了一台比萨打印原型机，可以在 4 分钟内打印出一个饼坯。有几家研究实验室正致力于通过 3D 打印用所谓的"肉墨水"（meat inks）来开发生物工程肉类。最后，私家菜馆正在尝试开展"体验活动"，用 3D 打印技术制作食物、餐具和装饰品，但到目前为止，这些打印品仅限于一次性使用。

基于上述数据，我们看到在每个行业内部都有几个细分领域在 3D 打印技术方面达到了"主流应用"阶段，甚至可能在未来 10 年进入"普遍应用"阶段。然而，我们往往很难将整个行业定性为处于哪个特定阶段，因为有些特定的应用就是需要更长的时间发展，或者正被卡在探索性的研究阶段。有些行业，例如食品行业和医疗行业，由于需要获得监管部门的批准而进展缓慢，另一些行业则由于在传统制造业中的生产规模过大或投资范围过大而放缓了应用 3D 打印技术的进程。

这种行业应用模式表明，最晚转向增材制造技术的产品可能是无须定制且可批量生产的标准化产品。OLED 显示器和鞋中底等少数产品属于例外。要不了多久，集成了设计与打印的软件就将推动一些大批量生产的行业转向增材制造技术，因为 3D 打印将零件整合得如此严密，原来由数千个零件构成的产品得到了极大的简化，装配成本被大幅降低。假以时日，许多产品将被重新设计和开发，以适应使用增材制造技术的制造方法。

你的行业现在处于 4 个应用阶段中的哪个位置？更重要的是，你的公司正处于哪个位置？它是在领先、跟跑，还是落后？找出这些问题的答案，有助于你决定下一步的行动并确保你的公司不会在滚滚向前的技术革命浪潮中被抛在后面。

根据阶段来规划策略

我建议企业在 4 个应用阶段中分别使用不同的战略。如图 12-8 所示，这些战略意味着在商务系统或产品设计方面采取激进或渐进的变化。

在这个矩阵图中，在"概念应用"阶段（第一阶段），企业战略在产品设计和商务系统方面往往只涉及渐进改变。在"早期应用"阶段（第二阶段），企业战略指向产品设计方面的激进变化，但不涉及商务系统。在"主流应用"阶段（第三阶段），企业战略往往伴随着产品设计和商务系统的激进变化。最后，在"普遍应用"阶段（第四阶段），商业模式倾向于推动商务系统而不是产品设计方面的激进变化。

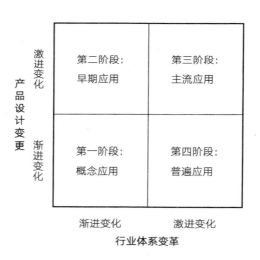

图 12-8　使企业战略与应用阶段相匹配

为什么我推荐的战略在不同阶段差异如此之大？这主要是因为增材制造与传统制造之间存在巨大的单位成本差异。

在"概念应用"阶段，增材制造的单位成本通常明显高于传统制造。因此，增材制造技术只被用于原型制作、工具制作、特别偏好以及表达创造力和乐趣的商业行为。被打印的产品必须有一些不易量化的价值，否则更便宜的传统制造方法就会成为首选技术。因此，处于这一阶段的公司一般想对增材制造技术采取观望态度，只将其用于特定目的，同时也继续深入了解其未来可能发展出的应用。

在"早期应用"阶段，增材制造的单位成本一般略高于传统制造。因此，企业之所以采用增材制造技术，要么是因为打印品有些特殊价值，用户会支付额外费用，要么是因为需要的产品数量非常少，使得传统制造的成本比正常要高。如果增材制造的单位成本下降到比传统制造的单位成本少15% ～ 20%，那么有些公司就会采用增材制造技术，以享受它的灵活性以及生产转换更快、更容易、更便宜的优势。在这个阶段，许多公司向增材制造的转换或者分阶段地进行，或者仅服务于特定的缝隙市场，偶尔也选择请服务机构外包生产。

在"主流应用"阶段，由于增材制造生产方法上的许多改进，增材制造的单位成本已变得比传统制造低。现在，增材制造已可以在各种环境中取代传统制造。这时企业开始将整个系统转为以增材制造技术为中心的模式，寻求从增材制造、工业平台和相关技术的结合中获得优势。根据它们所关注的特定市场、客户和产品，企业将尝试各种以增材制造技术为中心的商业模式，例如大规模定制、大规模多样性、大规模细分、大规模复杂性、大规模模块化和大规模标准化。

在"普遍应用"阶段，由于分布式制造及其产生的大量效益和效率提升，增材制造的单位成本变得比传统制造低很多。在这个阶段，公司将大幅重塑供应链，放弃传统的福特式工厂，转而采用规模较小、灵活的本地化生产设施。多样化的业务运营被合并在一起，产品设计、制造、分销和营销通常成为一个复杂的单一过程的组成部分，由一个配备了各种专业能力的人才的大型团队参与这个过程。

当然，这些描述都是"粗线条"的。每一家公司的具体情况都与其他公司有很大不同。我只是为了提供一个总体背景，以便企业领导者根据目前所处的应用阶段，考虑企业想要采用的战略选择。

制定恰当的转型策略，谨慎选择转型时机

一旦确定了你的行业以及公司在 4 个阶段中的位置，你就可以开始考虑从当前阶段过渡到下一阶段的战略选择。在时机的选择上，你有以下几种可能的做法。

原地踏步。企业可以选择停留在目前的增材制造应用阶段，不向下一阶段迈进。在所属行业大多数企业正向下一阶段移动的时候，在某些情况下，你的企业停留在目前的阶段，同时保持竞争力和盈利能力是可行的。例如，当消费者需求不足或政府法规不鼓励与制造业相关的技术变革时，企业就可能选择"原地踏步"。

如果你的企业在所处的阶段里能争取到一个可持续的地位，"原地踏步"是切合实际、合情合理的。具体可分为以下几种情况：

- 如果市场的需求特征，如分散性、变化速度、对复杂产品的需求等，一直保持不变，企业就没有必要改变。
- 如果市场的技术发展已经停止，没人有实力推动向下一阶段的发

展，或者你的企业缺少足够的财力来资助下一阶段的技术和商业
模式发展。

- 企业如果不想成为行业领导者，而更愿意停留在目前的缝隙市
  场，那么它就会觉得没有必要进入下一阶段。

- 任何缺乏资源或能力实现飞跃的公司都可能决定将现有位置利用
  到极致，最终再把自己的客户名单和设施卖给继任者。有时，这
  种方法带给股东的净现值高于计划长期经营的净现值。

- 在公司计划避让下一代产品，但为隔代产品做准备（见下文的
  "跨越式发展"和"交替领导"战略）的时候，它也不会推动改变。
  但在这种情况下，"原地踏步"战略只是暂时的。

目前看来，"原地踏步"方法行得通的细分行业可能包括以劳力士为代
表的瑞士机械表市场、以施坦威生产的大型钢琴为标志产品的乐器市场、汽
车制造商不愿意承担与产品变化有关的责任风险的汽车轮胎市场，以及主要
生产商似乎满足于跳过下一代产品而为隔代产品做准备的手机市场。

观察和等待。企业可以停止或放缓增材制造领域开发，直到掌握了在下
一阶段可以取得成功的充分证据。这种方法的优势在于有机会从先行者的错
误中汲取教训。然而，为了避免被甩在后面，这些企业必须预先安排好资
源，以便一旦决定改变，就能够实施快速跟进战略。

转换时间节奏。这意味着基于对技术升级换代的密切观察，根据公司计
划的迁移速度，规划在两个阶段之间平稳而有节奏的过渡措施。你的公司设
定自己的战略转换节奏，试图找到最佳的过渡时间点，以便在跟上竞争步伐
的同时，拥有足够的时间来赚取可观的投资回报。

间或阶段跃进。这是指以不均匀的时间间隔进入下一阶段。它的优点是

出其不意，但潜在的缺点是有时会落后于大部队或过于超前。

先发制人。 这是指跃进到下一阶段。目标是先行一步，保持技术领先，让对手目瞪口呆，迫使它们入局追赶。

抢占先机。 这是指不等竞争者赶上来就前进，迫使它们在没做好准备的情况下跟在后面。同时，在下一阶段竞争对手还没赶上来的时候，企业就预先制定战略升级计划，从而使对手始终处于劣势地位。

跨越式发展。 这是指作为长期战略组成部分，企业直接跳到最后一个阶段或至少跨越两个阶段。这是一项高风险、高回报的举措，企业有可能因此成为行业中的领导者，也可能最终不得不以止损收场。

交替领导。 有些公司抢先进入一个阶段，然后跳过下一阶段，故意放弃第二阶段的领导权，以便尽可能延长从之前先发制人的行动中得到的好处。如果管理得当，尽管在短期博弈中失利，企业却能获得长期获胜所需的资源和利润。

在一个阶段内持续改进。 企业使用这种方法的原因是它认识到向下一阶段过渡的时机可能还相当遥远。它的思路是致力于当前阶段的一系列渐进式改进，不断抓住优势，直到竞争对手被它的速度和毅力拖得筋疲力尽。

当然，企业可以自由地对上述转变时机的选项进行搭配组合。企业领导者必须深刻理解行业当前所处阶段的复杂性。在任何一个时刻，整个行业都有可能处于从一个阶段转向另一个阶段的临界点。

然而，阶段转换过程经常变化莫测、前后不一，而且令人感到困惑。一个行业的某些细分市场可能比其他细分市场更早地出现阶段转换，而且阶段转换既有可能会持续且有规律地进行，也有可能是零散出现的。在一些行业里，供应商可能在原始设备制造商做好投入准备之前就进入下一阶段，而在另一些行业里，情况则可能正好相反。凡此种种，它们都意味着对于"你的行业处于什么阶段"这个问题，你可能很难给出一个明确的答案。企业领导者经常要做出一系列复杂的阶段战略决策。

一般来说，转变时机战略取决于非常多的因素。其中最重要的是你的公司目前享有或希望创造的竞争优势的性质。这包括许多可能性，例如生产效率提升、生产成本降低、产品创新出色、产品生产灵活或定制化、供应链精简或缩短、上市速度加快、拥有专有唯一知识产权、客户亲密度提升、准备获取非客户群体、享受网络效应和信息不对称、建立强大的商业生态系统等。根据你的企业性质、目前的优势和劣势以及所处的竞争环境，上述某些竞争优势会比另一些更具相关性和实用性。而且，你的企业创造和利用这些优势的能力，相应地又取决于你的公司在增材制造技术革命中所处的阶段。

因此，在思考如何应对当前行业所处的阶段时，企业领导者首先要深刻理解所处阶段的战略性质，获得现有成功所基于的竞争优势以及为取得持续成功所要发展的优势。

在思考所面临的阶段和选择转型时机战略时，企业领导者应该考虑的其他相关因素包括以下几点。

由其他公司推动的技术和战略发展。你公司的阶段战略可能会受到 3D 打印机制造商、软件供应商或竞争对手正在开发的技术和转型时机战略的影响。这种影响可能包括成本降低、出现新材料、易用性增加、可靠性提高及其他因素。举例来说，你可能会觉得，对于自家目前大多数生产需求而言，增材制造的优势有些不尽如人意，但如果它可以使制造速度提高 10%，而单位材料成本降低 5%，那就达到了一个理想的转折点，使 3D 打印成为一种可行的选择。如果是这种状况，你就会想要密切关注所在领域的技术发展，并准备好在转折点到来时迅速行动。

对当前阶段或之前阶段的技术和阶段战略的投入程度。你的企业在现有机器、软件等方面投入的资金越多，对现有策略的依赖就越大。缺乏灵活性和退出选择可能会使你陷入当前阶段，并愈发感觉跳转到新方法有风险。不断追求"棋高一招"，或者害怕失去别人的尊重、自己的"面子"或权力，可能会迫使你坚持现有策略。

对于进入成熟期的公司来说，时机选择也取决于公司之前在制造业的投资类型，因为这一类的公司通常为无法用于任何其他目的的专用设备付出了大量不可逆转的投入。这些资产的注销会导致利润的大幅下降，这种恐惧往往会使得一家进入成熟期的公司延迟进入下一阶段的行动。但正如我已经说明的那样，有些策略能够帮助企业更顺利地进入下一阶段，比如整合增材制造技术，而不对现有运营造成重大干扰。

像 Senvol 这样的增材制造技术分析公司已经建立了涵盖大多数现有的增材制造技术系统和材料的数据库，并可以根据 30 多个参数给出相关建议，使企业更容易在将增材制造技术选作"主流应用"或"早期应用"之间得出结论。Senvol 还帮助企业了解与新的增材制造技术系统有关的成本、效益、打印机选择和成本节约情况。部署增材制造技术战略的优势之一是所需前期成本比传统生产机械低得多。这使企业当下可以少花钱，在转向新的阶段时重新配置增材制造技术设备。这种灵活性允许企业在最后一刻进行投资，例如当你的企业必须增加产量或需要新功能的时候。增材制造技术消除了用于工具应用、模具设计、原型制作和库存的成本，这意味着唯一的前期成本是机器和材料的成本。企业因此得以加快进入下一阶段的进程。

竞争对手、供应商、用户以及科学界与工程界在努力改变发展阶段时的速度和可预测性。为了进入下一阶段，企业需要采取的技术和战略举措可能会因形势的不同而产生很大的变化。举例来说，当一个类似或相关的行业向增材制造的方向迈出了重要一步之后，它为你的企业提供了应该如何逐步完成转向的明确指导，这样一来你的企业在进入下一阶段时，可能就不存在什么风险了。然而，在另外一些案例中，某些特定的行业要求可能会使进入下一阶段变得异常复杂而棘手，若是这样，在决定冒险之前，你或许就需要进行长时间的研究和规划。

企业管理阶段变化的能力。这种能力可能受到内部阻力、资本来源、知识产权所有权、团队凝聚力、现有技能储备等因素的影响。每家企业都有其独有的特征组合，而它决定着这家企业掌握技术和组织变革的相对能力。在决定是否以及如何接受阶段变化之前，企业领导者请认真考虑公司在众多相关因素上的准备情况。你或许会决定在发起一个阶段转换项目之前，企业必须投入时间和资源来发展组织能力，以便吸收和掌控新的变化。如果不这样做，当改造公司制造流程的努力失败后，就可能导致反弹，使后续转向和改变变得更加困难。

出众，还是出局

在 2017 年 8 月的一次采访中，福特的技术专家哈罗德·西尔斯（Harold Sears）指出，从目前正在通过数字技术引领制造业转型的各家公司的经验中可以得到一个非常有用的终极教训。他警告那些即将踏上 3D 打印之旅的公司，要是希望获得新技术的所有潜在好处，不要以为只要购买几台新机器并将它们加入现有的生产过程就万事大吉了。

> 它们是为了利用增材制造的优势，彻底重新思考并重新设计零件，还是只在设法生产它们过去用注塑成型法来制造的零件？如果是后者，这些企业很可能无法发现那些彻底重新思考过的人才能看到的优势。

麦肯锡的研究人员也得出了类似的结论，他们研究了大量投资数字战略的企业所取得的财务成果。一些公司的数字投资对收入和利润率产生了非常积极的影响，而另一些公司则没有得到如此乐观的回馈。麦肯锡的分析发现，差异取决于数字战略是否被大胆地实施过。

> 这些调查研究的结论加在一起，指向了一个明确的指令，即企业应该果断行动，无论是通过创建新的数字业务，还是通过重塑当下的战略、运营和组织方法等核心。我们还证实，最后的胜利者比其他公司投资更多、更广泛、更大胆。

企业领导者应该听从哈罗德·西尔斯和麦肯锡的研究人员的建议。与其简单地把你过去用过的传统制造工具替换为 3D 打印机，不如花点时间真正研究一下新技术带来的各种优势，再找找办法重新设计整个业务，以便最充分地利用这些优势。

目前，最聪明的企业领导人并没有坐等制造业革命的全部细节显现出来，那样做未免太被动了。他们已经清楚地认识到，3D 打印和制造业革命带来的其他技术将会改变几乎所有产品的设计、制造、购买和交付方式。而且，他们已经努力地做出了回应。这些领导者正在尽可能地学习新技术，抢先重新设计制造系统，并构想他们的公司将在新兴的数字商业生态系统中发挥的作用。简而言之，这些领导者已经开始在多个层面做出决策，以使他们的公司在增材制造的新世界中获得持久的竞争优势。我强烈建议读者也加入他们。出众还是出局？成败在此一举。

行业推广的 4 个阶段

增材制造技术在各行业中的 4 个应用阶段：

- 概念应用：解决概念验证和创意实现等问题，包括一次性生产、实验性生产，以及使用 3D 打印机改进传统制造
- 早期应用：目前很多增材制造技术正处于该阶段，增材制造开始被用于制造小批量、高端定制或专用零件与设备
- 主流应用：增材制造技术已经实现了广泛的商业化，供应链和商业生态系统也围绕该项技术陆续建立
- 普遍应用：3D 打印机和增材制造就像电力一样已经渗透到社会各个角落

以下行业分别处于 4 个阶段的哪一位置？

- 电子行业
- 汽车行业
- 鞋业
- 医疗行业
- 建筑行业
- 航空航天业、国防与海事行业
- 食品行业

在转型策略的选择上，有以下可能的选项：

- 原地踏步
- 观察和等待
- 转换时间节奏
- 间或阶段跃进
- 先发制人
- 抢占先机
- 跨越式发展
- 交替领导
- 在一个阶段内持续改进

在思考如何应对当前行业所处的阶段时，企业领导者首先要深刻理解所处阶段的战略性质，获得现有成功所基于的竞争优势以及为取得持续成功所要发展的优势。

在思考所面临的阶段和选择转型时机战略时，企业领导者应该考虑的其他相关因素包括：

- 由其他公司推动的技术和战略发展
- 对当前阶段或之前阶段的技术和阶段战略的投入程度
- 竞争对手、供应商、用户以及科学界与工程界在努力改变发展阶段时的速度和可预测性
- 企业管理阶段变化的能力

未来是属于勇敢者们的

人类一般会对有关技术的极端言论持有怀疑态度。满怀热情的研究人员、投机的写作者和有经济利益的鼓吹者都常常针对近期的技术突破给出过夸张预测，但现实证明他们的预测不是捕风捉影，就是凭空捏造。因此，人们很容易会以尖刻的反驳来嘲笑平时读到的一些疯狂想法，比如"20世纪30年代以来就说会出现的飞行汽车在哪里"或"太阳能是未来能源，而且一直是未来能源"。

我们确实应该谨慎预测技术奇迹。但是，别忘了，许多雷人的预测业已成真。19世纪，儒勒·凡尔纳（Jules Verne）和H. G. 威尔斯（H. G. Wells）等科幻小说先驱，在潜艇、坦克、无线电、电视和太空飞行等出现的几十年前，甚至在研究人员还没有开始研发时，就已经构想出这些奇迹。许多其他技术进步也是首先出现在科幻作品中的，例如爱德华·贝拉米（Edward Bellamy）1888年的乌托邦小说《向后看》（*Looking Backward*）中的信用卡、雨果·根斯巴克（Hugo Gernsback）1914年的《大科学家拉尔夫 124C 41+》(*Ralph 124C 41+*)中的雷达、阿尔多斯·赫胥黎（Aldous Huxley）1932 年的《美丽新世界》(*Brave New World*)中的基因工程、阿瑟·C. 克拉克（Arthur C. Clarke）1951 年的《2001：太空漫游》(*2001: A Space Odyssey*)中的通信卫星，以及威廉·吉布森（William Gibson）1984 年的《神经漫游者》(*Neuromancer*)中的虚拟现实。要是有一位从 1850 年穿越到我们这个时代的时间旅行者，他很可能会得出这样的结论：人类生活在一个科幻小说已经基本成真的时代……尽管飞行汽车仍然没有实现。

今天，将科学幻想转化为技术现实的工作仍在进行。20 世纪 60 年代的电视连续剧《星际迷航》(*Star Trek*)展示了一大堆奇妙的设备，从手持电话到平板电脑。现在人们对它们已经司空见惯。《星际迷航》提到的一个神奇物品是"食物合成器"，它可以在飞船里将原子和分子转化为乘客的食物。该剧编剧预计这样的装置将在 23 世纪被开发出来，而且，一个世纪后，"食物合成器"会被"复制器"所取代，后者能够通过重组更多种类的微观材料制造出包括食品在内的多种物品。

不难看出《星际迷航》中的复制器与当今的增材制造技术有一些相似之处。当然，与复制器不同的是，3D 打印机能够打印的产品种类以及可以使用的原材料都是有限的。但话说回来，《星际迷航》的编剧起初设想的时间表给了今天的研究人员 300 年的时间来克服这些局限。我个人认为他们可不一定会输。

读者或许觉得本书提到的一些技术预测更加让人匪夷所思，例如从随便什么地方的小工厂里都可以制造出来的战斗机编队，由移动打印机群合成生产的桥梁、公寓和办公大楼，提高人类能力的定制假肢，由 3D 打印机生成的活体组织和器官，以及由不断学习的超智能计算机运行、几乎无须人类干预的工厂和整个公司。

要是其中有些概念看起来令人难以置信，请想想科学家和工程师们将昨日梦想变成今日现实的成就记录，再考虑一下大多数所需技术业已存在的事实。真正的问题不是这些科幻作品的设想是否能成为实实在在的现实，而是它们何时会成为现实。

更有趣、也更难预测的是，我提到的这些技术发展会产生什么样的社会、经济和政治后果。

前文述及，许多经典科幻作家都相信他们所预言的从原子弹到网络空间等诸多技术将彻底改变人类社会。许多人由此想象的未来世界，要么如贝拉米的社会主义乌托邦那般完美无缺，要么是更常见的，如赫胥黎的《美丽新世界》中所描述的噩梦般的地狱景象。

历史表明，技术进步的长期影响通常远比人们想象得复杂。大多数新工具和新设备既有积极作用，也有消极作用，而且人性如此复杂，没有人能够预测人类对新技术的每一种反应。在生活在 19 世纪 80 年代到 20 世纪 50 年代之间的科幻小说家中，没有一个人能想到人类会在 1969 年创造一个惊人的奇迹，让探险家们登陆月球……然后在接下来的几十年里，仅仅由于兴趣缺乏，人类就长期搁置了登月飞行！但现实差不多就是这样，人类是非常难以理解的生物。

我毫不怀疑本书概述的技术革命将会带来某些不可预知的后果。其中，增材制造和其他数字生产工具以及工业平台的力量将彻底改变大多数产品的设计、生产、制造、营销和销售的方式。我所想象的未来世界是由泛工业巨头主导的。在一个几乎没有不可渗透的边界的超级融合经济体里，这些巨头争相捍卫和扩大影响力范围。这样的一个未来世界可能不会完全成为现实。泛工业革命最终很可能会呈现为一种与我的预期有所不同的形式。如果是这样，我本人将会乐于观察未来世界将如何展现，更要睁大眼睛看着它带来怎样非凡的发展。

如果事实证明我的预言不准，原因很可能在于今天商界领袖所做的决策。正像我之前提到的，预测未来的最好方法就是创造未来。我们的子孙后代所要继承的未来，现在正被创造出来——创造它的是企业巨头、企业家、科研人员、工程师、软件开发人员和其他有远见的人。这些人正在探索新制造技术的惊人能力，构想它们新的使用方法。

最后，我衷心希望本书中的想法、案例和预测能够激励你加入这些勇敢者的行列，去创造人类的美好未来。

首先，我想衷心感谢 HMH 出版社的编辑 Rick Wolff[①]。正是他广博的学识、对我的信任，以及在整个过程中稳定和冷静的态度，使这本书得以成功出版。他鼓励我去追求整体的大局观，而这也正是我想要做的。他对于这个主题的热情，让我再次肯定了我在本书中提出的愿景，从而激发了我继续研究的动力。

我还要感谢 Rosemary McGuinness 为我提供的所有帮助。

我的文学代理人 Carol Franco 重新构思了书稿主题，并将本书引荐给出版界内合适的人。如果没有她对主题的重新构思，这本书将会是一本普通的技术指南。

此外，我还要感谢塔克商学院院长 Matt Slaughter 和塔克商学院教务副院长 Richard Sansing，他们在我研究和写作期间提供了财务支持。

---

① 由于致谢部分涉及人名较多，若都译为中文，后再加英文，会影响阅读流畅性，因此致谢部分人名均不译为中文。——编者注

我还要感谢另一个团队做出的贡献。他们已经成为我写作生态系统中极其重要的一部分。

Karl Weber 在知识、写作和编辑上的贡献，使这本书成为它现在的样子。没有他，读者可能无法理解我笨拙的表达，本书的主题也不会被如此出色地呈现出来。在关键时刻，他的不懈努力挽救了局面，他是一位出色的思想家、作家和编辑，我很荣幸能与他合作。他就像一位非常聪明、具有挑战性的导师，指引我在正确的道路上不断前行。

说到有幸能与杰出的思想家合作，当我创作发表在《哈佛商业评论》和《斯隆管理评论》上的文章时，John Landry 帮我深化和拓展了文章中的概念，他的参与让我深受启发。他不断地对我提出问题，并进行了深刻的、仔细的思考，这磨砺了我的观点和预测，并帮我构思了一些成为本书大部分内容基础的想法。

在这个顶尖团队中，我还想感谢我的两位最值得信赖和富有洞察力的研究助手 Nihal Velpanur 和 Prince Verma。他们都是达特茅斯学院工程管理专业的毕业生，并从塞耶工程学院获得了工程管理硕士学位。他们俩为这本书工作了两年多，与我一起通宵达旦，以确保按时完成书中的各个章节和专业文档。他们在我的指导下收集资料并加以统合，同时也为这个项目提供了独立且富有洞察力的想法。Prince 专注于软件和工业平台，而 Nihal 则专注于增材制造、新设计以及与增材制造相关的商业实践。Nihal 毕业后继续全职与我合作，Prince 则继续兼职。我认为在这个世界上没有其他人拥有与之相当的知识和技能，我更愿意与他们一起工作。

在写作风格和写作建议方面，我要感谢 Stuart Crainer 和 Des Dearlove，他们都是 Thinkers50 的创始人。他们对已完成的书稿进行写作风格、篇幅、信息密度、专业术语、现实性、清晰度、逻辑性，以及在整体市场上的吸引力等方面的审阅。尽管他们没有参与书中内容的开发，但他们的建议使这本书的可读性更高。感谢他们的反馈，真的非常有用。

许多高管向我或我的团队提供了关于增材制造、工业平台和生态系统等商业方面的信息。在事实被隐藏或被模糊化的情况下，这些高管帮助我们追踪真相。我们从他们身上学到了很多，他们愿意投入时间，慷慨地分享自己的专业见解，帮助我深入思考未来的商业发展，这些我将永记于心。

除了一些希望保持匿名的人员，这些高管包括：3D Systems 全球软件副总裁 John Alpine；UPS 战略副总裁 Alan Amling；艺康集团董事长兼首席执行官 Doug Baker；BALMAR 公司首席执行官 Matej Balazic；Trader Joe's 董事长兼首席执行官 Dan T. Bane；前 Red Eye 公司副总裁兼总经理 Jim Bartlett，Red Eye 现已并入 Stratasys Direct Manufacturing；时任好时总裁兼首席执行官 John P. Bilbrey；Vector Capital 董事总经理 Matt Blodgett；3D Systems 新业务工程总监 Megan Bozeman；Matrix APA 首席执行官 Charlie Branshaw；Stratasys 战略发展部高级副总裁 Patrick Carey；伟创力供应链副总裁 John Carr；赛默飞世尔总裁兼首席执行官 Marc N. Casper；Stratasys 技术开发副总裁 Steve Chillscyzn；Desktop Metal 软件开发副总裁 Rick Chin；法国全球竞争情报高级顾问 Phillipe Clerc；捷普产品市场总监 Chuck Conley；德勤服务公司全球整合研究中心总监 Mark Cotteleer；Stratasys 联合创始人兼首席创新官 S. Scott Crump；Future Factory 创意总监 Lionel Theodore Dean；Stratasys 副总裁 Jeff DeGrange；捷普增材制造总监 Tim DeRosett；捷普全球自动化和 3D 打印副总裁 John Dulchinos；3D Systems 高级应用程序开发副总裁 Patrick Dunne；达索系统 SIMULIA 首席技术官 Bruce Engelmann；康明斯材料科学与技术总监 Roger England；艾默生电气董事长兼首席执行

官 David N. Farr；泰科电子工程总监 Mike Follingstad；时任美国 BD 公司董事长兼首席执行官 Vincent Forlenza；Desktop Metal 首席执行官 Ric Fulop；GE Additive 全球研发中心副总裁兼技术总监 Christine Furtoss；Rize 公司创始人、首席技术官及首席执行官 Eugene Giller；Tamicare 首席执行官 Tamar Giloh；特百惠董事长兼首席执行官 Rick Goings；时任 Tesoro 首席执行官 Greg Goff；惠普 3D 打印业务部传媒主管 Noel Hartzell；GE Healthcare 首席机械工程师 Robert Hauck；捷普数码方案执行副总裁兼首席执行官 Eric Hoch；捷普高级副总裁兼首席供应链和采购官 Don Hnatyshin；巴诺教育董事长兼首席执行官 Mike P. Huseby；ZARA 母公司 Inditex 首席执行官 Pablo Isla；Neiman Marcus 首席执行官 Karen W. Katz；Zcorp 前首席执行官，现 Ultimaker USA 首席执行官 John Kawola；Desktop Metal 设计工程师 Michael Kelly；AET Labs 总裁、Stratasys 经销商 David Kempskie；Avaya 总裁兼首席执行官 Kevin J. Kennedy；Laboratory Corporation of America 董事长兼首席执行官 Dave King；时任 3D Systems 首席市场营销官 Cathy Lewis；Materialise NV 执行主席 Peter Leys；康明斯首席执行官 Tom Lineberger；时任德事隆系统首席执行官，现任美国国防部采办与保障副部长 Ellen M. Lord；时任史丹利百得董事长兼首席执行官 John Lundgren；嘉吉董事长兼首席执行官 David MacLennan；林肯电气董事长兼首席执行官 Chris L. Mapes；时任 Rize 首席执行官，现任 BigRep GmbH 美国总裁 Frank Marangell；Jabil Packaging Solutions 首席市场营销官 Christine McDermott；固瑞克董事长兼首席执行官 Patrick McHale；Desktop Metal 市场总监 Marc Minor；安德玛全球战略总监 Michelle Mooradian；HP 3D Printing 总裁 Steve Nigro；Voxel8 联合创始人兼硬件负责人 Daniel Oliver；Stratasys 材料开发副总裁 Jim Orrock；时任 NVBots 首席执行官 A. J. Perez，该公司现已被 Cincinnati 公司收购；时任当纳利集团董事长兼首席执行官，现 LSC Communications 首席执行官 Thomas Quinlan III；Stratasys / Econolyst 战略咨询副总裁兼董事总经理

Dr. Phil Reeves；时任 3D Systems 首席执行官 Avi Reichental；时任时代公司首席执行官 Joe Ripp；Desktop Metal 高级软件工程师 Andy Roberts；HP 3D Printing Business 公司传媒和编辑战略师 Jason Roth；惠普全球市场发展副总裁 Scott Schiller；Desktop Metal 首席设计师 Peter Schmitt；Equifax 时任首席执行官 Rick Smith；Wipro Infrastructure Engineering 高级制造解决方案主管 Maltesh Somasekharappa；时任 Siemens USA 总裁兼首席执行官 Eric A. Spiegel；Owens-Corning 董事长兼首席执行官 Mike H. Thaman；Dunkin Brands 首席执行官 Nigel Travis；Forecast 3D 联合创始人 Cory Weber、Donovan Weber；埃森哲高级研发总监 Sunny Webb；Union Square Ventures 合伙人、Shapeways 的早期投资人 Albert Wenger；英国制造技术中心首席技术官 David Whimpenny；时任惠普总裁兼首席执行官 Meg Whitman；Polaris 董事长兼首席执行官 Scott Wine。感谢你们所有人与我或我的团队分享关于商业战略未来的见解和意见，特别是在软件、工业平台和工业互联网以及增材制造等领域。你们所有人的想法都以某种方式对这本书做出了贡献。

许多技术专家与我或我的团队分享了他们的专业知识、想法、幻灯片、演讲、论文、个人笔记和博客。我感谢他们愿意为我打开一扇新世界的大门。没有他们的指引，我将无法理解当下的增材制造和工业世界，更不用说未来它将变成什么样子。

除了少数希望保密的人，这些专家包括：麻省理工学院计算机科学与人工智能实验室（CSAIL）博士后研究员 Christopher Amato；通用先进制造与工程中心的首席工程师 Jimmie Beacham；BeAM Machines 商务发展副总裁兼总经理 Tim Bell；Additive Industries 财务和信息技术经理 Ilko Bosman；恺奔市场副总裁 Valerie Buckingham；前 Wohlers Associates 高级顾问，现 NWA3D LLC 工程和市场总监 Tim Caffrey；Aurora Flight

Services 高级飞机设计技术负责人 Dan Campbell；3D Systems 产品专家 Gregory George；MarkForged 首席科学家 Antoni S. Gozdz；麻省理工学院机械工程副教授、Desktop Metal 联合创始人 John Hart；Optomec 欧洲代表、Neotech AMT GmbH 总经理 Dr. Martin Hedge；Shepra 工程和技术服务经理 Fred Herman；Big Rep 国际销售主管 Johan von Herwarth；谢菲尔德大学机械工程教授、Xaar Plc. 3D 打印总监 Neil Hopkinson；德勤咨询公司制造、战略与运营专业领导 Jim Joyce；Addup Solutions 销售与市场总监、米其林轮胎合作伙伴 Alexander Lahaye；Formlabs 首席产品官 David Lakatos；Additive Industries 全球渠道销售总监、前 Prodways 渠道总监 Bart Leferink；IBM Watson 业务发展 Jared K. Lee；IBM 认知解决方案和 IBM 研究部高级副总裁办公室幕僚长兼特别项目负责人 Leonard Lee；XJet 国防和工业制造副总裁 Haim Levi；波音公司研发和科技部材料和加工工程师 Brett Lyons；Prodways 营销和沟通经理 Cindy Mannevy；密歇根大学技术创意顾问 Eric Maslowski；Autodesk 技术客户经理和解决方案工程师 Dave May；惠普新型 HP Multi Jet Fusion Voxel 3D 打印机的企业销售专员 Shannon Morgan；好时新技术高级市场经理 Jeff Mundt；惠普研究经理兼首席科学家 Hou T. Ng；密歇根大学数字制造专家 Shawn O'Grady；日本雅马哈发动机商务拓展专员 Keiichi Onishi；IBM 大数据和分析软件专员 Martin Pomykala；Formlabs 商务拓展专员 Gary Rowe；Optomec 市场营销副总裁 Ken Vartanian；EvoBeam 总经理、Sciaky 欧洲合作伙伴 Matthias Wahl；IBM Watson IoT for Manufacturing 产品管理项目总监 Jiani Zhang。如果说一开始我只能喝从消防栓里一点一滴漏出的水，多亏你们的指导和技术见解，我现在已经成为这个领域中拥有最充沛水源的人了。

为了帮助我理解所学内容，我雇用了几名研究助手，他们帮我进行了宝贵的深入调查。在我了解增材制造的过程中，有 3 位研究助手发挥了重要作用：具有技术背景的工商管理硕士（MBA）Carmen Linares，以及两位正在攻读工程管理硕士（MEM）的学生 Yihan Zhong 和 Zixiang（Sean）Xuan。他们深入研究了标准 3D 打印机中使用的各种增材制造技术，并在我刚开始接触这一领域时向我解释了这些技术。Marcus Widell 是一位具有技术和创业导向的 MBA，他深入研究了一些特殊的打印方法，比如生物打印、基于 DNA 的打印以及其他一些令人惊讶的新方法。他的工作是让我接触到超出我想象的策略和技术，从而激发我跳出常规思维框架。总的来说，这是一次跨越几年的努力，旨在通过发现实际情况下的模式和原则，让我能够根据现实情况推测未来的行动。

在更深入地探究商业趋势时，我让 MEM 学生 Bo Wang 进行详细分析，以了解增材制造在许多行业中的应用程度。这项工作为 Nihal 参与第 12 章的各个表格的编写打下了基础。Bo Wang 还针对增材制造应用的 4 个阶段这一主题做了相当多的工作。MBA 学生 Rémy Olson 研究了在亚洲建立的不同类型的商业生态系统，例如财阀和企业集团，这些历史经验可能为未来的泛工业企业和企业集团的发展提供了方向，并显示出政府应如何在它们对社会形成潜在危害时对其进行限制。正在就读 MBA 的 Alice Demmerle 寻找了 3D 打印机的应用实例，以及哪些方法对已有企业的干扰最小。同样在就读 MBA 的 Sastry Nittala，对供应链管理非常了解，他努力寻找在市场趋向动荡的情况下可能出现的商业模式和供应链解决方案，比如需求条件频繁变化、碎片化和波动性，这些都要求制造商变得高度灵活和迅速。他们的这些研究成果开阔了我的视野，并揭示了许多关于未来世界将会经历巨大转变的可能性。

在软件领域，我也得到了几位熟悉这一方向的研究助手的帮助。MBA 在读学生 Sprague Brodie 研究了业务流程管理软件，以及智能机器人、数据分析和人工智能如何预防瓶颈、提升效率，并创建能够自我重编程的系统。我的朋友、意大利米兰 SDA 博科尼管理学院市场营销研究员 Dr. Silvia

Vianello，通过识别来自 B2C 和 C2C 领域的智能移动应用程序在经过修改后，是否可能在 B2B 环境中作为商业工具使用，来研究人工智能。我的研究助手和 MEM 在读学生 Ankit Gadodia 在人工智能程序方面进行了深入研究，以便理解工业平台和常见商业应用程序在使用神经网络时可能受到的限制。我的研究助手 Coby Ma，作为一位 MBA 在读学生，具有软件领域的背景，他深入研究了在工业平台创建之前商界使用的不同类型的软件，并分析了各种软件开发商的能力，以便预测在工业平台市场中哪些公司可能成为有潜力的竞争者。MEM 在读学生 Raghav Mathur 沿着这些方向提出了初步的构想，试图说明如果将所有的商业应用程序整合到一个集成的、数据共享的、企业级的系统中，这个工业平台将展现怎样的特征。在我的指导下，他们通过调研、分析和整合数据，提供了关键见解和知识，我对他们表示感谢和欣赏。他们的努力深刻地影响了我的思考。经历过这项研究之后，我在商业策略这一职业方向上有了脱胎换骨般的成长。

我还要感谢我的"商业侦探"和"信息猎人"。他们被委以重任，去寻找并搜集与本书案例中公司及其竞争对手使用的平台和增材制造相关的具体信息。他们被告知要进行广泛地搜索，在互联网中进行广泛探索，以找出那些公司没有向我们透露的信息。他们被指派与公司进行"cold call"（第一次主动给从未谋面的人打电话或拜访），并与基层员工进行交流；与公司的客户、供应商和竞争对手交谈，深入挖掘公司内部隐藏的重要信息；查看评价公司的网站，以了解公司内部的情况；查阅当地的报纸和在线招聘网站，以了解只有当地居民知道而外部世界无法了解的信息。

商业侦探们运用一切合法和合乎道德的方法进行调研。他们并没有使用欺诈手法或黑客技术。我们当然也不会要求任何人去翻检垃圾桶，从而弄脏他们的常春藤高校制服。我只是让他们不断寻找和询问，直到有人坦白为止。我的商业侦探中有本科生、MBA 和工程管理硕士在读学生、学者们的配偶、曾经负责追讨借款人欠款的人，甚至还有一位前联邦调查局特工和一位前军事情报官员（他们俩都希望保持匿名）。他们是：Neerja Bakshi，Erin Czerwinski，Emily Davies，Ashwin Gargeya，Debasreeta (Tia) Dutta Gupta，Robert Harrison，Neil Kamath，Addison Lee，Jeff Shu Lee，Andrew Liang，Huajing (Joyce) Lin，Roger Lu，Minyue (Mindy) Luo，Hamish McEwan，Parag Patil，Sarah Rood，Daniel Schafer，Aditi Srinivasan，Nelson (Chenyi) Wang，Bradley Webb，John Wheelock，Andrew Wong 和 Michael (Zheyang) Xie。他们为了揭示真相做了非常出色的工作，尽管在增材制造发展初期，出于竞争目的以及担心客户或员工出现负面情绪，企业决定将许多信息保密。

我还受到以下这些行业专家的思想的影响：美国国家标准与技术研究院高级技术顾问 Clara Asmail；伯明翰大学先进材料与加工专业教授 Moataz Atallah；Plastic Logic 研发工程师 Vincent Barlier；前 Autodesk 首席执行官 Carl Bass；Francis Bitonti Studio 创始人兼总裁 Francis Bitonti；IBM 高级研究员 David Breitgand；Fraunhofer ILT 高级 SLM 系统团队领导 Damien Buchbinder；Croft Filters 主任 Neil Burns；拉夫堡大学建筑能源研究小组高级讲师 Richard Buswell；Aurora Flight Services 项目经理 Dan Campbell；GE Aviation 执行副总裁 Philippe Cochet；英国标准协会（BSI）AMT8 标准委员会成员 John Collins；Foster + Partners 专业建模团队合作伙伴 Xavier De Kestelier；新百伦高级设计工程师 Dan Dempsey；诺丁汉大学制造技术教授 Phill Dickens；纽约城市技术学院助理教授 Gaffar Gailani；America Makes 执行总监 Rob Gorham；路易斯维尔大学快速成型中心运营经理 Tim Gornet；新百伦高级产品副总裁 Edith Harmon；PTC 总裁兼首席执行官 James Heppelmann；Xact Metal 工程副总裁 Jonathan Hollahan；Continuum Fashion 创始人兼设计主管 Mary Huang；Viktorian Guitars 首席执行官 Josh Jacobson；达索系统 SolidWorks 战略与业务

发展副总裁 Suchit Jain；Concept Laser 销售与运营总监 Andy Jensen；3D Systems 首席执行官 Vyomesh Joshi；Stratasys 销售支持总监 Roger Kelesoglu；Philips Healthcare 开发与工程网络部经理 Harry Kleijnen；帕德博恩大学机械工程系主任 Rainer Koch；美国陆军 ARDEC 材料工程师 James L. Zunino III；Markforged 内容工程师 Daniel Leong；Mixee Labs 联合创始人兼业务负责人 Nancy Liang；Formlabs 首席执行官 Max Lobovsky；波音材料和工艺研究工程师 Brett Lyons；Adidas Group 技术创新副总裁 Gerd Manz；克兰菲尔德大学增材制造研究员 Filomeno Martina；Autodesk 旗下 MAYA and Research Fellow 负责人 Mickey McManus；Reitveld Architects 副合伙人 Piet Meijs；ABB 机器人与运动控制事业部副总裁 Dwight Morgan；GE Aviation 增材技术领导者 Greg Morris；劳氏创新实验室创始人和执行董事 Kyle Nel；Philips Healthcare OEM Grids，Tubes 和 Components 总监 Pieter Nujits；Shoes by Bryan 创始人 Bryan Oknyansky；Tata Motors 快速原型和工艺工具技术主管 Ajay Purohit；宾夕法尼亚州立大学博士后研究员兼讲师 David Saint John；Sols Systems 时任首席执行官和联合创始人 Kegan Schouwenburg；HEAD Sports 研发总监 Ralf Schwenger；Modern Meadow 商业总监 Sarah Sclarsic；英国知识产权局首席经济学家办公室 Nicola Searle；Addup Solutions 执行董事、总经理 Matt Shockey；拉夫堡大学创新主管 Sam Stacey；Local Motors 项目管理总监 Pete Stephens；GP Tromans Associates 所有者兼主要行业顾问 Graham Tromans；Materialise 创始人兼首席执行官 Fried Vancraen；Materialise 业务发展主管 Hans Vandezande；Impossible Objects 首席技术经理 Len Wanger；Innovate UK 制造主管 Robin Wilson。感谢你们在私人论坛、会议和其他互动场合分享你们的想法。你们的思想给了我灵感。

最后，家庭才是人们生活中的真正意义。我要感谢我的子女以及他们的配偶，Ross、Gina、Tanya、Pete 和 Chris。感谢你们的支持和理解。我知道我的研究和写作让我不能时常陪伴在你们身边，这让我感到心痛，我很感激你们的无私，让我有机会投入这项耗时的工作。我还要感谢你们为了参加 Thinkers50 晚宴专程前来伦敦，我在这场晚宴上荣获了 2017 年的战略双年奖，并被评选为全球排名前十的管理思想家之一。没有你们的陪伴，这些荣誉都是没有意义的。你们的支持和爱对我来说意义非凡。我要对你们表示最衷心的感谢，因为你们让我感到幸福，也让我每天都有写作的动力。你们对我的支持和接纳越多，我就越能自由地展望未来，创作出像本书一样的作品。

如果说养育一个孩子可能需要一个村庄的参与，那么，创作一本书则离不开辛勤的工作，家庭的支持，一支由商业侦探、研究者和编辑组成的队伍，以及一个庞大的信息生态系统。

引　言　超级制造，一场颠覆商业世界的划时代巨变

1. Sarah Anderson Goehrke, "HP Keeps Focus on Industrial 3D Printing with Introduction of Jet Fusion 3D 4210 and Expansion of Materials Portfolio, Partnerships," 3DPrint. com, November 9, 2017.
Sarah Anderson Goehrke, "HP Announces Lower-Cost Full-Color 3D Printing Systems, SOLIDWORKS Collaboration," 3DPrint.com, February 5, 2018.

2. Alex Bell, "3D Knickers Firm to Create 300 Jobs," *Manchester Evening News,* May 28, 2014.

3. See, for example, Tomas Kellner, "An Epiphany of Disruption: GE Additive Chief Explains How 3D Printing Will Upend Manufacturing," GE Reports website, June 21, 2017.

4. Alwyn Scott, "GE Shifts Strategy, Financial Targets for Digital Business After Missteps," Reuters, August 24, 2017.

5. Klaus Schwab, *The Fourth Industrial Revolution* (New York: Crown, 2017).

第一部分　超级制造革命：制造商能够在任何地方制造任何物品

01　几乎所有产品的制造形式都将被颠覆

1.　Matthew Ponsford and Nick Glass, "'The Night I Invented 3D Printing,'" CNN, February 14, 2014.
Matthew Sparkes, "'We Laughed, We Cried, We Stayed Up All Night Imagining,'" *The Telegraph,* June 18, 2014.

2.　Rakesh Sharma, "The 3D Printing Revolution You Have Not Heard About," *Forbes,* July 8, 2013.

3.　Jay Leno, "Jay Leno's 3D Printer Replaces Rusty Old Parts," *Popular Mechanic,* June 7, 2009.

4.　Ezra Dyer, "The World's First 3D-Printed Car Is a Blast to Drive," *Popular Mechanics,* August 7, 2015
Aaron M. Kessler, "A 3-D Printed Car, Ready for the Road," *New York Times,* January 15, 2015.

5.　Duleesha Kulasooriya, "Local Motors: Driving Innovation with Micro-Manufacturing," *NewCo Shift,* October 12, 2016.
Keith Larson, "The Smart Industry 50: Automotive Disruptor," *Smart Industry,* July 14, 2017.

6.　Beau Jackson, "3D Printing Helps Rolls-Royce Sell Record Number of Cars," January 16, 2017.
Nick Hall, "Top 10 3D Printed Automotive Industry Innovations Available Right Now," June 20, 2016.
Jeff Kerns, "How 3D Printing Is Changing Auto Manufacturing," *Machine Design,* November 14, 2016.

7.　"Ford Smart Mobility LLC Established to Develop, Invest in Mobility Services; Jim Hackett Named Subsidiary Chairman," Ford Motor Company Media Center, March 11, 2016.
Corey Clarke, "Ford Thinking Laterally with Stratasys' Infinite Build 3D Printing Machine," *3D Printing Industry,* March 6, 2017.

8.　Nick Hall, "Chinese Company Prints Villa On-Site," *3D Printing Industry,* June 15, 2016.

9.　Lloyd Alter, "Office of the Future Is 3D Printed in Dubai," *Treehugger* newsletter, May 31, 2016.

10. A. T. Kearney, *3D Printing: A Manufacturing Revolution.*

11. Sarah Anderson Goehrke, "HP Keeps Focus on Industrial 3D Printing," *op.cit.*
Alessandro Di Fiore, "3D Printing Gives Hackers Entirely New Ways to Wreak Havoc," *Harvard Business Review,* October 25, 2017.

12. Alice Morby, "MIT Researchers Develop Material That Tightens in Cold Weather to Keep in Warmth," *de zeen,* February 27, 2017.

13. Chelsea Gohd, "NASA Astronauts Can Now 3D-Print Pizzas in Space," *Futurism,* March 7, 2017.

14. Laura Parker, "3D-Printed Reefs Offers Hope in Coral Bleaching Crisis," *National Geographic,* March 13, 2017.

02　何时何地都能制造产品

1. Mark Albert, "Setup Reduction: At the Heart of Lean Manufacturing," *Modern Machine Shop,* April 2, 2004.
Beau Jackson, "Premium Aerotec, EOS and Daimler Prepare NextGen Serial Production for 3D Printing," *3D Printing Industry,* April 19, 2017.

2. Sabrina Theseira, "Emerson Opens Additive Manufacturing Plant in Clementi," *Straits Times,* March 25, 2017.
Clare Scott, "Thyssenkrupp Opens New TechCenter Additive Manufacturing in Germany," 3Dprint.com, September 5, 2017.
"GE Aviation Opens New Brilliant Factory," *GE Aviation Press Center,* May 1, 2017.
"Metric of the Month: Unplanned Machine Downtime as a Percentage of Scheduled Run Time," *Supply and Demand Chain Executive,* August 18, 2015.

3. Sam Davies, "Formlabs Announces Fuse 1 SLS 3D Printer and Form Cell Automated Production System," *tct Magazine,* June 5, 2017.

4. Peter Zelinsky, "With Machine Learning, We Will Skip Ahead 100 Years," *Additive Manufacturing,* January 17, 2018.

03　无限规模，制造得更多、更快、更便宜

1. Matthias Holweg, "The Limits of 3D Printing," *Harvard Business Review,* June 23, 2015.

2. Beau Jackson, "Voodoo Manufacturing Aim for a 24/7 3D Printing Factory with Robot-Arm Powered Project Skywalker," March 15, 2017.

3. A. T. Kearney, *3D Printing: A Manufacturing Revolution.*

4. *Smart Textiles and Wearables: Markets, Applications and Technologies,* Cientifica Research, September 2016.

5. "JOLED Starts Commercial Shipments of Its Printed 21.6-Inch 4K OLED Monitor Panels," OLED-info website, December 5, 2017.

6. Corey Clarke, "Adidas Reveals Plans for 3D Printing 'Speedfactory,'" January 17, 2017. Ben Roazen, "An Explanation of Adidas' SPEEDFACTORY Facility," October 5, 2016.

04 数字商业生态系统的形成

1. Loretta Chao, "Jabil Enters Supply-Chain Software Business," *Wall Street Journal,* October 25, 2016.

2. Sarah Anderson Goehrke, "First Production HP Jet Fusion 3D Printers in North America Delivered — A Few Questions for Jabil," 3DPrint.com, December 9, 2016.

3. Brian Walker, "Why E-Commerce Still Isn't Clicking with B2B Executives," *Forbes,* May 6, 2014.

4. Jacques Bughin, Laura LaBerge, and Anette Melbye, "The Case for Digital Reinvention," *McKinsey Quarterly,* February 2017.

05 打造世界上第一个工业平台

1. Michael Maiello, "Diagnosing William Baumol's Cost Disease," *Chicago Booth Review,* May 18, 2017.

2. Gideon Lichfield, "Cement Plus Heavy-Duty Networking Equals Big Profits," *Wired,* July 1, 2002.

3. Andreas Saar, "Siemens Continues Driving Toward Our Vision to Industrialize Additive Manufacturing," Siemens Dreamer website, September 6, 2017.

4. Sarah Anderson Goehrke, "HP and Deloitte: Allies in 3D Printing-Led Disruption to Manufacturing," 3DPrint.com, August 24, 2017.
Corey Clarke, "UTC Announces $75 Million Additive Manufacturing Center of Excellence," *3D Printing Industry,* June 5, 2017.
Corey Clarke, "Dassault Systèmes Expanding 3DExperience Lab to North America," *3D Printing Industry,* February 7, 2017.

5. Beau Jackson, "Sumitomo Heavy Industry Acquires Spray-Form Metal 3D Printing Startup," *3D Printing Industry,* January April 18, 2017.
Beau Jackson, "Carbon Become 'Future-Proof' with Oracle Cloud," *3D Printing Industry,* January 13, 2017.

6. Michael Petch, "GKN and GE Additive Sign MOU for Additive Manufacturing Collaboration," *3D Printing Industry,* October 17, 2017; Sarah Saunders, "GKN Group Consolidates All Additive Manufacturing Activities Into New Company Brand," 3DPrint.com, October 16, 2017.
Alec [sic], "UPS to Expand 3D Printing Services to Asia and Europe in Response to Storage Revenue Loss Caused by 3D Printing," 3Ders.org, September 19, 2016; Nick Carey, "Sensing threat, UPS plans to expand its 3D printing operations," Reuters, September 16, 2016.

7. Clare Scott, "SAP Announces Official Launch of SAP Distributed Manufacturing 3D Printing Application," 3DPrint.com, April 24, 2017.
Beau Jackson, "FedEx Launches 3D Printing Inventory and Repair Company Forward Depots," *3D Printing Industry,* January 25, 2018.

8. Scott Galloway, *The Four: The Hidden DNA of Amazon, Apple, Facebook, and Google* (New York: Portfolio, 2017).
Franklin Foer, *World Without Mind: The Existential Threat of Big Tech* (New York: Penguin, 2017).

06 以大致胜，泛工业时代的来临

1. Kevin Dowd and Martin Hutchinson, *Alchemists of Loss: How Modern Finance and Government Intervention Crashed The Financial System* (New York: Wiley, 2010), p. 150.

2. Edward J. Lopez, "Breaking Up Antitrust," Foundation for Economic Education, January 1, 1997.

3. Andrew Ross Sorkin, "Conglomerates Didn't Die. They Look Like Amazon," *New York Times,* June 19, 2017.

4   Richard D'Aveni, "Choosing Scope over Focus," *Sloan Management Review*, Summer 2017.

5. Lee Schafer, "Cargill takes the long view on strategy," *Minneapolis StarTribune*, April 13, 2013.

6. George P. Baker, "Beatrice: A Study in the Creation and Destruction of Value," *Journal of Finance*, July 1992.

第二部分   当商业巨头统治全世界：经济格局的重构与竞争性质的演化

07   新角色：透视泛工业企业的世界

1. Steve Cropper and Mark Ebers, *The Oxford Handbook of Inter-Organizational Relations* (Oxford: Oxford University Press, 2008), pp. 36–38.

2. Robert L. Cutts, "Capitalism in Japan: Cartels and Keiretsu," *Harvard Business Review*, July–August 1992.

08   新市场：超级融合带来持久成功

1. Stephen Jay Gould and Niles Eldredge, "Punctuated Equilibria: The Tempo and Mode of Evolution Reconsidered," *Paleobiology* 3, no. 2 (Spring 1977): 115–51.

2. Christopher Mims, "Amazon Is Leading Tech's Takeover of America," *Wall Street Journal*, June 16, 2017.

09   新规则：集体竞争与影响力范围之战

1. David B. Yoffie and Michael A. Cusumano, "Judo Strategy: The Competitive Dynamics

of Internet Time," *Harvard Business Review,* January–February 1999.

2. Daniel Gross, "Siemens CEO Joe Kaeser on the Next Industrial Revolution."
   Sarah Anderson Goehrke, "Metal 3D Printing with Machine Learning: GE Tells Us
   About Smarter Additive Manufacturing," 3DPrint.com, October 24, 2017.

10　新秩序：经济将被推向更高阶的繁荣

1. "First Unmanned Factory Takes Shape in Dongguan City," *People's Daily Online,* July
   15, 2015.

2. Erick Wolf, "3D Printing, The Next Five Years," *3D Printing Industry,* May 30, 2017.

3. Mike Lewis et al., "Deal or no deal? Training AI bots to negotiate," Facebook Code
   website, June 14, 2017; Mark Wilson, "AI Is Inventing Languages Humans Can't
   Understand. Should We Stop It?" Co.Design website, July 14, 2017.

4. Daniel Gross, "Siemens CEO Joe Kaeser on the Next Industrial Revolution," *Strategy +
   Business,* February 9, 2016.
   Ron French, "Local Motors Goes Global," *Siemens,* January 5, 2015.
   Clare Scott, "Siemens Joins with Hackrod to Bring Goal of 3D Printed Self-Designing
   Car Closer," *3DPrintcom,* March 22, 2018.

5. "The Third Industrial Revolution," Economist, April 21, 2012.

6. Jan-Benedict Steenkamp, "The End of the Emerging Markets Model As We Know It,"
   LinkedIn, July 24, 2017.

7. Ibid.
   Kai-Fu Lee, "The Real Threat of Artificial Intelligence," *New York Times,* June 24, 2017.

8. Barry Lynn, "I Criticized Google. It Got Me Fired. That's How Corporate Power
   Works," *Washington Post,* August 31, 2017.

9. Eric Lipton and Brooke Williams, "How Think Tanks Amplify Corporate America's
   Influence," *New York Times,* August 7, 2016.

10. Zahra Ullah, "How Samsung Dominates South Korea's Economy," CNNTech,
    February 2, 2017.

11. Matt Rosoff, "The Idea of Using Antitrust to Break Up Tech 'Monopolies' Is
    Spectacularly Wrong," *CNBC Tech,* April 23, 2017.

12. Tom Igoe and Catarina Mota, "A Strategist's Guide to Digital Fabrication," *Strategy + Business,* August 23, 2011.

13. Richard D'Aveni, "Who Needs the Paris Climate Accord When You Have 3D Printing?" Forbes.com, August 2, 2017.

14. Michael Petch, "Using 3D Printing to Upcycle in the Circular Economy at the University of Luxembourg," *3D Printing Industry,* July 10, 2017.

第三部分　应席卷趋势之道，为未来做好万全准备

11　开启你的增材制造创新之路

1. "GE's Jeff Immelt on digitizing in the industrial space," McKinsey & Company interview, October 2015.

2. Reinhard Geissbauer, Jasper Vedse, and Stefan Schrauf, "A Strategist's Guide to Industry 4.0," *Strategy + Business,* May 9, 2016.

3. Norbert Schwieters and Bob Moritz, "10 Principles for Leading the Next Industrial Revolution," *Strategy + Business,* March 23, 2017.

4. Michael Petch, "3D Printing Startup Partners with $100 Billion Global Engineering Company," *3D Printing Industry,* November 24, 2016.

5. Beau Jackson, "Siemens to Enter Adidas Speedfactory Project for Custom 3D Printer Sportswear," *3D Printing Industry,* April 25, 2017; "The Perfect Fit: Carbon + Adidas Collaborate to Upend Athletic Footwear," Carbon website, April 7, 2017.

12　4 个转型阶段，通往终极未来

1. Monika Mahto and Brenna Sniderman, "3D Opportunity for Electronics: Additive Manufacturing Powers Up," *Deloitte Insights,* May 2, 2017.

2.   Steven Melendez, "The Rise of the Robots: What the Future Holds for the World's Armies," *Fast Company,* June 12, 2017.

3.   Lucas Mearian, "3D Printing Is Now Entrenched at Ford," *CIO,* August 2017.

4.   Jacques Bughin, Laura LaBerge, and Anette Melbye, "The Case for Digital Reinvention," *McKinsey Quarterly,* February 2017.

未来，属于终身学习者

我们正在亲历前所未有的变革——互联网改变了信息传递的方式，指数级技术快速发展并颠覆商业世界，人工智能正在侵占越来越多的人类领地。

面对这些变化，我们需要问自己：未来需要什么样的人才？

答案是，成为终身学习者。终身学习意味着永不停歇地追求全面的知识结构、强大的逻辑思考能力和敏锐的感知力。这是一种能够在不断变化中随时重建、更新认知体系的能力。阅读，无疑是帮助我们提高这种能力的最佳途径。

在充满不确定性的时代，答案并不总是简单地出现在书本之中。"读万卷书"不仅要亲自阅读、广泛阅读，也需要我们深入探索好书的内部世界，让知识不再局限于书本之中。

湛庐阅读 App：与最聪明的人共同进化

我们现在推出全新的湛庐阅读 App，它将成为您在书本之外，践行终身学习的场所。

- 不用考虑"读什么"。这里汇集了湛庐所有纸质书、电子书、有声书和各种阅读服务。
- 可以学习"怎么读"。我们提供包括课程、精读班和讲书在内的全方位阅读解决方案。
- 谁来领读？您能最先了解到作者、译者、专家等大咖的前沿洞见，他们是高质量思想的源泉。
- 与谁共读？您将加入优秀的读者和终身学习者的行列，他们对阅读和学习具有持久的热情和源源不断的动力。

在湛庐阅读 App 首页，编辑为您精选了经典书目和优质音视频内容，每天早、中、晚更新，满足您不间断的阅读需求。

【特别专题】【主题书单】【人物特写】等原创专栏，提供专业、深度的解读和选书参考，回应社会议题，是您了解湛庐近千位重要作者思想的独家渠道。

在每本图书的详情页，您将通过深度导读栏目【专家视点】【深度访谈】和【书评】读懂、读透一本好书。

通过这个不设限的学习平台，您在任何时间、任何地点都能获得有价值的思想，并通过阅读实现终身学习。我们邀您共建一个与最聪明的人共同进化的社区，使其成为先进思想交汇的聚集地，这正是我们的使命和价值所在。

CHEERS

湛庐阅读 App
使用指南

读什么
- 纸质书
- 电子书
- 有声书

怎么读
- 课程
- 精读班
- 讲书
- 测一测
- 参考文献
- 图片资料

与谁共读
- 主题书单
- 特别专题
- 人物特写
- 日更专栏
- 编辑推荐

谁来领读
- 专家视点
- 深度访谈
- 书评
- 精彩视频

HERE COMES EVERYBODY

下载湛庐阅读 App
一站获取阅读服务

图书在版编目（CIP）数据

超级制造 ／（美）理查德·戴维尼
（Richard D'Avani）著；刘红江译. -- 杭州：浙江教
育出版社，2024.4
ISBN 978-7-5722-7688-0

Ⅰ. ①超… Ⅱ. ①理… ②刘… Ⅲ. ①快速成型技术
Ⅳ. ①TB4

中国国家版本馆CIP数据核字(2024)第060141号

浙 江 省 版 权 局
著作权合同登记号
图字:11-2022-191号

上架指导：商业趋势／未来制造

超级制造
CHAOJI ZHIZAO

［美］理查德·戴维尼（Richard D'Aveni）　著

刘红江　译

责任编辑：高露露
美术编辑：韩　波
责任校对：王晨儿
责任印务：陈　沁
封面设计：ablackcover.com
出版发行：浙江教育出版社（杭州市天目山路40号）
印　　刷：天津中印联印务有限公司
开　　本：710mm ×965mm 1/16
印　　张：22.75　　　　　　　　　　**字　　数：**324千字
版　　次：2024年4月第1版　　　　　**印　　次：**2024年4月第1次印刷
书　　号：ISBN 978-7-5722-7688-0　　**定　　价：**119.90元
